Automotive Industry in the Tohoku Region

佐伯靖雄
[編著]

東北地方
の
自動車
産業

震災から十年、
経済復興の要として

晃洋書房

は し が き

　本書は，編者を代表とする研究者 7 名により 2016 年から始動した MMS（Management of Mother-factory Strategies）プロジェクトの第 2 期事業（2019 年～2021 年）の研究成果をまとめたものである．本書が採用している，地域経済の存立と再生産のあり方を当地の中核企業とその取引先企業群による経営戦略から考察していくという動態的な産業集積論の問題意識や分析枠組みは，我々の第 1 期事業の成果である『中国地方の自動車産業――人口減少社会におけるグローバル企業と地域経済の共生を図る――』（2019 年，晃洋書房）から継承したものである．

　わが国の製造業，とりわけ労働集約型の性格が濃厚であるため多くの雇用を生み出してきた自動車産業は，熾烈なグローバル競争と電動化や自動運転等の技術革新という外部環境に向き合っている．わが国固有の課題としてさらに重要なのは，急激に進む人口減少である．そしてこの点は，都市部よりも地方部においてより顕著に見られる．労働生産性の低迷と果てしなき原価低減圧力のもと，生産拠点の海外移転は既に 20 年以上にわたり続いているが，地方の人口減少はいったん転出した生産拠点の当地での再生産能力を奪ってしまう．すなわち，短期的視点での労働集約型生産機能の放棄は，不可逆的な行為なのだということを我々は認識しておかねばならない．これが意味するのは，中国や東南アジアの人件費が高騰してきたからといって，（競争力を維持したまま）生産拠点を国内回帰させるのは極めて困難だということである．表土を失った土地に再び作物を根付かせるのが難しいのと同じである．したがってわが国に強い自動車産業を残すためには，労働集約型でありながらも国際競争力を保持したプロフィット・センターとしてのマザー工場を実現していかなければならない．我々は，わが国の地方部に立地する自動車産業集積を慎重に分析することで，そのヒントを見つけ出そうとしている．

　また本書が取り上げる東北地方の場合，こうしたわが国全体で共有する問題性のみならず，2011 年 3 月の東日本大震災からの復興に自動車産業がどう寄与していくことができるのかという側面を強調する必要がある．本書の出版企画が始動した 2021 年 3 月時点には，震災からちょうど十年とあって，報道番

組では多くの特集が組まれ日々取り上げられた．しかしながらそこで顕わになったのは，震災からまる十年という時間が経ったにも拘わらず復興が十分だとは言い難い現実である．津波や原発被害を直接受けた地域での人口減少は顕著であり，わが国に共通する人口動態以上の社会減を招いている．本書がもっぱら取り上げる中核企業のトヨタ自動車東日本は，震災からの経済復興の要となることを期待され，2012 年 7 月にトヨタ系 3 社（関東自動車工業，セントラル自動車，トヨタ自動車東北）が合併し設立された．つまりトヨタ自動車東日本及びその近隣に進出したトヨタ系部品企業群とは，グローバル競争に組み込まれた経済活動の主体であると同時に，東北地方復興の旗印としての社会的使命を負った存在なのである．東北地方は震災からの復興に加えて，2020 年初頭からの新型コロナウィルス感染症（COVID-19）が引き起こしたパンデミックという試練にも直面している．本書執筆時点でも未だ出口の見えないコロナ禍にあって，わが国の企業社会は，働き方そのものや労働に対する価値観といった根源的な要素の変化にも目を向けなければならなくなっている．このように東北地方の自動車産業は，人口減少，震災復興，コロナ禍という三重苦のもと存立していかねばならないのである．

　我々の研究活動にもコロナ禍は大きく立ちはだかった．2016 年から 2018 年までの第 1 期事業では，分析対象である中国地方 5 県への現地入りをくり返し，海外拠点も含めると 3 カ年での訪問先総数は 100 件を超えた．これに対し本書の調査・研究活動期間である 2019 年からの第 2 期事業では，COVID-19 が猛威をふるうようになる直前までしか現地入りができなかった．ビデオ会議ツールを利用した遠隔地とのコミュニケーション手法が確立した 2021 年度には若干の補足ができたものの，現場踏査を基本とする我々の実証研究スタイルは，研究期間の半ばには破綻してしまっていた．その代わり身動きがとれなくなった 2020 年 4 月以降は，利用できる限りの二次データを渉猟しそれらを駆使した分析を進めてきた．そして，調査ができていた 2019 年と 2020 年初頭までの一次データをそこに加えることで，必ずしも分析対象である当事者の弁に頼らずとも（一定の）説得力のある研究になったという自負がある．言わば怪我の功名であろう．したがって我々の研究プロジェクトは，第 1 期と第 2 期とで問題意識や分析視座こそ共通していながらも，実態解明に至るアプローチには大きな違いがある．前著にもお目通し頂いた読者諸氏には，本書でそういった差異を発見して頂ければ幸いである．

　本書には，研究成果の公表と同時に，分析対象である東北地方の自動車産業に対する知見の還元という目的がある．幸いにも第1期事業では，調査先として何度も足を運んだ広島県，岡山県，鳥取県において成果報告会を開催させて頂き，ささやかながら当地に恩返しすることができた．今回も同様に，第2期事業の調査・研究活動から得られた知見を積極的に東北地方各県に提供していきたい．これこそが我々のプロジェクトが存続していくことの最大の意義なのである．

　本プロジェクトは，令和元年度調査研究事業「地域自動車産業論の展開：東北地方における中核完成車企業と地場企業の結合関係」調査研究委員会（PL：佐伯靖雄），及び令和2年度調査研究事業「地域自動車産業の形成：東北地方トヨタ分工場経済圏の事例」調査研究委員会（PL：同上）として一般財団法人機械振興協会経済研究所からの研究助成を受けた．我々が紆余曲折の末に第2期事業を完遂することができたのは，同財団からのご支援によるところが大きい．記して感謝申し上げる．

　本書を構成する各章の初出論文・刊行物の大半が，前述の一般財団法人機械振興協会経済研究所調査研究委員会の報告書においてプロジェクトのメンバーが分担執筆した各章である．初出の報告書とは，報告書①一般財団法人機械振興協会経済研究所編［2020］，『地域自動車産業論の展開：東北地方における中核完成車企業と地場企業の結合関係』JSPMI-ERI 19-4-8，報告書②同上編［2021］，『地域自動車産業の形成：東北地方トヨタ分工場経済圏の事例』JSPMI-ERI 20-3 のことである．

　序章：佐伯靖雄（関西大学）
　報告書①，報告書②（ともに）序章，終章，及び佐伯靖雄［2015］，「第5章 東日本大震災に学ぶサプライ・チェーンの再組織化」『企業間分業とイノベーション・システムの組織化：日本自動車産業のサステナビリティ考察』晃洋書房，所収，pp. 135-159，佐伯靖雄［2020e］，「東北地方における自動車産業集積の現状分析」『経済論叢』（京都大学経済学会），Vol.194，No.2，pp. 75-89（の前半部），SAEKI Yasuo［2020f］，「Various Aspects of Japan's Rural Automotive Industry」『関西大学商学論集』，Vol.65，No.1，pp. 29-44，佐伯靖雄［2020a］，「COVID-19 禍におけるわが国自動車産業」『工作機械』（一

般社団法人日本工作機械工業会），No.248，pp. 4-8 を再構成し大幅に加筆・修正．

第1章：菊池航（立教大学）
報告書① 第1章を大幅に加筆・修正

第2章：菊池航
報告書② 第1章（の前半部）を大幅に加筆・修正

第3章：佐伯靖雄
佐伯靖雄［2016］，「第4章 委託生産企業の製品開発：関東自動車工業とトヨタ車体の委託開発事例にみる完成車メーカーとの異同」塩地洋・中山健一郎編『自動車委託生産・開発のマネジメント』中央経済社，所収，pp. 121-160 より関東自動車工業に関する記述を抜粋の上，再構成し加筆・修正．

補論1：太田志乃（名城大学）・宇山翠（岐阜大学）
報告書② 第3章を大幅に加筆・修正

第4章：畠山俊宏（摂南大学）
報告書② 第2章を大幅に加筆・修正

第5章：佐伯靖雄
書き下ろし

第6章：畠山俊宏・太田志乃
報告書① 第2章を大幅に加筆・修正

第7章：羽田裕（愛知工業大学）
報告書① 第3章，報告書② 第1章（の後半部）を大幅に加筆・修正

第8章：東正志（名城大学）
報告書① 補論を大幅に加筆・修正

終章：佐伯靖雄
書き下ろし

補論2：佐伯靖雄
佐伯靖雄［2020d］，「人口減少社会における自治体の経済政策の考察：大阪府

茨木市の事例」『地域情報研究』（立命館大学 OIC 総合研究機構地域情報研究所）
No.9，pp.36-70 よりわが国の人口減少問題に関する先行研究レビューを抜
粋の上，再構成し加筆・修正．

　出版情勢の厳しい中，本プロジェクト第 1 期事業の成果物から続けて出版を
お引き受けくださった晃洋書房の西村喜夫氏にも御礼申し上げたい．次に挙げ
たいのは，東北地方の自動車産業を知悉されている田中武憲先生（名城大学経営
学部教授）である．田中先生からは，我々の第 2 期事業キックオフ時より当地
での産業の現況について詳しく教えて頂き，さらにはトヨタ自動車東日本やト
ヨタ系部品企業の幹部，自治体のキーパーソンを惜しみなくご紹介頂いた．土
地勘がなく知己にも乏しい我々がほとんど廻り道せずに東北地方の調査・研究
を進められたのは，先生のお導きによるところが大きい．そして，トヨタ自動
車東日本の存立基盤を理解する上で，編者と執筆者の一人である菊池とが
2011 年度から約 5 年にわたり参加していた「委託生産研究会」での学びが大
いに役立った．同研究会を主催されてきた塩地洋先生（京都大学名誉教授・鹿児島
県立短期大学学長）には日頃から編者らの研究に関心を寄せて頂き，度々有益な
助言を頂戴してきた．先生のご期待に応えられる水準にはほど遠いものの，本
書の上梓にて成長の過程をお示ししたい．
　調査訪問・工場見学を快くお引き受けくださった東北地方の自動車産業に従
事される関係各位，関連団体・機関並びに自治体の皆様にも心より感謝申し上
げる．とりわけトヨタ自動車東日本の本社・宮城大衡工場では，長時間にわた
るインタビュー調査並びに工場見学にご協力頂いた．また，トヨタ自動車東日
本同様にトヨタの完全子会社であるプライムアース EV エナジーの本社及び宮
城工場，そして日産自動車いわき工場の皆様には，オンラインでのインタ
ビューにご協力頂いた．岩手県商工労働観光部ものづくり自動車産業推進室，
北上オフィスプラザ，いわてデジタルエンジニア育成センター，岩手大学金型
技術研究センター，宮城県経済商工観光部自動車産業振興室，宮城県産業技術
総合センター自動車産業支援部，みやぎ産業振興機構産業経営支援部取引支援
課，福島県商工労働部企業立地課，福島県輸送用機械関連産業協議会，群馬県
産業経済部工業振興課及び次世代産業課の皆様からは，当該県の自動車産業の
全体像をお示し頂いたばかりでなく，県内企業の訪問にあたり仲介の労をとっ
て頂いた．これらのうちトヨタ自動車東日本，岩手県，宮城県の皆様には複数

回のインタビューに応じて頂いた．紙幅の関係上全ての訪問先を挙げることができず心苦しいが，愛知県から進出した大手部品企業や東北地方各県の地場企業の皆様にも我々の訪問に快く応じて頂いた．本書の完成は，これらの方々からの多大なご支援・ご協力による賜物である．

　最後に，本書が明らかにする知見が東北地方の自動車産業の持続的発展にとって少しでも有用であって欲しい．そして，震災の被害に遭われた皆様が真に復興を喜べる日が1日も早く訪れることを執筆者全員が心から願う．

　2021年8月

千里山の研究室にて

編者　佐 伯 靖 雄

目　　次

第 2 部　部品企業の視点

x

序　章

地域自動車産業論視点からの東北地方
—— 分工場型経済圏の形成と東日本大震災からの再起 ——

は じ め に

　本書の目的は，1990 年代から形成されてきたわが国東北地方における自動車産業集積の現状と課題を地域自動車産業論の分析視角から明らかにすることである．地域自動車産業論とは，特定地域の自動車産業における開発・生産・調達諸局面を複合的に捉える，経営戦略論と地域経済論とを折衷した概念のことである[1]．

　東北地方の中核企業の第 1 は，東日本大震災の翌年 2012 年に恒常的な復興支援の象徴としてトヨタ自動車（以下，トヨタ）系 3 社の合併により設立されたトヨタ自動車東日本（以下，TMEJ）（本社：宮城県黒川郡大衡村）である．同社の東北地方における拠点には，完成車工場としては旧・関東自動車工業の工場だった岩手工場（1993 年竣工），旧・セントラル自動車の工場だった宮城大衡工場（工機工場としての宮城工場が 1995 年竣工，完成車工場としては 2011 年稼働開始），部品製造工場としては旧・トヨタ自動車東北の部品工場だった宮城大和工場（1997 年設立，1998 年稼働開始）の 3 つがある．このほかにも宮城県内には，TMEJ の近隣に立地するトヨタ系の HEV（Hybrid Energy Vehicle）用二次電池製造企業であるプライムアース EV エナジーの宮城工場（2010 年稼働開始）[2]がある．同社にはトヨタが 80.5％出資しており，また生産される二次電池は TMEJ にも供給されていることから，東北地方におけるトヨタ系の準・中核企業であると言っても差し支えないだろう．また中核企業の第 2 として，福島県いわき市に日産自動車（以下，日産）のエンジン工場であるいわき工場（1994 年稼働開始）が立地している．東北地方の自動車産業集積とは[3]，これらわが国を代表する大手完成車企業の子会社並びに基幹工場を中心に形成されているのである．以上の立地関係を図 序-1 に示した．特徴的なのは，東北地方の中核企業はいずれ

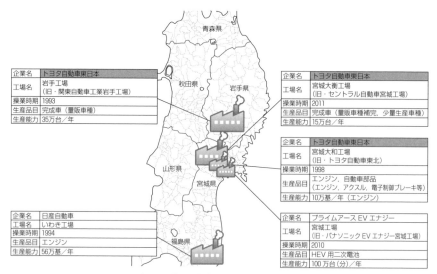

企業名	トヨタ自動車東日本
工場名	岩手工場 (旧・関東自動車工業岩手工場)
操業時期	1993
生産品目	完成車（量販車種）
生産能力	35万台／年

企業名	トヨタ自動車東日本
工場名	宮城大衡工場 (旧・セントラル自動車宮城工場)
操業時期	2011
生産品目	完成車（量販車種補完，少量生産車種）
生産能力	15万台／年

企業名	トヨタ自動車東日本
工場名	宮城大和工場 (旧・トヨタ自動車東北)
操業時期	1998
生産品目	エンジン，自動車部品 (エンジン，アクスル，電子制御ブレーキ等)
生産能力	10万基／年（エンジン）

企業名	日産自動車
工場名	いわき工場
操業時期	1994
生産品目	エンジン
生産能力	56万基／年

企業名	プライムアース EV エナジー
工場名	宮城工場 (旧・パナソニック EV エナジー宮城工場)
操業時期	2010
生産品目	HEV 用二次電池
生産能力	100万台（分）／年

図 序-1　東北地方での中核企業の立地

出所）各種資料をもとに筆者作成.

も太平洋側の３県に立地していることである．

　そして同様の構図は九州地方の福岡県にも見られる．同県には，トヨタ直系子会社のトヨタ自動車九州（以下，TMK）（1991 年設立，1992 年稼働開始），そして日産から分離した日産自動車九州（日産の九州工場として 1975 年稼働開始，2011 年子会社として分離）と日産直系子会社の日産車体が設立した日産車体九州（2009 年設立）とがある[4]．そこで本章では，東北地方の現状を相対視するために九州地方との比較も随時行う．バブル期の労働力及び工場用地不足を解消するというのも大きな目的として，トヨタはほぼ同時期に九州地方と東北地方とに生産拠点を展開してきた．トヨタは東北地方を「第３の国内拠点[5]」だと明言していることからも，「第２の拠点」である九州地方との比較は各々の特徴を際立たせる上で有益である．

1.　東北地方の自動車産業を取り上げた諸研究の到達点

(1)　地理的観点

わが国の特定地域に焦点を絞っての自動車産業研究は，古くは立地論や産業

集積論の事例研究として幾分断片的に取り上げられてきたが，2000 年代以降はこれに地域経済振興という側面が強調されるようになってきた．全国各地の自動車産業集積を分析対象とし類型化していくという試みは，例えば小林・丸川編 [2007]，藤原 [2007] によって展開された．前者の研究においては，旧・関東自動車工業岩手工場の課題としての部品調達率の低さ，とりわけ基幹部品調達の愛知県依存体質，そして生産拠点ゆえの開発機能不在が指摘されている．後者の藤原の研究では，全国の自動車産業集積を網羅的に分析し類型化していく主旨にも拘わらず，東北地方は分析対象から捨象されてしまっている．この時点では，東北地方は未だ十分な自動車産業集積の発達が見られないと判断されたのかもしれない．実際，その 5 年ほどのちの東北地方の自動車生産台数を見てみると，同地方の量的インパクトが小さいことは確認できる．経済産業省東北経済産業局自動車産業室 [2014] の集計によれば，地域別の自動車生産台数は，中部地方約 336 万台，関東地方約 290 万台，九州地方 142 万台，中国地方約 115 万台と続き，東北地方は約 52 万台で第 5 位水準ということになる．⁶⁾

　東北地方での最大規模の完成車生産工場は，TMEJ の前身である旧・関東自動車工業岩手工場である．2012 年の TMEJ 設立以降も，東北地方の量産規模を牽引するのは同工場である．2010 年代に入り，岩手工場の生産体制や部品調達を考察した実証研究が充実し，その実態が明らかにされてきた．例えば田中（幹）[2010] では，東北地方のみならず，パワートレーンを生産するトヨタ自動車北海道も分析対象に含め，トヨタ自動車北海道，旧・トヨタ自動車東北，アイシン東北と岩手工場との間の複雑な取引関係の実態が明らかにされた．ここでの指摘の要点は，東北地方での部品取引では物流と商流とが切り離されているという事実である．すなわち東北地方では，物流上は部品企業が岩手工場に直接納入しているものの，商流上は大部分がトヨタからの有償支給で構成されている（＝自給部品が少ない）ということである．また田中（武）[2012] では岩手工場のオペレーションに注目し，それまでの先行研究同様に現地調達率の低さと愛知県依存度の高さを指摘するとともに，その打開策として 2008 年頃から岩手工場内に現地調達率引き上げを睨んでの調達部門，開発部門強化の状況が紹介された（ただし，その後いずれも進展しなかった）．次に竹下・川端 [2013] では TMEJ の調達論理がより深められた．竹下らの調査では，TMEJ の部品現調化として大きく 3 種・6 通りの類型が与えられた．⁷⁾ それらは順に，「完成車工場に直納される部品を現調化するパターン」として Tier 1 の生産子会社

が直接進出する場合と Tier 1 が商流と品質保証を担い地場企業が直納部品を製造する場合，「逆物流を解消する形での現調化」として直納企業に調達権がない条件下で逆物流を解消する場合と直納企業に部品調達権がある条件下で逆物流を解消する場合，そして「直納部品サプライヤーによる構成部品の現調化」として部品調達権を持っていない生産子会社が構成部品を現調化する場合と部品調達権を持っている生産子会社が構成部品を現調化する場合，といった具合である．これらの詳細な類型化は，前述の田中（幹）[2010] による物流と商流の分離について深めたものとして位置づけられる．また田中（武）[2016]では，これら物流と商流の分離構造のことを「二重の取引構造」と呼んでいる．この構造の課題として，物流上はトヨタ系進出企業へ納入する東北地方の地場企業（＝ TMEJ からみた Tier 2）が，商流上は Tier 3 ということになるため，東北地方以外の地域（多くは中部地方）の部品企業との熾烈なコスト競争に晒されることが挙げられている．自動車産業が高度に発達し歴史的にも経験の蓄積が進む中部地方の部品企業は相対的にコスト競争力に優れるため，経験値が少ない東北地方の地場企業は取引上著しく不利な立場に追い込まれ易いのである．

　産学官連携の視点も交えながら東北地方の自動車産業を包括的に分析したのが折橋・目代・村山編 [2013] の研究である．タイトルの『東北地方と自動車産業：トヨタ国内第 3 の拠点をめぐって』が端的に示すように，東北地方 6 県の中でも宮城県，岩手県，山形県を重点的に調査した上で，東北地方が自動車産業とともにどのように歩んでいくのかという政策的含意にまで踏み込んだ研究となっている．このように，2010 年代以降にわかに東北地方の自動車産業が注目されるようになった要因として，2011 年 3 月の東日本大震災のことを抜きに語ることはできない．甚大な人的・物的損害を被った東北地方にとって，自動車産業振興は深く傷ついた地域経済を立て直すための切り札なのである．

　ところで，前述の折橋らの研究の中にも東北地方のベンチマークとして九州地方（一部中国地方を含む）が取り上げられている．これ以外にも九州地方（とりわけ完成車企業の立地する福岡県，大分県，熊本県の北部九州 3 県）の特徴と課題を整理したものとしては，藤川 [2012, 2015] の一連の研究を挙げることができる．そこでの重要な示唆は，九州地方の自動車産業が輸出拠点として量的成長を遂げてきたという事実，とはいえ当地の拠点が分工場であることの限界という 2点である．九州地方では，トヨタ，日産の両社ともに生産台数のうち多くが輸出に割り当てられている．また TMK の第 2 工場では，愛知県にある田原工場

と並び 2005 年から高級車ブランドであるレクサス車種の生産を担っている．
したがって相対的に製品単価が高い車種を中心に生産する拠点だと言える．他
方で，完成車工場ばかりでなくそこに部品を供給する企業も，本拠地である中
部地方や関東地方からの進出企業ばかりであり，開発機能や調達機能が十分に
発達していない，あるいは全く付与されていないというのが実態である．つま
り，北部九州は量的には巨大であっても，企業活動を現地で完結できていない
という意味において，質的には未熟な存在として認識されているのである[8]．こ
うした性質のことを藤川［2012］は「分工場」型地域経済圏と呼んでいる．

（2）　機能的観点

　ここまでの地理的観点からの自動車産業集積論だけでは，東北地方の実態を
正確に描写することにはならないだろう．先行研究が示すように，「分工場」
という存在をもう少し機能軸から見ておく必要がある．それが「委託生産企
業」としての TMEJ の理解である．

　わが国自動車産業において顕著に見られる委託生産システムのマネジメント
について分析したのが，塩地・中山編［2016］による研究である．委託生産企
業とは，ブランド保有企業からの受注により「委託生産を行っている企業であ
る．そこには中核企業の関係会社や中核企業と提携関係にある他の自動車メー
カー等，様々な企業が含まれている」[9]．トヨタ系であれば，東北地方に立地す
る TMEJ やそのベンチマークである北部九州の TMK，本拠地中部地方にあ
るトヨタ車体等が該当する．経路依存的に発展してきた委託生産の仕組みでは，
当初はトヨタ本体及び複数の委託生産企業の間で同一車種のブリッヂ生産が行
われるなど同質化の競争が組織されていたが，2000 年代半ば頃からはトヨタ
の海外生産比率の上昇にともないこの構図が変わり始め，徐々に委託生産企業
間での差別化が要求されるようになっていった．こうして，TMEJ は国内市
場をターゲットとするコンパクトカー，TMK は輸出に注力するレクサス車種，
そしてトヨタ車体は商用車及びミニバンといったように，組織間での分業が明
確になっていった．

　端的に言うならば，東北地方の自動車産業の将来像は，こうしたトヨタ・グ
ループのグローバル生産戦略との関係により規定されることが宿命づけられて
いる．各委託生産企業が専門性を高めるということは，それら担当車種の開
発・生産を一貫体制で担える方が有利になる．ここに質的な競争力の源泉が求

められる．今のところ十分な開発機能や調達機能を付与されていない（東北地方域内の）TMEJ の各工場や TMK といった「分工場」は，そうした源泉を未だ獲得できていない[10]．そしてまた，トヨタは国内生産 300 万台体制を標榜していることも考慮しなければならない．海外市場は原則として全てトヨタ本体の海外子会社が担っているため，（国内生産だけを担う）委託生産企業側にとっては，逆にこの 300 万台というのが，量的な（つまり市場規模の）天井になっているのである[11]．

(3) 先行研究の到達点と本書が着目する点

このように，今なお分工場型経済圏に留まる TMEJ や TMK を中核とする両地方の自動車産業集積とは，質的にも量的にも課題を抱える存在であり，無策のまま当地の集積を拡大していくのが物理的に困難であることは言うまでもなく，中長期的にはその存立すら危ぶまれかねないのである．東北地方を取り巻く構造的課題は，既に竹下・川端［2013］の中でも指摘されている．それはすなわち，「東北拠点化は……（中略）……国内の他拠点である東海と九州，そして海外拠点との競争は従来よりもはるかに厳しくならざるを得ない．東北が何に依拠して立地優位性を確保するかが問われているのである．人材や用地確保という，いわば生産要素の低廉さと入手の便宜に基づく優位は，海外工場の成長とともに早晩掘り崩されると想定せざるを得ない．事業所の相対的な新しさも同様である．自動車産業が定着するのは，東北域内において，技術や管理の面でより高度な優位性を持つサプライヤー・システムが形成された場合だけであろう[12]」ということである．東北地方が直面する生存競争においては，代替性に乏しい高度に発達した部品調達・取引システムの形成が不可欠という主張である．

以上が，東北地方の自動車産業並びにそのベンチマークを含む，わが国での地域と自動車産業の関わりについて議論した先行研究の整理である．次節では，東北地方の自動車産業の実態を定量的に把握するため，いくつかの統計からその輪郭を浮き彫りにする．

2．各種統計からの示唆

本節では，複数の統計をもとに東北地方の自動車産業がどのような事業環境

に置かれているのかについて定量的に分析する．以下，国立社会保障・人口問題研究所の H30「日本の地域別将来人口推計」，経済産業省の H30「工業統計表」，総務省の H23「産業連関表」から特徴を抽出する．この作業により東北地方の自動車産業を多面的に評価することができるだろう．

(1)　「日本の地域別将来人口推計」からの示唆

　図 序-2 は，東北地方 6 県に新潟県と北海道を加えた 8 道県，そして比較対象としてトヨタ・グループの本拠地である愛知県，そして北部九州 3 県における 2015 年及び 2040 年（推計）の生産年齢人口（15-64 歳）を比較したものである．各自治体の生産年齢人口は，当地での供給力を規定する重要な指標であり，産業集積の再生産を検討する際に必要不可欠となる．ここで新潟県と北海道を含める理由であるが，東北地方には，2006 年に岩手県，宮城県，山形県の 3 県で発足した「とうほく自動車産業集積連携会議」という産学官連携組織がある．翌年に青森県，秋田県，福島県が参画し東北地方 6 県を網羅したのち，2014 年には新潟県が参画し，続く 2015 年には北海道の同様の協議会とも連携するようになったのである．[13] したがって現在は，東北地方 6 県の自動車産業集

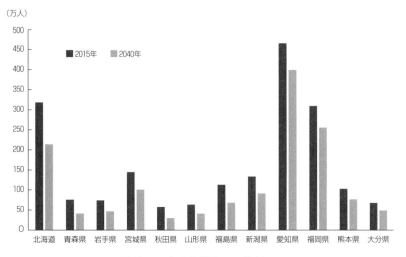

図 序-2　生産年齢人口の比較

注）出生中位・死亡中位仮定
出所）国立社会保障・人口問題研究所　H30（2018）年推計「日本の地域別将来推計人口」をもとに
　　　筆者作成．

積を議論する場合，新潟県と北海道を加えた，いわば「広域北日本」という視点があり得ることを指摘しておきたい.

　人口動態を概観して見えてくることは，東北地方の生産年齢人口の少なさである. この背景にはわが国地方部に共通する超・少子高齢化という要因以外にも，後述する東日本大震災からの復興の遅れ，とりわけ被災地からいったん離れた若年層が流出したままになっているという特殊要因も寄与していると考えられる. ひとまずここでは要因解析には触れずに，人口動態だけを議論していこう. 東北地方の生産年齢人口は，2015 年時点ですら県単位で見た場合に他地域のそれよりも少ない. 100 万人を超えるのは宮城県と福島県だけである. これが 2040 年には，辛うじて 100 万人を維持する宮城県 1 県だけとなる. 東北地方 6 県の生産年齢人口を合計してみると，2015 年時点で約 530 万人，2040 年推計で約 330 万人となる. わが国で最も製造業が盛んな愛知県の場合，2015 年時点で約 468 万人，2040 年推計で約 400 万人であるから，将来の東北地方 6 県は愛知県 1 県にすら生産年齢人口で負けることになる. 同様に北部九州 3 県を見てみると，2015 年時点で約 480 万人，2040 年推計で約 381 万人となることから，東北地方の生産年齢人口は，いずれ北部九州のそれをも下回ってしまうのである. 東北地方 6 県とともに広域北日本を構成する新潟県と北海道もまた，2015 年比での生産年齢人口の減少幅が愛知県や北部九州 3 県よりも大きい. このことから東北地方では，急激な生産年齢人口減を前提とした自動車産業集積のあり方を検討しなければならないということが分かる. これは他の自動車産業集積地よりも深刻な条件なのである.

(2) 「工業統計表」からの示唆

　表序-1 と表序-2 は，工業統計表をもとに東北地方 6 県と新潟県，北海道，そして比較対象としての愛知県と北部九州 3 県の製造業の状況を整理したものである. 表序-1 は各道県の主要製造業の構成比を，表序-2 は各道県の輸送用機械器具製造業の実態をそれぞれ示す.

　表序-1 を製造品出荷額等でみた場合，輸送用機械器具製造業（多くは自動車関連）が最大産業となるのは，岩手県，福島県，愛知県，福岡県である. 2 位で示されているのは，宮城県，熊本県，大分県となる. いずれも（二輪車含む）完成車工場もしくはエンジン等のパワートレーン工場が立地するところばかりであり，その近隣には取引先である素材・部品企業や資本財企業が多数集積し

ているとみられる.[14] 製造品出荷額等に占める割合がとりわけ高い（25%超）の
は，順に愛知県，福岡県，岩手県となり，トヨタ・グループの主要完成車工場
の立地と符号する.

　また東北地方6県を見ると，輸送用機械器具製造業以外に多いのは電子部
品・デバイス・電子回路である.これが最大産業となるのは，青森県，秋田県,

表 序-1　各道県の主要製造業

都道府県	製造品出荷額等（百万円）	1位		2位		3位	
		産業	構成比(%)	産業	構成比(%)	産業	構成比(%)
北海道	5,601,579	食料品	36.2	石油製品・石炭製品	15.2	パルプ・紙・紙加工品	6.6
青森県	1,428,926	電子部品・デバイス・電子回路	24.0	食料品	23.7	業務用機械器具	8.4
岩手県	2,298,714	輸送用機械器具	26.7	食料品	15.2	生産用機械器具	8.3
宮城県	4,130,383	食料品	13.2	輸送用機械器具	12.9	電子部品・デバイス・電子回路	11.1
秋田県	1,193,759	電子部品・デバイス・電子回路	30.4	食料品	9.1	生産用機械器具	8.3
山形県	2,624,509	電子部品・デバイス・電子回路	18.7	食料品	12.3	生産用機械器具	9.0
福島県	4,436,870	輸送用機械器具	11.2	化学工業製品	10.3	電子部品・デバイス・電子回路	9.1
新潟県	4,261,477	食料品	16.4	化学工業製品	11.1	金属製品	10.9
愛知県	36,126,929	輸送用機械器具	49.0	鉄鋼	6.2	電気機械器具	5.9
福岡県	9,114,146	輸送用機械器具	36.6	食料品	9.8	鉄鋼	9.5
熊本県	2,559,843	生産用機械器具	16.5	輸送用機械器具	14.7	食料品	13.0
大分県	3,931,308	化学工業製品	16.3	輸送用機械器具	15.2	鉄鋼	12.5

注）従業者4人以上の事業所に関する統計表
出所）経済産業省 H30(2018)「工業統計表」をもとに筆者作成.

山形県であり，宮城県，福島県では3位になる．このような産業構成は，現在の東北地方が置かれた状況を物語っている．東北地方には1970年代に大手エレクトロニクス企業が進出し，北上川流域を中心に製造業が発達してきたという歴史がある．その後，1974年に東北ヒロセが宮古市に，1990年にSWS東日本（住友電装系）が一関市に進出したことで，徐々に自動車産業も部品企業を中心に進出が始まった．

　契機となったのが1993年の旧・関東自動車工業岩手工場の稼働開始である．1990年代から2000年代半ばにかけては，わが国の産業史の中でもエレクトロニクス産業が凋落し，代わって自動車産業の成長が加速した転換期である．東北地方の製造業は，まさにこの影響を受けることになったのである．1990年代にはエレクトロニクス企業が生産拠点の海外移転をいち早く進めたことで，国内の製造業基盤は空洞化が懸念されるようになった．危機感を持った東北地方（岩手県）では，1986年に承認された「北上川流域地域テクノポリス計画」等も活用しながら，岩手県に進出した関東自動車工業との関係構築に着手した．その後の10年間は，それまで縁が無かった完成車企業との付き合い方を模索する期間となったが，2004年に北上市に開設した岩手県工業技術集積支援センター等の活動をつうじて，地場企業の（直接・間接は別として）自動車産業参入に一定の道筋がつき，関東自動車工業岩手工場の現地調達率は徐々に上昇していった．このとき，エレクトロニクス企業の下請から自動車部品事業に多角化したり全面的に鞍替えしたりした地場企業も多かったとされる．この時期には，急速に台頭してきた東アジア企業との競争に劣後したわが国エレクトロニクス企業の多くが国際競争力を喪失してしまっており，もはや東北地方に何らかの形で仕事が戻ってくることは無かったのである．

　次に，輸送用機械器具製造業に特化した**表序-2**を見てみよう．表の左半分に集計されている絶対値を見ると，愛知県の圧倒的存在感の大きさが分かる．事業所数も従業者数も，他県より一桁，二桁多い水準である．東北地方6県に限定すると，意外にも最大の完成車工場を擁する岩手県の事業所数，従業者数がそこまで多いとは言えず，宮城県や福島県よりも少ない．広域北日本で見ると，新潟県と北海道にも及ばない．岩手県の付加価値額を見ても，宮城県，福島県，北海道より少なく，辛うじて新潟県よりは多いくらいである．

　より重要なのは，表の右半分に計上した生産単位あたりの指標の比較である．東北地方からは完成車工場のある岩手県と宮城県，そして比較対象として愛知

表 序-2　各道県の輸送用機械器具製造業

都道府県	事業所数 ≒工場数 (a)	従業者数 (b) (人)	現金給与総額 (c) (百万円)	原材料使用額等 (百万円)	製品出荷額等 (d) (百万円)	付加価値額 (e) (百万円)	1工場あたり出荷額等 d/a (百万円/工場)	従業者1人あたり出荷額等 d/b (百万円/人)	従業者1人あたり給与額 c/b (百万円/人)	1工場あたり付加価値額 e/a (百万円/工場)	従業者1人あたり付加価値額 e/b (百万円/人)
全国	9,884	1,083,760	5,969,954	48,017,570	68,263,488	18,767,026	6,905.5	63.0	5.5	1,898.7	17.3
北海道	119	8,855	43,663	226,689	360,709	107,639	3,031.2	40.7	4.9	904.5	12.2
青森県	28	1,408	5,297	26,449	54,168	24,242	1,934.6	38.5	3.8	865.8	17.2
岩手県	58	7,536	38,188	536,621	644,673	89,144	11,115.1	85.5	5.1	1,537.0	11.8
宮城県	102	10,211	51,127	406,455	547,699	125,395	5,369.6	53.6	5.0	1,229.4	12.3
秋田県	29	2,755	11,788	44,744	67,406	19,944	2,324.3	24.5	4.3	687.7	7.2
山形県	97	6,731	27,998	70,805	133,911	53,463	1,380.5	19.9	4.2	551.2	7.9
福島県	114	11,184	52,176	272,722	510,014	218,880	4,473.8	45.6	4.7	1,920.0	19.6
新潟県	164	9,595	39,528	146,028	244,855	87,785	1,493.0	25.5	4.1	535.3	9.1
愛知県	1,741	327,581	2,033,659	18,978,711	26,473,101	7,021,804	15,205.7	80.8	6.2	4,033.2	21.4
福岡県	157	31,260	180,019	2,925,043	3,379,768	432,247	21,527.2	108.1	5.8	2,753.2	13.8
熊本県	94	11,702	59,369	317,560	416,444	97,358	4,430.3	35.6	5.1	1,035.7	8.3
大分県	98	8,944	42,349	531,398	616,072	71,803	6,286.4	68.9	4.7	732.7	8.0

注）従業者4人以上の事業所に関する統計表．従業者29人以下の付加価値額は粗付加価値額として計上．
出所）表 序-1 に同じ．

県と福岡県の出荷額を見てみよう．1工場あたり出荷額では，多い方から福岡県，愛知県，岩手県，宮城県となり，従業者1人あたり出荷額等では，順に福岡県，岩手県，愛知県，宮城県となる．いずれも福岡県が最多となるが，これは生産車種構成の差によるものと考えられる．つまり，福岡県のTMKではレクサスを生産しており輸出向け比率も高い．また日産自動車九州や日産車体九州も利幅が相対的に大きく輸出比率の高いSUV中心の生産車種構成になっている．これに対し，愛知県はレクサス車種，量販車種，商用車といった具合に幅広い車種を生産している．東北地方の2県は価格帯としては低い内需向けのコンパクトカーである．ただし岩手県は事業所数の割に従業者数が少ないため，従業者1人あたり出荷額では愛知県を上回る．愛知県の場合，自動車産業集積が巨大なため，県内に完成車企業であるトヨタ，そしてデンソーやアイシン精機といったグローバル規模でもトップクラスの部品企業が立地しているのに加え，Tier 3やTier 4にあたる中小・零細規模の下請企業も集計対象に含まれることが影響していると見られる．岩手県の場合，TMEJ岩手工場もそのTier 1もトヨタ・グループの企業あるいは大手独立系部品企業が構成主体であるため，労働集約的な工程の割合が相対的に低い（＝資本装備率が高い）ことが考えられる．すなわち，自動化率の差も説明変数としては考えられるが，この表だけでは判別できない．あるいは，基幹部品の大半を中部地方から調達しているため，単に岩手県内での所要工数が少ないだけなのかもしれない．

　次に付加価値額である．前掲4県の1工場あたり付加価値額では，多い方から愛知県，福岡県，岩手県，宮城県となり，従業者1人あたり付加価値額では，順に愛知県，福岡県，宮城県，岩手県となる．出荷額とは異なり付加価値額ではいずれも愛知県が最多となる．この違いは福岡県と愛知県の自動車産業集積の階層性に起因する．確かに福岡県は，相対的に高額の車種ばかり生産するため出荷額としては大きく計上されるものの，その実として，構成部品の多く，とりわけ基幹部品は中部地方や関東地方の本拠地から輸送され，福岡県内での工程はサブアッシーからになることが多い．したがってどうしても組立工程中心の価値創出になってしまう．これに対し愛知県は，極端に言えば産業財全般，そして総組立までを県内で完結させることができる．分厚い産業集積が取引階層を上がるたびに付加価値額を上積みしていく構図である．福岡県が愛知県に対し生産単位あたり出荷額で勝りながら同付加価値額で大きく水をあけられる要因の最たるものは，福岡県の完成車工場がいずれも委託生産企業のものであり，同県の自動車産業集積が典型的な分工場型経済圏だからである．開発機能も調達機能も（事実上）持たず[16]，もっぱら生産だけを担うため，付加価値創出面ではどうしても（設計開発や購買部門がある）本拠地には敵わない．福岡県に立地する委託生産企業にはトヨタ系と日産系とがあるが，その本質はいずれも同じである．そしてこの分工場型経済圏の姿をさらに脆弱にしたのが，東北地方の岩手県と宮城県ということになる[17]．**表序-2**では，両県の従業者1人あたり給与額も示しているが，東北地方では相対的に高い水準とはいえ，本拠地の愛知県や福岡県よりも低く，全国平均にも及ばない．逆に言うならば，こうした低廉な賃金体系だからこそ国内でコンパクトカー中心の生産事業が成立しているのだろう．

　以上の工業統計表分析から見えてきたのは，分工場型経済圏の脆さである．量的には一定の規模を擁しながらも，その実態は生産機能特化型拠点に過ぎない．何より，開発機能，調達機能が（ほぼ）与えられていないため，地場企業の発掘から育成，部品取引に至る承認といった一連のプロセスを現地で完結することができず，常に遠方の本拠地におうかがいを立てることになる．この構図が地場企業との取引の拡大，すなわち現地調達率の引き上げに際して大きな制約となる．分工場にどこまで権限委譲するか，そしてどの車種を生産させるかという根源的な意思決定は，あくまで本社に委ねられる．今後の人口減少により国内市場が想定以上に縮小してしまった場合，本社が福岡県や東北地方の

分工場から仕事を取り上げて本拠地に移管し稼働率を維持するといった選択肢もありうる．誤解を怖れずに指摘するならば，分工場とはその形態ゆえに，量的成長も質的変革も自己決定することができない不自由な存在なのである．わが国の分工場型経済圏として発達過程にある東北地方や北部九州の自動車産業集積とは，あたかも（日本語で意思疎通ができるだけの）海外トランス・プラントのようなものである．わが国の内需市場の成長が望めないことを鑑みると，量的成長が絶望的な分だけ海外工場よりも条件は悪いのかもしれない．大切なことは，分工場型経済圏としての地域の自動車産業集積が，こうした構造的制約から目を背けず現実を直視することである．「いつかどうにかなるだろう」といった問題の先送りは，当地の自動車産業集積の再生産にとって致命傷になりかねない．

(3)　「産業連関表（取引基本表）」からの示唆

統計類の概観の最後に，これまでの分析で重視してきた4つの県の産業連関表（取引基本表）を**表 序-3**にて確認しておこう．着目するのは，取引基本表に示された各県の自動車産業の移輸出，移輸入，自給率等の実態である．[18]

表 序-3　主要4県の産業連関

(単位：%)

	岩手県	宮城県	愛知県	福岡県
県内生産額合計に占める自動車部門比率				
乗用車	3.23	0.79	5.03	5.60
トラック・バス・その他の自動車	0.02	—	0.91	0.09
自動車部品・同附属品	1.61	1.11	11.33	1.17
移輸出率				
乗用車	99.86	63.59	94.73	98.92
トラック・バス・その他の自動車	0.00	—	93.41	98.74
自動車部品・同附属品	54.96	90.27	49.87	63.70
移輸入率				
乗用車	99.41	64.88	64.95	97.32
トラック・バス・その他の自動車	94.91	—	81.66	99.40
自動車部品・同附属品	73.49	90.82	30.96	89.08
自給率				
乗用車	0.59	35.12	35.05	2.68
トラック・バス・その他の自動車	5.09	—	18.34	0.60
自動車部品・同附属品	26.51	9.18	69.04	10.92

出所）総務省 H23(2011)「産業連関表（取引基本表）」各県版をもとに筆者作成．

　まず県内生産額合計に占める自動車関連諸部門の比率であるが，愛知県が完成車全般においても自動車部品においても高い．自動車産業集積が分厚く形成されている証左である．福岡県は完成車の比率で僅かながら愛知県を上回るが，同県にはわが国大手のトヨタ系と日産系双方の委託生産企業が複数立地していることが大きいとみられる．続いて移輸出率であるが，乗用車は宮城県を除いてどこも9割超と非常に高い．生産された完成車の大半が国内外に出荷されているということである．自動車部品では県ごとにややばらつきがあるが，その中でも愛知県が最も低く，岩手県，福岡県，宮城県と続く．愛知県内で生産された自動車部品は，半数が県内の完成車工場等で消費され，残りの半数が東北地方や北部九州，あるいは海外に出荷されている．それに対して委託生産企業が立地する岩手県と福岡県を比較すると，岩手県の移輸出率の方が8.74ポイントほど低い．次に移輸入率を見てみると，乗用車では愛知県と宮城県が約65％であり，岩手県と福岡県のともに97％超という水準と比べて低いことが分かる．県内のトヨタ車の販売比率が相対的に高いということだろう．自動車部品では愛知県が3割と極端に低く，岩手県の約73％，福岡県の約89％と続く．この点は自給率で見た方が分かりやすい．自動車部品の自給率が最も高いのは愛知県の約7割であり圧倒的である．次いで岩手県の約27％，福岡県と宮城県は約1割と低い．

　ある地域の自動車産業集積の維持・成長を考える際には，自動車部品の自給率が1つの重要な指標となる．同じ分工場型経済圏ではあるものの，東北地方のなかでも岩手県は北部九州の福岡県よりも自給率がかなり高い．福岡県は分工場に典型的な自動車部品の本拠地依存度の高さに加え，とりわけ日産系が同県から距離の近い東アジアからの輸入部品に頼っていることも，両県の違いを説明する要因であろう．先の工業統計表が示した量的規模での明確な差とは異なり，産業連関面では岩手県の方が福岡県よりも強いのである．これは同県の強みとして認識してよいだろう．

　ただし注意すべきは，東北地方と北部九州とではそもそも生産台数に3倍ほどの格差があるため，東北地方が現在のような産業連関の姿のまま量的な成長を遂げられるかどうかは不透明だということである．そして，同じ東北地方とはいえ，岩手県と宮城県とでは随分と傾向が異なる点にも留意しなければならない．両県の違いは，東北地方や広域北日本といった広範な自動車産業集積の再生産を議論するときに，あまりに画一的なアプローチではうまくいかないこ

とを想起させるのである.

(4)　各種統計が示唆したこと

　本節では,大きく3つの統計から東北地方の自動車産業集積がどのような事業環境に置かれているのかを分析してきた. 前節でレビューした先行研究でも指摘されていたように, 東北地方の自動車産業集積が再生産されていくためには, 他地域の集積に対する明確な差別化が必要不可欠になる. 本節での分析ではそれに先だった現状認識として, 他地域よりも早く進む生産年齢人口の減少（東北地方は不利）, 生産車種構成に起因する価値創出の難しさ（東北地方は不利）, 相対的な県内産業連関の強さ（東北地方の中でも岩手県は相対的に有利）といった諸点を確認することができた.

3．度重なる災禍との対峙

(1)　進まぬ東日本大震災からの復興

　2011年3月11日に発生したマグニチュード9.0の大地震, そしてそれが引き起こした大津波が, 東北地方, 関東地方の沿岸部を中心に人的・物的いずれの側面においても甚大な被害をもたらした. 復興庁によると, 東日本大震災では宮城県, 福島県, 茨城県, 栃木県, 岩手県, 群馬県, 埼玉県, 千葉県の計8県で震度6弱以上を観測, また大津波が東北地方の沿岸部を襲い多数の地区が壊滅したとされる. これらによる死者は災害関連死を含むと1万9729名, 行方不明者2559名, 住宅被害（全壊）は12万1996戸であった（2020年3月1日現在）. 福島県では, 東京電力・福島第一原子力発電所の津波被害による近隣への放射能汚染が極めて深刻であり,[19] とりわけ当時原発の風下に位置した広範な地域に避難指示区域（のちに段階的に解除され, 残ったのが帰還困難区域）を生み出すことになった.

　東日本大震災ではわが国の基幹産業である製造業も打撃を受けた. その規模もまた巨大であり, 震災後間もない2011年6月24日に内閣府が発表した毀損資本ストック（震災及び津波で損傷した道路, 住宅, 農地等の被害額）は16.9兆円に達したとされる. 当時, 車載用半導体を供給するルネサスエレクトロニクスの那珂工場（茨城県ひたちなか市）被災による供給遅れが発端となり, 世界規模でのサプライ・チェーン寸断の問題ばかりがクローズアップされたが, 地震の直

接的被害の大きかった東北地方では，津波で工場ごと押し流され無念のうちに廃業を決めた（あるいは取引先から半ば強いられた）中小の事業者がたくさんあったことを忘れてはならない．

　ここで，震災当時の自動車産業がどれくらいの被害を受けたのかを確認しておこう．日本自動車工業会の集計によれば，2011年3月のわが国の自動車生産台数は，企業，車種を問わず大きく減少しており，とりわけジャスト・イン・タイムを徹底し在庫水準が極めて低かったトヨタでは，対前年同月比で37%の水準まで落ち込んだ．他社も軒並み30%～40%台であり，全体では42.7%まで生産台数が減少した．また，その影響は同年4月の方がより深刻であった．全体では39.9%にまで落ち込み，トヨタに至ってはわずか2割の水準に留まった．

　このような生産活動の停滞はサプライ・チェーン寸断によるものであるが，その内容は，直接的な被災によるものと間接的なものとに分けられる．直接的な理由には，自社の被災（工場，設備の破損や倒壊），計画停電による生産調整，流通網の不全による物流の停滞がある．他方で間接的な理由は，調達先企業の

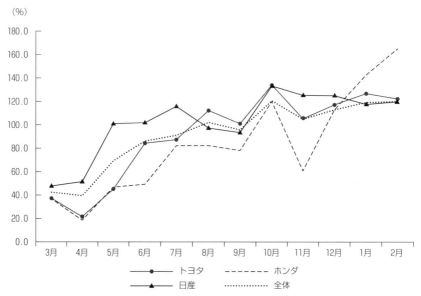

図 序-3　国内自動車生産台数の対前年同月比率の推移（2011年3月-2012年2月）
出所）日本自動車工業会集計をもとに筆者作成.

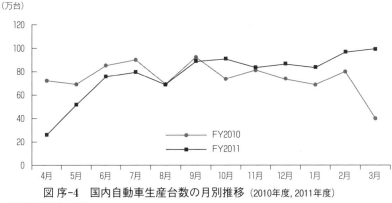

（万台）

図 序-4　国内自動車生産台数の月別推移（2010年度，2011年度）
出所）図 序-3 に同じ.

被災のみならず，調達先企業のさらに調達先が被災したこと等である．自動車産業の場合，確かに完成車企業の工場も被災したものの，間接的な理由によるものが大きかった．これはつまり，ルネサスエレクトロニクス等の部品企業からの供給停止のことである.

　図 序-3 は，わが国主要完成車企業 3 社（トヨタ，日産，本田技研工業）と全完成車企業の生産台数の対前年同月比率を震災から 1 年間にわたって集計したものである．この図からも明らかなように，震災直後は大手 3 社の中でもトヨタと本田技研工業（以下，ホンダ）の生産台数落ち込みが著しかった．日産が震災後 2 カ月程度で前年同等水準まで回復しているのに対し，トヨタは 8 月，ホンダに至っては 10 月までその水準に戻すことができなかった[20].

　しかしながら，自動車産業では様々な企業間の協調的行動が採られ，非常事態からの一日も早い復旧に向けて懸命の努力が続けられた．それらは完成車企業と部品企業，あるいは部品企業同士の人的支援，生産活動や物流の代替支援といった取り組みである．その結果，**図 序-4** に示したように，国内自動車生産台数は 2011 年 3 月と 4 月のひどい低水準から急回復し，同年夏頃からは減産分を挽回するための増産体制へと速やかに移行していったのである.

　こうして自動車産業の生産活動が回復していくにつれ，被災地である東北地方の復興に対する世間からの関心は徐々に失われていった．確かに，東北地方では震災復興の旗印として TMEJ が設立され，前述のように出荷額を大きく伸ばしたことで当地の集積拡大に寄与してきたし，震災直後には日産いわき工

場もまたトヨタが舌を巻くほどの早期再開を成し遂げる[21]など，復興に向けて力強い取り組みがくり広げられてきた．また東日本大震災時の大混乱の反省をもとに，トヨタでは災害復旧の初動対応のための情報システム「レスキュー」を富士通と共同開発し導入している．そしてその効果は震災からちょうど十年にあたる2021年2月13日夜遅くに証明された．この日の23時過ぎに福島県沖を震源とする最大震度6強の地震が発生したが，トヨタはこの新システム導入のおかげで部品調達上の影響を最小化することができたのである[22]．

　ところで，震災後の東北地方の経済活動はこうした大企業の動きだけでは正確に把握することはできない．東北経済産業局によると，被災した（全産業）企業のうち震災前の水準にまで売上高を戻すことができたのは45.8%に過ぎないとされる[23]．この要因はもちろん複合的なものであるが，その基底にあるのは少子高齢化と人口減少である．前掲**図 序-2**で示したように，東北地方各県では中長期的に生産年齢人口の減少が止められないのであるが，もともと東北地方は全国に較べて高齢化率が高く，それゆえ生産年齢人口からの引退が今後急速に進むことは免れなかった．それに加えて地方部から都市部への若年層の流出は全国的な傾向でもあり，先の点と併せて東北地方の生産年齢人口の減少は不可避だった．問題は，震災復興の遅れがこれを加速していることである．すなわち，津波に飲み込まれた住宅（や職場）の再建断念や放射能汚染による帰還困難区域の解除が長引いていること等[24]による定住人口全般の社会減が，一時的なものから恒久化してしまっているのである．若年層を中心に都市部への人口流出は避けられなかっただろうが，震災はその流れを加速した．若年層のみならず，家族単位での人口流出がごく短期間で進行したのである[25]．

　こうした人口流出に加えて，震災当時や震災後に避難せず居住し続けた住民の就業状況の悪化も深刻である．例えば，2017年に福島県で実施された第2回双葉郡住民実態調査によると，「震災後生産年齢人口（15歳から64歳）でも31.9%の者が『無職』の状態であった．これは震災前のそれ（10.3%）と比較すると，3倍になっている．65歳以上になるとさらに深刻で，『無職』の割合が震災前44.1%であったのが，震災後は76.0%にまで上昇している[26]」との結果が出ている．この調査は局地的なものなので被災した3県に一般化することは慎まなければならないが，こうした事実があったことは認識しておく必要があるだろう．

　津波被害であれ放射能汚染による被害であれ，短期間でのまとまった人口流

表 序-4　被災３県沿岸部自治体の人口推移

岩手県		(単位：人)	
市町村	2011年3月	2020年2月	増減
宮古市	59,229	52,127	88.0%
大船渡市	40,579	35,283	86.9%
久慈市	36,789	33,459	90.9%
陸前高田市	23,221	18,450	79.5%
釜石市	39,399	33,847	85.9%
大槌町	15,222	10,967	72.0%
洋野町	17,775	15,158	85.3%
岩泉町	10,708	8,863	82.8%
山田町	18,506	14,654	79.2%
野田村	4,606	3,911	84.9%
普代村	3,065	2,562	83.6%
田野畑村	3,838	3,123	81.4%
平均			83.4%

宮城県		(単位：人)	
市町村	2011年3月	2020年2月	増減
仙台市	1,046,737	1,090,454	104.2%
石巻市	160,394	140,766	87.8%
塩釜市	56,221	52,511	93.4%
気仙沼市	73,154	60,579	82.8%
名取市	73,603	78,845	107.1%
多賀城市	62,990	62,024	98.5%
岩沼市	44,160	44,396	100.5%
東松島市	42,840	39,085	91.2%
松島町	15,014	13,410	89.3%
七ヶ浜町	20,353	18,067	88.8%
利府町	34,279	35,515	103.6%
亘理町	34,795	33,039	95.0%
山元町	16,608	11,870	71.5%
女川町	9,932	5,808	58.5%
南三陸町	17,378	11,148	64.2%
平均			89.1%

福島県		(単位：人)	
市町村	2011年3月	2020年2月	増減
いわき市	341,463	339,388	99.4%
相馬市	37,721	37,250	98.8%
南相馬市	70,752	53,474	75.6%
田村市	40,234	35,753	88.9%
広野町	5,386	3,964	73.6%
楢葉町	7,676	-	
富岡町	15,959	-	
大熊町	11,570	-	
双葉町	6,891	-	
浪江町	20,854	-	
新地町	8,178	8,152	99.7%
川俣町	15,505	12,935	83.4%
川内村	2,819	1,851	65.7%
葛尾村	1,524	-	
飯舘村	6,132	-	
平均			85.6%

注）岩手県，宮城県，福島県の2011年3月11日時点人口と2020年2月1日時点推計人口．福島県の「-」は未算出．

出所）高田泰［2020］，「3.11被災地の人口減少は『想定以上』，外国人定住に期待も難局」『ビジネス＋IT』掲載記事（https://www.sbbit.jp/article/cont1/37766）より抜粋後，筆者加筆．

出，そして（流出せず留まった住民内での）失業者の増加は，当地の供給力の低下のみならず域内での消費の減退を招いた．そしてこれらが長期化していることで，東北地方（とりわけ被災３県）の経済活動が停滞してしまっているのである．

　次に，被災した東北地方３県の人口動態についてである．**表 序-4** は，被災３県の沿岸部に位置する各自治体の人口推移をまとめたものである．集計値の揃う自治体のうち増減がプラス（100％超）だったのは仙台市や名取市といった宮城県の４つの自治体のみであり，それ以外は全てマイナス（100％未満）だった．放射能汚染による帰還困難区域を抱える福島県では，人口の統計すら取れていない自治体が目立つ．３県の人口増減率の平均（福島県は2020年2月の集計が揃っている自治体のみ対象）をみると，岩手県83.4％，宮城県89.1％，福島県85.6％であり，岩手県と福島県の減少が大きいことが分かる．また人口増の自治体がある宮城県といえども，県全体では10％以上の減少が避けられなかった．東北地方被災３県の十年間の人口移動について分析した藤波［2021］によれば，こうした傾向について「東北の非被災３県（青森県，秋田県，山形県）に比べ，岩手県，福島県の経済活力の低下は明らかで，人口吸引力が顕著に低下したことがわかる．宮城県では，東京圏の人口吸引圧力に抗しきれないなかで，

東京へ流出した分を埋め合わせるように岩手県，福島県から人口を吸引している構図が認められる[27]」と指摘している．

　続いて，**表 序-5** で復興庁がまとめた復興の進捗を確認しよう．いずれの指標も計画に対して達成やほぼ達成，あるいは指標の回復・改善があったと高らかに謳われており，震災から十年で復興に一定の目処が立ったことを強調したいという意図を汲み取ることができる．しかしながら，指標の中身は注意深く見ておく必要がある．例えば仮設住宅の入居者数が大きく減った背景には，先ほどの人口減少で説明したように仕事や住居を求めて県外に流出した人が決して少なくなかったことがある．また災害公営住宅の入居を希望した人や元々住んでいた地区の高台に移転・再建した住宅に戻った人には高齢者が多いとされている．数字上の回復・改善が示す姿は，必ずしも震災以前と同じだとは言えないのである．

　気にかかるのは，復興庁［2021］が震災からまる 5 年の 2016 年 3 月までを集中復興期間としているのはまだしも，ちょうど十年にあたる 2021 年 3 月までを第 1 期復興・創生期間として一定の区切りとしていることである．例えば，

表 序-5　東日本大震災からの復興の進捗

		震災前 又は 最大値	現 状
被災者	避難者数	47万人 （発災当初）	4.1万人 【令和3年3月】
	応急仮設住宅の入居者数	31.6万人 【平成24年4月（最大）】	0.2万人 【令和3年3月】
インフラ・ 住まい	復興道路・復興支援道路 （青森，岩手，宮城，福島）	570km （計画）	526km（92%） 【令和3年3月】
	災害公営住宅 （青森，岩手，宮城，福島，茨城，千葉，新潟，長野） ※調整中及び帰還者向け除く	29,654戸 （計画戸数）	29,654戸（100%） 【令和2年12月】
	高台移転による宅地造成 （岩手，宮城，福島）	18,227戸 （計画戸数）	18,227戸（100%） 【令和2年12月】
産業・生業	製造品出荷額等 （岩手，宮城，福島）	10兆7,637億円 【平成22年】	12兆6,392億円 【平成30年】
	営農再開可能な農地面積 （青森，岩手，宮城，福島，茨城，千葉）	19,690ha （津波被災農地面積）	18,560ha（94%） 【令和3年1月】
原子力災害	避難指示区域の面積	1,150km^2 【平成25年8月（最大）】	337km^2（29%） 【令和2年3月】
	日本産農林水産物・食品に対する 輸入規制実施国・地域数	54か国・地域 （最大）	15か国・地域 （撤廃39，緩和13） 【令和3年1月】

出所）復興庁［2021］，「復興の現状と今後の取組」，p. 3.

「令和 2 年 3 月，帰還困難区域を除く全ての地域で避難指示解除を実現．復興・再生が本格的に開始」[28]と書かれているものの，**表 序-5**「避難指示区域の面積」の「現状」欄には 29％とある．これはすなわち，震災から十年経つにも拘わらず，今なお 3 割（337km²）もの広大な面積が放射能によって激しく汚染されたままであり，人の居住に適さない帰還困難区域として残されているということである．今なお多くの課題を内包したままの東北地方を尻目に，復興庁は，2021 年 4 月以降の第 2 期復興・創生期間を「復興の『総仕上げ』の段階」[29]と表現している．復興庁発足当時の設置期間の定めによるものとはいえ[30]，実態とは乖離した一方的な書きぶりに東北地方に暮らす人々の思いは複雑なことであろう[31]．

(2)　新型コロナウィルスの感染拡大と経済活動の停滞

2011 年から続く震災復興が道半ばのまま，東北地方もまた 2020 年初頭からの新型コロナウィルス感染症（COVID-19）の拡大に巻き込まれた．中国の湖北省武漢市が発生地とされる新型コロナウィルスは，2019 年末頃から世界規模でのパンデミックを引き起こした．いわゆるコロナ禍の始まりである．

　新型コロナの大流行は，わが国のみならず世界中の自動車産業に巨額の経済的損失をもたらした．トヨタ，日産，ホンダの国内大手 3 社に VW や GM といった海外大手 7 社を加えた，世界の主要完成車企業 10 社の 2019 年度決算では，4 社が最終減益，ルノー及び日産が最終赤字転落となった．国内完成車企業の状況もまた一様に厳しかった．**表 序-6** は 2020 年 4 月のわが国完成車企業の生産，輸出，販売の実績である．全社いずれの指標も大幅な減少であり，乗用車 8 社全体では国内生産台数が対前年同月比で▲46.7％，海外生産台数はさらに落ち込み▲67.4％，輸出も半減し▲54.2％だった．辛うじて減少幅が少なめだった国内販売でも▲28.7％と 3 割近い減少が避けられなかった．

　COVID-19 が自動車産業にもたらした影響は，大まかにいって次の 2 点に集約される．第 1 に，川上から川下までのサプライ・チェーン全体にわたって生産・販売減となったことである．完成車企業の生産停止は，部品・素材といった中間財，生産設備・金型・治工具等の資本財で構成される生産財全般での需要蒸発を意味する．完成車企業と直接取引する Tier 1 のみならず，Tier 2, Tier 3 へと影響が伝播したのは言うまでもない．他産業では，例えば自動車産業各社に素材を提供する鉄鋼業の業績悪化が顕著であった．また，完成車企業

表 序-6　2020年4月の完成車企業各社の生産，輸出，販売実績

（単位：台）

	国内生産	海外生産	輸出	国内販売
トヨタ	218054	161039	123064	97563
	▲25.9	▲66.2	▲35.8	▲20.1
日産	21669	128719	11024	20997
	▲61.8	▲62.5	▲65.3	▲39.2
ホンダ	53114	159633	8208	45006
	▲32.1	▲56.3	▲35.9	▲19.5
スズキ	28417	5598	5159	31975
	▲64.9	▲97.1	▲64.6	▲45.2
三菱自	15467	19000	6804	2745
	▲67.6	▲64.9	▲76.1	▲57.2
マツダ	11706	24171	8529	8305
	▲86.5	▲25.8	▲89.3	▲26.0
ダイハツ	49248	5508	0	36544
	▲34.7	▲88.3	0.0	▲26.8
スバル	14912	0	22292	5226
	▲72.5	▲100.0	▲51.3	▲47.5
8社合計	412587	503668	185080	248361
	▲46.7	▲67.4	▲54.2	▲28.7

注）下段は対前年同月比増減率（%），▲は減.
出所）『日経産業新聞』2020年6月4日，p. 7.

からみて川下にあたる流通・販売店についても同様である．社会・経済活動の停滞が引き起こした景気後退にともない，とりわけコロナ禍からの経済回復にもたつくわが国では，消費者の自動車購買意欲は減退しており，販売面の苦戦が深刻になった[32]．

　第2に，（こちらは幸いにも長期化せずに済んだが）COVID-19が世界規模のパンデミックであり，中国からの伝染が当初は日米欧といった先進国全般だったことから，需要地のポートフォリオが意味を成さなかったことである．通常の経済状況であれば，例えば米国市場が冷え込んでも中国市場が好調なら差し引きしてプラスといったことがあり得た．しかしながら，2020年上半期にはそうはいかなかったのである．また，有効な治療薬やワクチンの開発，それらの適切な投与・接種が浸透するまで，すなわち各国が集団免疫獲得の途上にあるうちは，その期間が長引くことも考えられた．すなわち，地域軸でみても時間軸でみても市場のポートフォリオがリスクヘッジに寄与しなくなる怖れがあった

のである．2021 年に入ると，米国，中国や欧州先進国の経済回復が顕著に
なってきたたため杞憂で済みそうであるが，このような事態は恐らく世界経済が
第二次世界大戦終結の混乱期以降初めて経験したことではないだろうか．

　こうした経営環境にあって，2020 年上半期頃まではわが国の完成車企業は
厳しい舵取りを強いられた．例えばトヨタでは，工場が稼働していない期間，
一時帰休させている派遣社員には休業手当を支払い続けた．他にも複数の自動
車関連企業が，従業員のための衛生環境の整備であったり，社会貢献の一環と
してマスクの生産や人工呼吸器の生産検討を進めたりしていた．

　また，わが国の完成車企業間にも差が見られた．例えば，前掲の**表 序-6** か
らも明らかなように，もともと国内生産に占める輸出比率の高い日産，三菱自
動車工業（以下，三菱自），マツダは輸出台数の落ち込みが激しかった．生産し
ても売れる市場がなかったためである．その点，国内市場に強いトヨタは，国
内生産が海外生産ほどは落ち込んでおらず，輸出分を除く国内生産分が国内市
場で概ね消化されていた（それでも国内販売は 2 割減）．ただしトヨタの場合，国
内生産活動の過半はトヨタ車体や TMEJ といった傘下の委託生産企業による
ものであり（塩地・中山編［2016］），各社の影響度合いは異なっていた．商用車
や利幅の大きいミニバンを生産するトヨタ車体に較べ，輸出向けレクサス車種
の生産比率が高い TMK や国内を主要市場としてきたコンパクトカー生産中心
の TMEJ にとっては，一時的ながらも業績への影響が大きかったと考えられ
るのである．

　またコロナ禍は，震災復興過程にある東北地方の経済にも打撃を与えている．
新型コロナとの闘いが長期化することで，飲食業や宿泊業の従事者を中心に失
職したり収入の大幅減に見舞われたりした人が多い．これは家計消費の縮小に
直結するため，東北地方の内需に悪影響を及ぼす．のみならず，復興庁が「産
業・生業の再生」の柱の 1 つとしてきた外国人観光客によるインバウンド消費
や，もう 1 つの柱である水産業と観光業とを結びつけた体験型・滞在型観光の
需要も蒸発してしまった．交通等インフラの再建や住宅の供給といった一過性
の需要ばかりでなく，東北地方には産業振興による自律的な経済再生が必要不
可欠であったのにも拘わらず，コロナ禍がその貴重な機会を奪ってしまったの
である．COVID-19 はワクチン接種の拡がりとともにいずれ収束するであろ
うが，事態を全く制御できなかった政府の姿からも明らかなように，わが国は
こうしたパンデミック等に対処するための基本的な危機管理能力に乏しいと言

わざるを得ない．COVID-19 の教訓とは，これが終わりではなく始まりであり，くり返し起こりうる危機なのだということである．

(3) 災禍と人口減少，産業集積への影響

東日本大震災や COVID-19 といった天災・疫病等がもたらした度重なる災禍は，東北地方固有の課題（物理的範囲）であったり，一過性の課題（時間的範囲）であったりと性格こそ異なれど，それぞれが独立した要素ではなく相互に作用し合う関係にある．そしてまた双方の要素は，わが国共通の構造的課題である人口減少にも作用する．先に述べたように，震災復興の遅れは一時的なはずだった避難者の帰還を困難にし，人口の大幅社会減を招いた．とりわけ生産年齢人口の流出は当地の供給力不足に直結するし，域内需要の減退にも繋がる．またコロナ禍は，観光業やそれに関連する業種の需要を蒸発させたし，それによる失業や収入の低下をもたらした．こうなると若年層は生きるために都市部へと流出せざるを得ない．いずれも最終的には人口減少に行き着くのである[33]．

東北地方はいま，過酷なまでの三重苦に晒されている．不幸にも，これらは偶然の産物であり不可避な要素であったとばかりは言えないのである．人口減少は 1990 年に（前年の）合計特殊出生率が 1.57 を割り込んで話題となった「1.57 ショック」の時から問題視され続けてきたことであるし，震災復興は当時の政権による初動対応の致命的ミスや復興庁の（とりわけ近年における）当事者意識の希薄化がその歩みを緩慢にさせている．また，コロナ禍は発生から 1 年以上にわたり政府が抜本的な対応に着手せず対処療法に終始してきてしまった．とどのつまりは人災であり，その病巣が（まずは）東北地方に露顕しているに過ぎないのである．

本書が関心を寄せる東北地方の自動車産業集積は，国難とも呼べるこれら三重苦の外部環境に対峙しながらその活動を維持し成長していかねばならないのである．自動車産業はわが国に残された数少ない国際競争力を有する産業である．ゆえに，東北地方における自動車産業集積の存立基盤構築や成長に向けた取り組みを単に一地域経済の趨勢という論点に矮小化してはらない．これは，わが国が活力ある経済大国として存立し続けられるかどうかをうらなう上での前哨戦に位置づけられるのである．

4．地域自動車産業の類型化と本書の分析枠組み

　本章の結びとして，東北地方の自動車産業集積の特徴を相対化するために，全国の集積地を分類する基準について説明する．そして，地域自動車産業論の分析を支える理論的背景と分析枠組みを提示する．最後に，本書の構成を紹介する．

(1)　地域自動車産業の類型化

　まず，地域自動車産業の類型化についてである．自動車産業を念頭に置く企業城下町型集積は，中核企業の（中間財及び資本財で構成される）産業財需要を集積内部で完結できるかどうかという視点で見たとき，次の3つに類型化することができる．それらは，① 域内完結型，② 域内未成熟型，そして③ 域外依存型である．これら3つの類型が成立する決定的な要因は，集積内部の中核企業及び近隣の取引先である有力部品企業に開発機能及び調達権があるかどうかという点に集約される．東北地方には大規模な生産機能だけが付与されており，集積内部での意思決定権はかなり限定的である．近隣の部品企業も，地場企業というよりも中核企業の本拠地で取引する部品企業が当該地域に進出していることが珍しくない．この基準でみると，東北地方は③域外依存型に分類される．前述した分工場型経済圏はこれに該当する．以下，簡単に3つの類型の特徴を述べる．

①　域内完結型とは，中核企業の産業財需要の大半を集積内部で満足することが可能な場合のことである．具体的には，トヨタの完成車工場及び車体生産子会社・トヨタ車体の完成車工場等が集まる愛知県の西三河を中心とした広域東海圏，日産の完成車工場及び車体生産子会社・日産車体の完成車工場が立地する神奈川県と栃木県を両軸とした関東圏，そしてホンダの東日本における完成車工場・埼玉製作所が立地する北関東圏である．

②　域内未成熟型とは，前掲の域内完結型同等とは言い難いが，中核企業の産業財需要を集積内部で一定程度満足することが可能な場合のことである．具体的には，マツダの本社に隣接する宇品工場から山口県の防府工場までを含む広域広島圏，ホンダの西日本の完成車工場・鈴鹿製作所及び車体生産子会

社・ホンダオートボディーの完成車工場が立地する三重県近隣，三菱自の岡崎製作所を中心とした愛知県の岡崎市近隣，スズキの完成車工場が立地する静岡県西部，ダイハツ工業の本社周辺の完成車工場が立地する関西圏，SUBARU の完成車工場・群馬製作所が立地する群馬県とその隣の栃木県に跨がる両毛地域である．

③　域外依存型とは，中核企業の産業財需要が集積内部では不完全にしか満足できない場合のことである．典型的には完成車企業が展開した大規模分工場型集積を指す．具体的には，本章で取り上げてきた TMEJ を中心とした東北地方，さらには TMK，日産自動車九州（及び日産車体九州），ダイハツ九州が立地する北部九州圏，そして三菱自・水島製作所を中心とした岡山県の倉敷・総社地域である．

(2)　地域自動車産業論の分析枠組み

続いて，本書が標榜する地域自動車産業論がどのような理論的背景を持つのか，そしてそれらは具体的にどういった分析対象と関わるのかについてである．図 序-5 はその関係性を示したものである．理論的には大きく 3 つの先行研究領域に依拠している．[34]

第 1 に，産業集積論である．古典派経済学の議論を起源とし，中小企業論や経済地理学の分野で深められてきた領域である．前述の企業城下町型集積という概念は，もっぱら中小企業論者の研究から提唱されてきた概念である．地域自動車産業論は産業集積を直接の分析対象としているため，基本的な論点はこの分野が提供している．

第 2 に，企業間関係論である．堀江英一氏とその系譜に連なる研究者達によって深められた分野である．1990 年代以降は，藤本隆宏氏らによりサプライヤー・システムの議論として体系化された．この枠組みによって，地域自動車産業の集積内関係を（資本連関と生産連関という）関係的近接性及び地理的近接性から分析することができるのである．

第 3 に，国際経営戦略論である．地域自動車産業論は，とりわけ開発・生産機能の国際分業に関心を寄せる．人口減少社会においては，長期的にみて内需の縮小は不可避であるため，必然的に成長市場を海外に求めることになる．そのとき，国内外の生産活動をいかに効率的に分業すべきか，あるいはそもそも分業できるのかという論点が究極的に重要になってくる．のみならず，実態と

して域外依存型の集積は，立地こそ国内であってもその実態は海外の生産工場に近いとみなすこともできよう．そのため国際分業のあり方は，場合によっては国内の集積間のマネジメントにも投影可能なのである．この分野の先行研究は，そのような知見を与えてくれるのである[35]．

　以上のような理論的背景に基づき，地方に集積する自動車産業を「産業論」的に捉える上では，当地の中核企業の分析ばかりではなく，そこと取引する多くの素材・部品企業や資本財企業，さらには産業振興を後押しする公私の支援機関までをも対象に複合的・多面的な分析を進めることが重要になる．地方の自動車産業集積を構成するプレーヤーは意外と多く，これら相互の利害関係の調整や協調関係の構築が必要になる．当地の産業構造を立体的に観察するという作業こそが，その地域の真の問題性を解き明かすための近道なのである．一般的にはプレーヤー間の関係性は複雑である．東北地方の自動車産業集積は分工場型経済圏であるがゆえ，立地する素材・部品企業や資本財企業のルーツ（地場系なのか進出系なのか）もその集積の性格を規定する変数になってくる．そしてまた，企業間取引のみならず国や地方自治体といった公的部門との相互作用を見出すことが必須の作業となる．（本書では直接触れてはいないが）関係性によっては企業活動を資金面・情報面で支援する地域金融機関等の役割も見ておく必要があるだろう．人口減少や震災復興といった究極的な外部環境面の危機

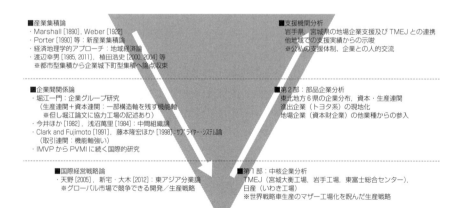

図 序-5　地域自動車産業論の理論的背景と分析対象との関連性

出所）筆者作成.

を所与とするとき，そこでは必ずしも市場原理や経済合理性ばかりが正解になるとは限らない．事業推進の当事者ばかりでなく，支援機関の存在と役割もまた視野に収めた議論が求められるのである．

（3）　本書の構成

　最後に，本書の構成を示す．**第1部「中核企業の視点」**では，東北地方における中核企業の生産拠点の設立過程を分析し，同時に生産拠点近隣が産業集積へと発展していった経緯を明らかにする．ここでは，後発の自動車産業集積地である東北地方に対して中核企業がどのようにして「現地化」していったのかが判明する．**第2部「部品企業の視点」**では，まず東北地方6県全域を対象に自動車部品事業に参入している企業の分布をみる．その上で，中核企業のうちTMEJ の取引先企業に焦点を絞り，もっぱら愛知県から誘致された進出企業と新たに自動車部品及び関連資本財の事業に参入してきた地場企業の事例研究を行う．そこでは新興の自動車産業集積地がこれらのプレーヤーによってどのように形成されてきたのか，そしてその課題がどこにあるのかが明らかになる．そして**第3部「支援機関の視点」**では，もっぱら岩手県と宮城県を分析対象とし，公的機関が TMEJ 及びその取引先企業にどのような支援を行ってきたのかを紐解く．この分析からは，後発であるがゆえに分工場型経済圏に留まる東北地方に固有の課題，他方で当地ならではの展望が明らかになる．また視点を変えて，東北地方以外で地場企業の（エレクトロニクス産業から自動車産業への）参入領域の転換が一定程度成功した鳥取県の支援事例から得られる示唆についても言及する．

　また本書には2つの補論がある．補論1では，地域産業連関表を用いてトヨタ・グループの国内3つの生産拠点である，東北地方2県，愛知県，福岡県での生産連関の実態を定量的に明らかにする．補論2では，わが国の人口減少問題にまつわる先行研究を検討する．

注

1）筆者らが上梓した『中国地方の自動車産業——人口減少社会におけるグローバル企業
　と地域経済の共生を図る——』（2019 年，晃洋書房）は，地域自動車産業論の分析枠
　組みを用いて中国地方（山陽・山陰5県）の自動車産業集積の実態と課題を明らかに
　した研究成果である．本書では，地方に展開した自動車産業集積を観察する上での基

本的な問題意識を踏襲している．具体的には，わが国が先進国の中で最も深刻な事態
に陥っている超・少子高齢化の進展にともなう人口減少問題と地域の自動車産業集積
の諸類型に根ざした固有の課題の2点である．今日，わが国各地の自動車産業集積間
を比較する際には，当地での人口再生産がどれほど達成されるかという視点を欠かす
ことができない．地域の生産年齢人口は（他の条件を一定とすれば）当地の供給力を
（一定程度）規定し，また全国の総人口は国内需要を規定する．自動車産業に限らず
これからのわが国での経済活動において，人口動態はクリティカルな制御変数として
認識する必要がある．

2）同社は，トヨタとパナソニック（当時は松下電器産業）の合弁企業として1996年に
設立された．出資比率はそれぞれ6割，4割だった．設立当初の社名はパナソニック
EVエナジーであったが，宮城工場が稼働を始めた2010年にトヨタが現在の出資比
率まで引き上げ，社名が変更された経緯がある．また同社では，2019年頃から生産
品目の主体をニッケル水素二次電池からリチウムイオン二次電池へと急速に転換して
おり，大規模な工場増設計画が進んでいる．

3）本書での自動車産業集積とは，中核企業（完成車企業）とその取引先企業（もっぱら
素材・部品を扱う中間財企業と生産設備・金型・治工具等を扱う資本財企業）とが近
隣に立地するという地理的近接性，また中核企業と取引先企業との間に資本連関と生
産連関（もしくは生産連関のみ）があるという関係的近接性という2つの要素が揃っ
ており，なおかつこれら企業グループの生産活動を直接・間接的に支援する諸機関が
付随した物理的経済活動範囲のことである．なおこの定義もまた佐伯編［2019］のも
のを踏襲している．

4）九州地方には他にも，大分県にダイハツ九州（旧・ダイハツ車体として2004年稼働
開始，2006年に現在の社名へ変更），熊本県にわが国最大の二輪工場となる本田技
研工業熊本製作所（1976年稼働開始）がある．

5）TMEJを中核として，東北地方は確かにトヨタの「第3の国内拠点」化してきた．
工業統計表で都道府県別の輸送用機械器具製造業の推移を見ると，岩手県の出荷額は
1993年の旧・関東自動車工業岩手工場の竣工時から2018年の間に約14倍へ，他方
で宮城県のそれは旧・セントラル自動車の宮城工場が完成車生産工場に衣更えされた
2010年から2018年の間に約3倍へといずれも大きく伸びたことが分かる．この成長
の大半がTMEJによる貢献と言えるだろう．『日経産業新聞』2020年5月8日によ
ると，「東北でのTMEJの一次，二次仕入れ先数は19年に171カ所となり，11年と
比べて6割増えた」（p.3，※そのうち二次仕入れ先が約100カ所）と記載されている
ことから，TMEJ，岩手県，宮城県が（もっぱら愛知県からの）企業誘致に注力して
きたことや粘り強く地場企業の発掘や支援・育成に努めてきたことが当地での集積の

拡大に繋がったということである.

6）ただし TMEJ は，静岡県にある東富士工場を 2020 年いっぱいで閉鎖し，生産機能を東北地方に集約している．したがって 2021 年以降，東北地方での生産台数は 60 万台から 70 万台規模へと拡充することが見込まれている．2019 年 6 月 3 日に実施した岩手県商工労働観光部ものづくり自動車産業振興室へのインタビューに基づく.

7）竹下・川端［2013］，pp. 684-690 参照.

8）藤川［2012］では，前述の田中（幹）［2010］，竹下・川端［2013］，田中（武）［2016］らが東北地方の研究で指摘した現地部品調達における物流と商流の分離のことが北部九州においても見られると指摘されている．そしてまた，概ね東北地方よりは高いとはいえ，北部九州の現地調達率も高水準とは言い難いと評価している.

9）塩地・中山編［2016］，p. 15 参照.

10）TMEJ のコンパクトカー事業はトヨタ・グループ内部での競争にも晒される．TMEJ は「コンパクトカー・カンパニー」の中核を担うが，グループ内には「新興国小型車カンパニー」を任されるダイハツ工業がある．2016 年にトヨタの完全子会社となったばかりのダイハツ工業には，独自ブランドと（小さくて安い車を作るための）開発機能がある．そして，カンパニーの位置づけとして成長余地の大きい新興国小型車事業を統括することから，TMEJ にとっては自らの海外展開に立ちはだかる存在として映っていることだろう.

11）長期的な人口減少に起因する内需の見とおしの暗さはもとより，海外現地生産が浸透する今日においては，今後輸出向けの数量も大きく成長するとは考えにくいためである.

12）竹下・川端［2013］，pp. 681-682 参照．他方で，九州地方を分析した藤川［2015］は，ライバル視するのは北米やアジア諸国の現地生産拠点ではなく，むしろ国内他工場であるとする．それは，市場立地する海外工場の絶対的優位性を覆すことが難しいという判断からくるものである．竹下・川端らのように海外工場との競争を絶対視するか，藤川のように最初からそちらは諦めて国内での競争に備えるかのいずれを重視するかによって採用すべき戦略は異なってくるだろう.

13）2019 年 6 月 3 日並びに同年 7 月 29 日に実施した岩手県商工労働観光部ものづくり自動車産業振興室へのインタビューに基づく.

14）福島県には日産いわき工場を中核とする自動車産業集積ばかりでなく，民間航空機用エンジン部品を加工・生産する IHI 相馬事業所，子会社の IHI キャスティングスを中心とした航空機産業集積もある.

15）以下の東北地方の産業史は，2019 年 7 月 30 日に実施した北上オフィスプラザへのインタビューに基づく．1970 年代に東北地方に進出したのは，アルプス電気（盛岡市），

松下通信工業（花巻市），岩手東芝（北上市），富士通（金ケ崎町），日立水沢（奥州市），東北日本電気（一関市），ソニー千厩（一関市）等である（いずれも当時の社名）．

16）TMK 敷地内には 2016 年にテクニカルセンターが設置されているが，ここでの作業はマイナー・モデルチェンジ時のアッパー・ボディの一部変更といった限定的なものである．2019 年 9 月 25 日に実施した TMK 工場見学時に受けた説明に基づく．

17）ただし TMEJ の東富士総合センター内には開発部門がある．この拠点については本書の第 3 章で詳しく分析する．なお東富士総合センターに隣接していた同社の東富士工場が 2020 年末で閉鎖されたことにより，開発部門は近隣に本社も生産拠点もないという（少なくともわが国では）珍しい立地環境になっている．

18）地域産業連関表を用いた詳細な分析は，本書の補論 1 を参照されたい．

19）五百旗頭ほか監修・ひょうご震災記念 21 世紀研究機構［2021］によると，「福島第一原発……（中略）……においては炉心溶融や水素爆発等によって放射性物質が放出され，チェルノブイリ原発事故に次ぐ，世界史上でも有数の原子力災害となった」（p. 28）とされる．

20）不運なことに，ホンダは生産水準が戻った直後にタイの生産子会社が洪水被害に見舞われた．そのため再度の生産調整を余儀なくされ，11 月にはまたも生産台数が大きく減少した．

21）『日経産業新聞』2016 年 3 月 7 日，p. 1 によると，被災から 2 週間後には当時日産 CEO だったカルロス・ゴーン氏が現地入りし，日産グループから 1 日あたり約 300 人の応援要員を派遣するよう指揮を執ったとされる．いわき工場では建物面積の約 2 割で天井と基礎が崩れるといった大きな被害があったものの，こうした努力により震災からわずか 2 カ月での復旧にこぎ着けた．

22）『日本経済新聞』2021 年 3 月 11 日，地方経済面（中部）参照．東日本大震災時には状況把握に 3 週間，主要部品の復旧に約 1 カ月を要したが，2021 年には状況把握に半日，復旧は 1 週間強で済んだとされる．

23）『日本経済新聞』2020 年 3 月 28 日，地方経済面（東北）参照．

24）五百旗頭ほか監修・ひょうご震災記念 21 世紀研究機構［2021］によると，福島県では，「2019 年 4 月 12 日現在の居住率をみると，ほぼ全域が帰還困難区域である……（中略）……双葉町と大熊町はゼロ，……（中略）……浪江町と……（中略）……富岡町が 10％以下と極端に低い」（p. 121）とのことである．

25）被災した 3 県（岩手県，宮城県，福島県）の人口流出には共通する傾向があり，それは県内外への避難者に占める世帯主のうち高齢者の比率が高いということ，そして元の居住地に帰還するのもまた高齢者が多いということである．この点は，五百旗頭ほ

か監修・ひょうご震災記念 21 世紀研究機構［2021］で報告された岩手県，宮城県での
アンケート調査結果（pp. 49-50）並びに福島県南相馬市の人口分布からの分析
（pp. 87-89）によって明らかになった．避難者に高齢者が多いのは，もともと高齢者
比率が高かったことが大きいとみられるため，若年層が避難しなかったということで
はないだろう．また，「現実的には自立した高齢者を中心に帰還しているのであって，
必ずしも高齢者が一律に帰還しているわけではない」（pp. 88-89）という指摘も重要
である．その一方で若年層の帰還状況はより深刻である．前述の南相馬市の人口分布
からは，「子どもを持つ子育て世帯，とりわけ女性とその子どもの『帰還』が十分で
はない傾向」（p. 87）が見出されている．

26）前掲，p. 90 参照．

27）藤波［2021］，p. 2 参照．

28）復興庁［2021］，p. 7 参照．

29）前掲，p. 11 参照．

30）復興庁は 2019 年 11 月に設置期間が十年間延長され，2031 年まで存続することが決
まっている．

31）五百旗頭ほか監修・ひょうご震災記念 21 世紀研究機構［2021］には被災した自治体
の首長を取材したオーラル・ヒストリーが掲載されているが，そこでは「首長たちは
国，とりわけ復興庁への厳しい意見を隠していない」（p. 347）と指摘している．震災
から年月が経過し復興期間が長期化するなか，震災当時のことを知らない職員が増え，
支援の質が低下してきていることに被災自治体は苛立ちを隠していない．その一方で，
ある首長からは「特に国土交通省，環境省はキャリアがこちらにずっと常駐して，国
との調整役をしてもらって」（p. 347）いることで助かっているというコメントもあっ
た．「復興政策における国の支援は，良くも悪くも『人』によって左右されていると
ころがある」（p. 347）との指摘からも，震災復興の司令塔を担うべくして設置された
復興庁が，被災地の期待ほど組織だった支援をするには至っていない現状を窺い知る
ことができる．

32）2021 年に入ると先進国を中心にワクチン接種が一定程度進んだことで，米国や中国
等の販売は急回復していった．しかしながら，今度は車載用半導体の供給不足という
別の要因により完成車企業各社は相次いで生産調整に追い込まれた．

33）2020 年には婚姻数，自治体に届け出される妊娠届がともに減少してしまったことか
ら，「コロナ禍によって少子化は，従来の予測より 18 年早送りされた」（『日経ビジネ
ス』2021 年 5 月 24 日号・No. 2092，p. 31）という指摘もある．

34）各分野の詳細なレビューは，佐伯編［2019］の補論 3 を参照されたい．

35）東北地方はトヨタ・グループにとって基本的には内需対応の生産拠点であり，輸出を

あまり考慮しないため国際化の色合いにはやや乏しい．しかしながらコンパクトカーは世界戦略車に位置づけられることも少なくないため，TMEJ が起点となり立ち上げられた車種をトヨタの海外子会社でも生産する際に，マザー工場として工場建設や素材・部品の現地調達に関するマネジメントといった幅広い活動で立ち回ることを要求されていくことだろう．事実，2020 年 2 月から国内販売を開始した 4 代目ヤリスはトヨタのフランス生産子会社である TMMF（Toyota Motor Manufacturing France）でも生産されているが，この立ち上げ支援を担ったのが TMEJ 岩手工場である．TMEJ もまた，トヨタのグローバル展開の枠組みに組み込まれつつある．ゆえに，さらなる国際化を見越した生産戦略立案や産業集積の設計がこれまで以上に求められているのである．

第 1 部　中核企業の視点

第1章

中核企業の生産拠点発展史

はじめに

　本章の目的は，東北地方における中核企業の生産拠点の発展過程を明らかにすることである．自動車産業集積では，完成車企業，部品企業，公的機関が連携しながら集積の発展が目指される．本章は，それらの主体のなかでも，完成車企業に焦点を絞った分析を行なう．完成車企業は，従業員の雇用，部品・資本財等の調達を通じて地域経済に大きな影響を与えるため，産業集積の中核的存在である．

　分析対象となる中核企業は，トヨタの完全子会社（委託生産企業）であるTMEJ，日産のエンジン生産を担っているいわき工場である．TMEJ を分析した先行研究としては，優れた現状分析が存在するものの（折橋 [2013, 2018]），その発展を歴史的に分析した研究は管見の限り存在しない[1]．日産いわき工場についても，本格的な研究対象にはされてこなかった．そのため本章は，先行研究の空白を埋めるための端緒となることを目標としたい[2]．

　本章の構成は，以下の通りである．第1節では TMEJ を，第2節では日産いわき工場を対象に発展過程を整理する．最後に，両拠点の意義について，完成車企業の視点から考える．

1．岩手県，宮城県の TMEJ

(1)　トヨタ・グループにおける TMEJ の役割

　トヨタは，2021年5月12日に2030年の電動車の世界販売台数を約800万台とする目標を発表した．800万台の内訳は，BEV（Battery Electric Vehicle）と FCV（Fuel Cell Vehicle）が約200万台，HEV と PHEV（Plug-in Hybrid Energy

Vehicle）が約 600 万台である．日本市場については販売台数の 95％を電動車に
するという計画である．東北地方は，既に TMEJ の生産台数の約 8 割が電動
車であり，それらに搭載される二次電池全量をプライムアース EV エナジー宮
城工場が生産している．つまり，東北地方はトヨタの電動車世界戦略にとって
重要な地域である³⁾．

　2018 年のトヨタのグローバル生産台数（ダイハツ工業，日野自動車を除く）は
888 万 5573 台であり，そのうち 313 万 8751 台が国内生産，574 万 6822 台が海
外生産であった（**図 1-1** 参照）．2018 年 1 月から 12 月に国内生産を担った自動
車組立工場の生産実績をみると，元町工場（愛知県・約 7 万 4000 台），高岡工場
（愛知県・約 31 万 3000 台），堤工場（愛知県・約 37 万台），田原工場（愛知県・約 30 万
1000 台），トヨタ車体（愛知県・約 58 万 8000 台），TMK（福岡県・約 41 万 7000 台），
TMEJ（約 46 万 7000 台）であった⁴⁾．TMEJ は，トヨタが維持しようとしている
国内生産台数 300 万台のうち約 50 万台を担う東北地方の生産拠点である．

　2016 年 4 月から，トヨタは社内カンパニー制を導入した．先端技術開発，
パワートレーン，コネクティッド，小型車，乗用車，商用車，レクサスの 7 つ
の社内カンパニーである．このうち小型車，乗用車，商用車，レクサスの 4 つ
の社内カンパニーは，担当する車種の企画から生産までを担当する⁵⁾．製品軸の

（万台）

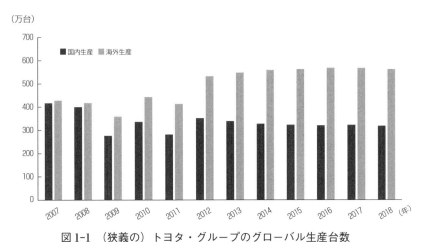

図 1-1　（狭義の）トヨタ・グループのグローバル生産台数
注）ダイハツ工業，日野自動車の生産台数は含んでいない．そのため，狭義のトヨタ・グループの値である．
出所）トヨタ自動車　販売・生産・輸出実績
(https://global.toyota/jp/company/profile/production-sales-figures/) より筆者作成．

カンパニー制度を導入した狙いは，開発から生産までを一体化することで製品力を向上させること，意思決定の迅速化を図ること等であった．トヨタのカンパニー制において各カンパニーは，Toyota New Global Architecture（以下，TNGA）のプラットフォームをベースとし，担当車種の製品化に取り組む．TNGA とは，パワートレーンユニット（エンジン，トランスミッション，HEV ユニット）とプラットフォームを一新し，基本性能と商品力を大幅に向上させる一方で，パワートレーン・ユニットやプラットフォームの複数車種での共有化によって原価低減を目指したものである．従来は，チーフエンジニアが既存のプラットフォームの改良を行なっていたため，プラットフォーム開発の負担が大きかった．TNGA 以降の新車開発では基本となるプラットフォームが決まっているため，チーフエンジニアは各車種の特徴を磨き上げることに専念できる．トヨタが TNGA を初めて採用した車種は，2015 年に発売した 4 代目プリウスであった．

　トヨタの社内カンパニーは先進国向けの新車種開発を中心に担うとされ，TMEJ はコンパクトカー・カンパニーの中核的な役割を担うことが期待されている．一方，新興国向けの小型車事業については，トヨタとダイハツ工業が共同で 2017 年 1 月に新興国小型車カンパニーを立ち上げた．新興国小型車カンパニーの狙いは，中国を除く，マレーシア，タイ，インドネシア等のアジア新興国向けに，コスト競争力の高い小型車を開発することである[6]．

　次に，TMEJ の会社概要を確認しておきたい．TMEJ の国内拠点は，本社・宮城大衡工場（管理部門・車両），宮城大和工場（ユニット），岩手工場（車両），東富士総合センター（開発部門），東富士工場（車両），須山工場（型治具）の 5 つである[7]．生産規模が最も多いのは，年間約 30 万台の生産実績を有する岩手工場である．TMEJ の海外拠点は，カンジコー・ド・ブラジル（部品），タイのACSE（治具）の 2 つである．TMEJ はトヨタの完全子会社であり，開発，生産準備，生産の 3 つの機能を有している．それぞれの機能を細かくみると，開発は，製品企画，デザイン，設計，試作，評価を行なっている．生産準備は，生産性検討，工程計画・設備検討・設備調達，設備トライ・品質確認・量産化である．生産は，プレス，溶接，塗装，組立，検査，出荷である．TMEJ の開発機能は静岡県の東富士総合センターに集約されているため[8]，東北地方における TMEJ の実態は，生産機能特化型の巨大分工場である．そこで本節では，生産機能に注目して TMEJ の歴史を整理する．

(2) TMEJ の経営成績

　TMEJ の経営成績を概観する（表1-1 参照）．比較対象として TMK の決算値を示した．TMEJ の売上高は，約 8000 億円程度で安定している．生産台数は，2013 年 59.8 万台，2014 年 50.1 万台，2015 年 50.7 万台，2016 年 50.1 万台，2017 年 47.1 万台，2018 年 48.7 万台と 50 万台程度で推移してきた[9]．粗い推計になるが，1 台当たり約 160 万円でトヨタに販売していることになる．一方，TMK は，売上高が 2019 年 1 兆 2879 億円，生産台数が約 40 万台であるから，1 台当たり約 320 万円という TMEJ の 2 倍程度の価格で販売している．TMEJ の主な生産車種がコンパクト HEV であるのに対し（表1-2 参照），TMK

表 1-1　TMEJ の経営成績

（単位：百万円）

		トヨタ自動車東日本			トヨタ自動車九州
		2013年	2016年	2019年	2019年
売上高	a	861,402	746,302	817,026	1,287,997
売上原価	b	843,971	737,203	797,461	1,259,241
売上総利益	c	17,431	9,098	19,564	28,755
販売費及び一般管理費	d	10,620	9,112	9,755	10,684
営業利益	e	6,811	-14	9,808	18,071
営業外収益		3,073	3,342	3,377	608
営業外費用		1,838	1,587	1,721	834
経常利益	f	8,046	1,741	11,464	17,844
特別利益		8,704	714	1,163	-
特別損失		5,571	1,547	13,706	-
税引前当期純利益		11,179	908	1,078	17,844
法人税，住民税及び事業税		-3,245	-896	1,065	7,061
法人税等調整額		3,761	789	-1,796	-1,529
当期純利益	g	10,663	1,025	346	12,313
総資産	h	256,105	238,857	243,155	462,869
固定資産	i	164,832	150,486	149,497	302,369
売上原価率（b/a）		98.0%	98.8%	97.6%	97.8%
売上総利益率（c/a）		2.0%	1.2%	2.4%	2.2%
売上高販管費率（d/a）		1.2%	1.2%	1.2%	0.8%
売上高営業利益率（e/a）		0.8%	0.0%	1.2%	1.4%
売上高経常利益率（f/a）		0.9%	0.2%	1.4%	1.4%
売上高当期純利益率（g/a）		1.3%	0.1%	0.0%	1.0%
総資産回転率（h/a）		3.36	3.12	3.36	2.78
固定資産回転率（i/a）		5.23	4.96	5.47	4.26

　注）2013年は TMEJ の第1期の決算値である．
　出所）各社『決算公告』より筆者作成．

のそれがレクサス車種であるためだろう．

　TMEJ の収益性は必ずしも高くない．収益性の指標である売上総利益率は 2 ％程度，売上高営業利益率は 1 ％程度である[10]．続いて売上高販管費率をみると，TMEJ も TMK も低い．売上高販管費率が低い理由として，納入先がトヨタであるため営業活動にかかる費用が少ないことが挙げられる．

　TMEJ の特徴として，固定資産回転率が高いことが指摘できる．2019 年の固定資産回転率は，TMEJ 5.47，TMK 4.26 であった．TMEJ の固定資産は約 1500 億円程度であり，TMK の半分ほどである．コンパクトカーは競争が激しく利益率が低いため，TMEJ は徹底的なコスト削減を実現する必要がある．後述するように，TMEJ は，巨額な固定資産への投資に頼らず，様々な手法を駆使してコスト削減を実現してきたのであった．

表1-2　TMEJ の生産車種

	2014年	2015年	2016年	2017年	2018年	生産工場
アクア	■	■	■	■	■	岩手工場
カローラアクシオ	■	■	■	■	■	大衡工場
カローラフィールダー	■	■	■	■	■	大衡工場
ポルテ	■	■	■	■	■	東富士工場
スペイド	■	■	■	■	■	東富士工場
センチュリー	■	■	■	■	■	東富士工場
アイシス	■	■	■	■		
クラウンセダン	■	■	■	■		
クラウンコンフォート	■	■	■			
コンフォート	■	■	■			
ラクティス	■	■	■			
イスト	■	■				
ヤリスセダン	■	■				
シエンタ		■	■	■	■	大衡工場
C-HR			■	■	■	岩手工場
ヴィッツ				■	■	岩手工場
JPN TAXI					■	東富士工場

注）該当する年に生産した車種を塗りつぶしている．
出所）トヨタ自動車東日本『環境社会報告書』各年版より筆者作成．

(3) TMEJ の発展史

(ⅰ) TMEJ の設立

東北地方の自動車産業の発展は，1993年11月の関東自動車工業岩手工場の操業を契機としている．操業から2005年頃までの岩手工場は，マークⅡやヴェロッサなどの中型セダンを生産していた．2005年に第2ラインが完成し，ベルタの製造を開始した頃から，岩手工場の生産車種はコンパクトカーに移行していった[11]．1994年1月にエンジン生産拠点である日産いわき工場，1998年7月には部品生産拠点であるトヨタ自動車東北が操業を開始した．さらに2011年1月には，セントラル自動車が横須賀本社と工場を宮城県へ移転し，宮城工場の操業を開始した．こうした完成車企業の展開にともない，部品企業の東北地方への進出や地場企業による自動車産業への参入が行なわれてきた．

2011年3月11日，宮城県三陸沖を震源とする巨大地震が発生した．東日本を中心とする被害は甚大であり，セントラル自動車宮城工場，関東自動車工業岩手工場，トヨタ自動車東北の設備も損壊した．しかし，3工場の被害は大きくなかった．トヨタは，3月15日には現地調査チームを派遣し，仕入れ先訪問を始めた．調査が進むにつれて，部品企業や資本財企業の被害が甚大であることが明らかになった．トヨタの仕入先は659拠点が被災し，1995年の阪神・淡路大震災のときの13拠点を大きく上回った．トヨタは，被災工場の復旧，代替生産，代替品の開発などを迅速に進め，早期の復旧を達成した[12]．

2012年7月1日，関東自動車工業，セントラル自動車，トヨタ自動車東北の3社が統合し，TMEJが発足した[13]．TMEJの目指す姿は，東北地方を基盤に世界一の魅力あるコンパクトカーをつくることであり，発足当初の主な生産車種はコンパクトHEVのアクアであった．TMEJではアクア向けのエンジン生産も計画され，当初は愛知県から部品を運んで組み立てるものの，将来的には現地での部品生産や地場企業からの調達が目指された[14]．TMEJ発足の式典には豊田章男社長が参加し，TMEJを復興の原動力にしたいという趣旨の発言があった[15]．TMEJは設立当初より，東北地方の経済面での復興の要として位置づけられてきた．

トヨタは，中部地方と九州地方に次ぎ，東北地方を「第3の生産拠点」とし，国内生産体制を三極化する方針を持っていた．中部地方はイノベーションを実現するための開発拠点，九州地方はミディアム系とレクサス系の生産拠点であり，東北地方はコンパクト車の生産拠点として位置づけられた．そのためトヨ

タは，TMEJ に対して，コンパクトカーの開発から生産，ユニット部品の生産，海外事業支援業務を含めた完成車企業への発展を期待した．TMEJ の初代社長をつとめた白根武史氏は，世界一の魅力あるコンパクト車をつくるための 3 つの具体的な施策として，(1) 東北地方における部品現地調達，(2) 企画，開発力を高めること，(3) 人材育成を挙げた．また白根氏は，関東自動車工業，セントラル自動車，トヨタ自動車東北の統合にあたり，人材交流を重視してきた．一例をあげると，岩手工場（旧・関東自動車工業岩手工場）の製造部長が本社・宮城大衡工場（旧・セントラル自動車本社工場）の副部長を兼任し，逆に本社・宮城大衡工場の製造部長が岩手工場の副部長を兼任した．たすき掛け人事は，別々であった工場同士が互いに良いところを学びあう文化を形成することに貢献した．

（ⅱ）部品現地調達の推進

　TMEJ は，東北地方でのクルマづくりの基盤構築のため，現地調達に取り組んできた．部品の現地調達を推進する組織の 1 つが，調達部東北現調化センターであった．東北現調化センターは，関東自動車工業岩手工場に起源を持ち，統合に先立つ 2012 年に新設された．東北現調化センターの活動の一例として，アクアの分解展示会を実施することにより，東北地方の地場企業による自動車産業への参入を促してきたことが挙げられる．東北地方の調達を担当する組織は，2015 年 1 月時点では調達部ものづくり研鑽センター，2016 年 1 月時点では調達部第 2 調達室東北現調化センター，2017 年 1 月時点では調達部東北現調化センターと名称変更してきた．調達部東北現調化センターは 2019 年 1 月には廃止され，現在は，すでに取引関係を構築した企業との関係の深化に重点を移している．

　TMEJ は，地場企業を含む部品企業との関係を構築する場として，2013 年3 月に部品企業と資本財企業の約 220 社をメンバーとする TMEJ（Toyota Motor East Japan）協力会を発足させた．TMEJ 協力会の目的としては，(1) 当社の方向性と当社・協力会双方の課題認識を共有化する，(2) 当社の使命の 1 つである，東北地方に根ざした生産活動と復興に貢献するため，地場企業とのネットワークづくりと相互研鑽を図る，という 2 点が掲げられた．2021 年には，TMEJ 協力会のメンバーは 250 社を超え，地場企業を中心とする東北部会のメンバーも 50 社を超えている．東北部会の 2017 年の目的は，TMEJ と

地場企業のネットワークを構築して課題認識を共有すること，相互研鑽でレベルアップを図り東北地方のものづくり競争力を向上させることであった．具体的には，地場企業各社から 1 名の従業員を選出してもらい，それらメンバーを 6 つのグループに分け，QC（Quality Control）の手法を用いた改善活動の成果報告会を開催した．各社から選出された従業員が改善活動の成果を自社に持ち帰ることで，ものづくり能力を向上させるという狙いがある[23]．

　これらの取り組みにより，TMEJ は，2011 年に 100 拠点程度であった東北地方の取引先を 2016 年には 140 拠点[24]，2019 年には 170 拠点[25]にまで増やした．これらの拠点数は，Tier 1 と Tier 2 の合計であり，大手部品企業の東北地方の拠点と地場企業が含まれている．東北地方にはトヨタと取引関係にある大手部品企業が進出している．代表的な部品企業の拠点として，アイシン東北，トヨタ紡織東北，トヨテツ東北，アイシン高丘東北，豊田合成東日本，プライムアース EV エナジー宮城工場などが挙げられる[26]．東北地方の地場企業については，岩機ダイカスト工業のように Tier 1 として取引関係にある企業もあるが，Tier 1 に供給する Tier 2 として取引関係にある企業の方が多い．TMEJ は，サプライ・チェーンを構築するうえで，中部地方や関東地方の Tier 1 に東北地方への進出を促し，地場企業にはその能力を見極めたうえで Tier 2 や Tier 3 として参入してもらうことを目指してきた[27]．TMEJ は東北地方で完成車を生産することもあり，後述するいわき工場と比較して，地場企業によるサプライ・チェーンへの参入に随分と腐心してきた．東北地方の地場企業は，TMEJと日産いわき工場という 2 つの中核企業のサプライ・チェーン双方に連なるというよりも，もっぱら TMEJ 単独のサプライ・チェーンに参加しているとみることができる．

（ⅲ）異業種相互研鑽活動を通じた従業員の育成

　TMEJ は，自動車産業以外の地場企業と相互に学び合う活動を異業種相互研鑽活動と呼び，2013 年から推進している．異業種相互研鑽活動とは，東北地方の地場企業を活動拠点として，行政，相互研鑽活動の対象企業となる地場企業（以下，相互研鑽活動企業），TMEJ が連携して行なわれている活動である．異業種相互研鑽活動は，現在，TPS（Toyota Production System）推進部異業種研鑽グループが担当している[28]．

　異業種相互研鑽活動には 3 つの柱がある．それらは，5 S（整理，整頓，清掃，

清潔，しつけ），困り事改善，危険予知訓練のことである．TMEJ は 5S をただ説明するのではなく，相互研鑽活動企業に 5S の有効性を実際に体験してもらうことで，参加する企業にそれが浸透するよう導いている．困り事改善とは，現場の困り事を解決することであり，どんなことでも良いから困っていることをメモにして提出してもらうことから始める．最も問題を理解しているはずの現場に困り事を提出してもらい，現場が自律的に改善を進めることを目標にしている．危険予知訓練とは，トヨタの「安全は全ての作業の入り口」という言葉を念頭に，やりにくい仕事などを確認しながら，作業を見直していくことである．TMEJ は，この 3 本柱を基本として，相互研鑽活動企業の状況に合わせた手法やテンポによって異業種相互研鑽活動を進めてきた[29]．

　異業種相互研鑽活動の狙いは，改善を通じて，相互研鑽活動企業が従業員個々の知恵と工夫で改善を進める風土と現場の一体感を醸成し，従業員の成長を支援することである．そのため，相互研鑽活動企業にトヨタ生産方式を導入することを目的とした活動ではない．TMEJ にとって異業種相互研鑽活動は，当初は沿岸被災地支援の一環であったが，現在は従業員教育の場として位置づけられている．TMEJ は，TPS 推進部異業種研鑽グループの従業員を 2 人 1 組で派遣する．TMEJ から派遣される従業員は社内の次期現場リーダー候補から選抜されており，約 2 年かけて様々な企業に派遣される．文化や習慣が異なる派遣先の従業員と一緒に相互研鑽活動を進めることで，派遣した TMEJ の従業員はコミュニケーション能力やリーダーシップを伸ばし，広い視野を獲得することができる．こうして周りを巻き込んで引っ張っていける人材に成長した従業員は，TMEJ に戻ってから現場のリーダーになるという．TMEJ が異業種相互研鑽活動を実施した企業数は，2020 年度末までに延べ 119 社に達している[30]．異業種相互研鑽活動を経験した多数の従業員の存在は，TMEJ の競争力を形成する 1 つの要因だろう．

　TMEJ は，相互研鑽活動企業に改善の面白さや重要性を感じてもらい，彼らが自主的に改善を進めていけるよう支援することで，東北地方に改善の輪を広げてきた．相互研鑽活動企業にとってこの取り組みは，TMEJ から改善を学ぶだけでなく，自社の人材育成の機会にもなっている．異業種相互研鑽活動は，TMEJ の設立の目的でもある東北地方の復興に貢献する重要な活動であると評価できる．

（ⅳ）ものづくりの進化

TMEJ は，からくりを多用すること，「順序生産・順序納入」を導入することでものづくりを進化させてきた．まず，からくりについてである．からくりとは，低コストでシンプルな設備を製作し，生産ラインに導入することである．からくりは，極力無動力を目指し，なおかつ故障時には現場従業員が自ら直すことのできる仕組みである．したがって基本的に安価な工夫である．からくりの狙いは，現場のムダ・ムラ・ムリを無くし，品質向上や効率化を実現することである．一例を挙げると，シエンタの生産工程で部品取り付けのためにバックドアを開ける作業があったが，車体とバッグドアのあいだに氷のうを差し込み，空気で膨らますことでドアが自動で開く仕組みを採用した．このからくりによって，1 日に約 300 回もドアを開閉する作業をゼロにすることができた．[31]

TMEJ は，工場の現場従業員全員を対象に，からくりの認定制度を実施している．2017 年の現場従業員の約 8 割が，からくり改善で実績を残したという認定を受けている．認定は，「入門，初級，中級，上級，匠」の五段階である．からくりマンの認定制度は，認定水準の高さに応じて賃金が上がるのではなく，中級以上に認定されると七宝焼きのバッジがもらえるというものである．[32]からくりマンの認定制度は，職場内で品質管理活動を自主的に行なう QC サークルに近い制度である．TMEJ は，高額の投資をせずに生産活動の低コスト化を実現するため，現場従業員の工夫によって生産効率を高めようとする組織文化を志向しているのである．からくりは，従業員の技能レベルを上げることに貢献しており，工場での気付きを生産技術や開発にフィードバックするうえでも重要な役割を果たしている．

TMEJ 岩手工場のからくりによる改善は 2007 年から始まった．岩手工場でからくりが積極的に行なわれることになった 1 つのきっかけは，リーマンショックであった．リーマンショックによって生産台数が急激に減少したため，からくりを駆使してコストをかけずに改善を進めることを意図したのであった．10 年以上継続してきたからくりは，現場従業員の意識を高め，人材育成にも貢献している．2018 年のからくりの提案件数は約 200 件にも達した．TMEJ ではからくりの社内コンテストを実施して優秀なからくりを表彰したり，他工場との情報共有も図ったりすることで生産性を高めている．岩手工場はからくりを駆使した生産ラインを構築し，第 1 ラインでは C-HR とアクアの混流生産を，第 2 ラインではヴィッツとアクアの混流生産を行なっている．[33]

　TMEJ 宮城大衡工場の生産ラインの傍には「からくり改善マップ」が掲げられており，からくりの特長や導入時期が細かく記載されている．TMEJ のからくり改善マップは，トヨタ・グループ各社でも参考にされた．2019 年の宮城大衡工場の従業員のうち 85％がからくりマンの認定を受けており，広く浸透している[34]．宮城大衡工場は，からくりを駆使した生産ラインによって，ヤリスクロス，シエンタ，JPN タクシー，カローラアクシオ，カローラフィールダー，シエンタの混流生産を行なっている．

　TMEJ は，2017 年以降に地場企業を対象に順序生産・順序納入と呼ばれる仕組みを本格的に導入した．順序生産・順序納入とは，組立が始まる約 4 日前にどの車種のどの色がどの順番で完成車の生産ラインに並ぶかを確定し，部品企業に対して，この順番に沿って部品を生産・納入してもらうというものである．従来，順番が確定するのは生産開始の 2 時間前であった．TMEJ にとっては，部品を並べる工程（順立て）を省けるのみならず，部品の置かれていたスペースを空けることができるというメリットがある．また，ムダな時間や作業を減らし，生産性を高めることができる．部品企業にとっては，事前に納入する順序が決まっているため，余分な在庫を持つ必要がなくなるという利点がある．順序生産・順序納入は 2013 年頃より試験的に導入されていたが，高い効果を得られることが判明したため，本格運用へと移行したのである．TMEJ が順序生産・順序納入の対象とする部品は，多品種かつ在庫スペースを要する大物が中心である．2020 年度末においてこの仕組みに対応するのは，12 社・16 品目である[35]．

　TMEJ が順序生産・順序納入を導入できた要因を 2 つ指摘したい．第 1 に，直行率を極めて高い水準にまで上昇させたことである．直行率とは，最初の工程から最終工程まで（修正等での）手戻りなく通過したワークの割合のことである．各工程の品質基準をクリアすることができなければ，前の工程に戻される．直行率を高めることによって，どのような順序でどの部品が必要になるかを確定できるようになったため，部品企業に対して順序生産・順序納入を提案することが可能になった．宮城大衡工場の直行率は 2015 年に 30％であったが，翌年には 90％，そして 2019 年には 99.3％まで高められた．岩手工場では，リーマンショックの頃は約 50％であった直行率が 99％まで高められた[36]．ボトルネックになっていたのは塗装工程である．この工程では品質の良し悪しが出やすいため，ほんの小さな塵や埃でも上から塗装すると表面に突起ができてしま

い，生産ラインから車を下ろさなければならなかったのである．しかし，TMEJ は塗装工程を改善することで直行率を上昇させることに成功した．

　TMEJ が順序生産・順序納入を導入できた2つ目の要因は，部品企業側の要因である．東北地方の地場企業の納入先は，TMEJ のみであることが多かった[37]．そのため地場企業は，様々な完成車企業との取引関係を有する部品企業と比べて，TMEJ との取引関係を深めることに積極的であった．TMEJ の順序生産・順序納入は，トヨタ以外の完成車企業の生産拠点が存在しないという宮城県，岩手県の弱みを強みに変える取り組みであった．

　トヨタの豊田章男社長は，2021年3月に設立十周年を迎えた TMEJ について次のように述べた．「10年前の3月に東北に来たときは，自粛ムードの中でも『車のビジネスで日本を引っ張ってほしい』と東北の方々に言われたのが印象に残る．震災を忘れず，自動車産業の発展を通じて東北に元気や希望を与えたいと考えてきた」．「第3の生産拠点となった東北での出荷額は当時の500億円から8000億円に伸びた．雇用を生み，仕入れ先の基盤をつくり，地元に納税し続けたことが一番の貢献になった[38]」．TMEJ は，東北地方の震災復興を象徴する存在の1つである．

　今や TMEJ 岩手工場は，ヤリスを生産するフランス工場（Toyota Motor Manufacturing France S.A.S.（以下，TMMF））のマザー工場でもある．TMMF は，2021年7月に発表されたヤリスバンの生産も担っている．TMEJ から11名の従業員が TMMF へ赴任し，さらに15名の従業員が出張して，品質，稼働向上，生産を支援してきた．TMEJ は得意とするからくりを TMMF にも指導しており，これを活用した設備が導入されている[39]．マザー工場としての発展は，TMEJ のこれからの成長戦略の1つだろう．

2．福島県の日産いわき工場

（1）　日産におけるいわき工場の役割

　続いて，日産いわき工場について見ていこう．まず，日産の完成車生産台数を確認する（**図1-2 参照**）．2007年のグローバル生産台数は351万3159台であり，そのうち126万3333台が国内生産，224万9826台が海外生産であった．2018年にはグローバル生産台数が536万888台と2007年から約180万台程度増加したが，この増加は海外生産の拡大に支えられたものであった．2018年

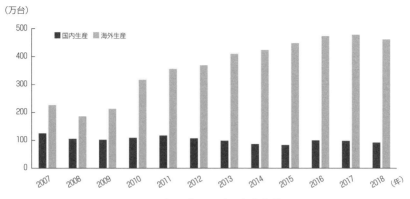

図1-2　日産のグローバル生産台数

注）CKD分は除かれている. 2010年より中国での東風ブランドの乗用車と小型乗用車を含んでいる.
出所）日産自動車「ニュースリリース, 生産・販売・輸出実績」各年版より筆者作成.

　の国内生産台数は90万781台であった.

　国内で完成車組立を担う拠点は, リーフ等のコンパクトカーを生産している追浜工場（神奈川県）, スポーツカーや高級車等を生産している栃木工場（栃木県）, セレナやエクストレイル等の大きめの車を生産している日産自動車九州（福岡県）, NV200タクシー等を生産している日産車体（神奈川県）, エルグランドやキャラバン等を生産している日産車体九州（福岡県）, マイクロバス等を生産しているオートワークス京都（京都府）である. 国内でエンジン生産を担う拠点は, 分析対象としているいわき工場（福島県）のほか, 横浜工場（神奈川県）, 愛知機械工業（愛知県）, 日産工機（神奈川県）, 三菱自動車工業・水島製作所（岡山県）が挙げられる. エンジンはこれらの工場で生産された後, 完成車の組立工場に運ばれる. 日産いわき工場は, Ward's AutoWorld magazine社が発表するテン・ベスト・エンジンに1995年から2008年まで選出されたV型6気筒のガソリンエンジンであるVQエンジンの生産拠点である. いわき工場が生産したエンジンは主に栃木工場に納入される.

(2)　いわき工場の発展史

　1990年12月, 日産は, トランスミッションの機械加工, 組み立てなどを担う拠点として, 小名浜臨海工業団地にいわき工場を建設することを発表した. いわき工場を建設した理由の1つは, 海外完成車組立の拡大によるエンジン需

要の増大に対応するためであった．いわき市を選択した理由は，小名浜臨海工業団地が常磐自動車道のインターチェンジや小名浜港に近く交通至便であること，そして多人数の雇用が可能だったからである[41]．

　1994年1月，いわき工場が操業開始した．操業当初，いわき工場の計画は高級車に搭載するVQエンジンを月産2万台生産することであり，従業員数は約400人であった．いわき工場は，アルミ鋳造，機械加工，組み立て，検査が可能なエンジンの一貫生産工場であり，最新鋭設備を導入することで組み立てラインのオートメーション化やロボット化を実現した[42]．1996年頃の自動化率（組み立て時間のうち人手に頼らない時間の比率）は，いわき工場が70％であったのに対してそれ以外のエンジン工場では50％程度であった．いわき工場が高い自動化率を達成できた一因は，エンジン設計と生産技術の両部門が議論を重ね，自動化しやすいエンジンの構造を実現したことにある[43]．

　いわき工場の特徴の1つは，最新のコンピュータ・システムに基づき，不良品発生率を低く抑えたことであった．当時の日産では生産現場の不良品発生率の基準は500PPM（1万個に5個）以下であったが，いわき工場の実績は100PPM（1万個に1個）以下だった[44]．いわき工場が生産するVQエンジンを搭載するセドリックやセフィーロの販売が好調であったため，同工場は迅速に生産能力を拡大した．工場竣工時の生産能力は月間2万5000基であったが，1995年7月には月間3万7000基に能力増強した[45]．

　日産は，2004年11月にいわき工場の第2工場を新設し，月間3万7000基から月間4万7000基へ能力増強することを発表した．能力増強により，いわき工場は，VQエンジンを増産するだけでなく，燃費効率の高い新型エンジンの生産を担うことになった．当時のいわき市長であった四家啓助氏は，地域への経済波及効果が大きいということで，いわき工場の能力増強に対する支援策を検討していることを発表した[46]．いわき工場の第2工場は，2006年11月に完成式を開催し稼働開始した．第2工場の操業開始後，いわき工場の従業員数は約600人となった[47]．その後の能力増強を経て，2002年度の生産実績は約49万基となっており，日産が国内で生産するエンジンの約3割を占めた．なお現在の生産能力は年間56万基であるが，世界的なダウンサイジングの潮流もあり大型のVQエンジン需要は低迷してきている．

　また日産は，第2工場の操業開始後にVQエンジンを増産するため，米国テネシー州にあるデカード工場でも同じエンジンの生産を決めた．日産におけ

るエンジン生産の主たるマザー工場は横浜工場であるが，デカード工場のマザー機能はいわき工場が担った．そのためデカード工場での VQ エンジン立ち上げの際には，もっぱらいわき工場がこれを支援した．日産は強力なグローバル生産ネットワークを構築するため，いわき工場の現場で培ったノウハウをデカード工場に展開したのであった[48]．

　操業当初のいわき工場は余分な在庫が積み上がっていたが，1997 年に日産が同期生産の導入を宣言したことが転機となり，在庫の削減が進んだ．日産の同期生産とは，「お客さまからの受注情報を，上流工程から下流工程まで同時につかみ，はねだしのない，一貫したものの流れを構築し，おのずと生産順序も乱れない生産状態」のことである[49]．日産は，予測に基づいた生産計画ではなく，受注情報に基づいた生産を目指した．同期生産をきっかけに，いわき工場は様々な努力を積み重ね，1997 年から 2007 年にかけて，機械加工から組み立てまでのリードタイムを 3.4 日から 1.7 日に半減させた[50]．

　2011 年 3 月 11 日の震災時にいわき工場で働いていた 304 人は全員無事であった．当時のいわき工場は 1 日あたり 16 時間の操業体制（8 時間・2 交代）であり，日勤の操業時間は 15 時までであったが，当日は生産量がやや少なかったため，大部分の従業員は作業を終えて控え室にいた．いわき工場の様々なところで激しい地盤沈下が起こり，微細加工が求められるエンジン加工に利用される設備が傾いたため，被害は極めて深刻であった[51]．

　震災後の 2011 年 3 月 29 日，カルロス・ゴーン社長（当時）はいわき工場を訪れ，「あらゆる手段を通じていわき工場の復興に尽くす」と述べ，「日産のいわき工場の復活は地域の復活にもつながる．いわき工場と地域は同じ船に乗っており，運命共同体だ」と指摘した[52]．部品企業の応援もあり，いわき工場は 4 月 19 日には一部操業を再開し，5 月 9 日には 2 交代体制に戻したのち，5 月 17 日には予定よりも 1 カ月前倒しで全面復旧を実現した．迅速な全面復旧が実現された要因としては，経営陣が頻繁にいわき工場を訪れて現場の状況を把握したうえで迅速な対応をしたこと，部品企業からの部品が滞るなかで在庫部品だけを活用した生産に成功したこと等が挙げられる[53]．

　さらにゴーン氏は，いわき工場が迅速な復旧に成功した要因として，部品調達の現地化が進んでいたことを指摘している[54]．福島県の主要な自動車部品企業が掲載された資料として，いわき工場が副代表幹事を務めている福島県輸送用機械関連産業協議会の 2020 年度の役員一覧を見てみよう（**表 1-3**）．福島県輸

送用機械関連産業協議会とは，規約第1条によれば，県内の輸送用機械関連企業及び当該産業への参入に意欲的な企業が一体となって連携し，情報交換や相互交流等によるネットワークを形成し，人材育成，技術力の向上，販路拡大，受発注の増加，企業誘致，産業の集積など，輸送用機械関連産業の振興を図ることを目的とした組織である．役員企業のうち，少なくとも副代表幹事の曙ブレーキ福島製造[55]，幹事の住友ゴム工業白河工場[56]，TBK 福島工場，ファルテッ[57]

表1-3　福島県輸送用機械関連産業協議会の役員企業

役職名	企業名
代表幹事	（株）デンソー福島
副代表幹事	日産自動車（株）いわき工場
副代表幹事	（株）日ピス福島製造所
副代表幹事	曙ブレーキ福島製造（株）
幹事	会津コスモス電機（株）
幹事	（株）IHI 航空・宇宙・防衛事業領域相馬事業所
幹事	（株）エイチワン　郡山製作所
幹事	（株）クレハ　いわき事業所
幹事	（株）湘南ユニテック福島工場
幹事	住友ゴム工業（株）白河工場
幹事	（株）TBK 福島工場
幹事	テクノメタル（株）
幹事	パナソニック（株）オートモーティブ社白河工場
幹事	日立オートモティブシステムズハイキャスト（株）
幹事	（株）ファルテック福島工場
幹事	福島製鋼（株）
幹事	本田金属技術（株）喜多方工場
幹事	マレリ福島（株）
幹事	（株）ミツバ　福島工場
幹事	アカデミア・コンソーシアムふくしま
特別顧問	福島県知事
顧問	東北経済産業局長
顧問	県産業振興センター理事長
顧問	県商工労働部長　県市長会長
顧問	県町村会長
顧問	NOK（株）福島事業場
オブザーバー	中小企業団体中央会長
オブザーバー	商工連合会会長
オブザーバー	商工会議所連合会長
事務局	（公財）福島県産業振興センター

出所）『令和2年度 福島県輸送用機械関連産業協議会 役員』より筆者作成.

ク福島工場[58)]，ミツバ福島工場が日産と取引していた[59)]．

　日産いわき工場と福島県地場企業の取引関係については，少なくとも県内300社以上の地場企業が自動車産業に参入しているが，日産いわき工場のサプライ・チェーンに参入している地場企業は少ない[60)]．日産は，NRP（日産リバイバルプラン）によって系列を解体し，ルノーとの共同購買による世界最適調達体制を構築してきたため，単に近接立地という条件だけでは地場企業がサプライ・チェーンに参入することは難しくなっている．むしろ福島県では，福島県輸送用機械関連産業協議会の代表幹事を務めているデンソー福島の方が，地場企業の発掘や支援において重要な役割を果たしている．第2章で詳述するが，東北地方6県と新潟県の公的機関は，自動車産業出身者をアドバイザーとして迎え，地場企業を育成するための支援の方向性を見出してきた．福島県は，デンソー福島の出身者をアドバイザーとして迎え，地場企業の育成に努めている[61)]．

　震災後のいわき工場がまず直面した課題の1つは労働力不足であった．序章でも論じたように，福島県は少子高齢化の影響で震災前から人口減少の傾向を示していたが，震災を境に県外への転出がいっそう進んだ．少子高齢化と震災の複合的な要因による生産年齢人口の急激な減少は，福島県の企業が直面している構造的な課題である．これを解決するための1つの方法として，福島県の企業は女性や高齢者の労働力参加を強く推進してきた．いわき工場もまた，福島県の女性の新卒採用に熱心に取り組んでいる[62)]．

　2021年に入り，日産は精密加工が必要なエンジン部品を横浜工場，いわき工場，栃木工場，日産工機の4工場で集中生産する計画を発表した．その対象部品とは，日産独自のHEV技術である「e-POWER」に採用しているエンジン向け部品であり，これらには高い加工精度が必要とされる．エンジン工場であるいわき工場は，その構成部品から生産しており，高い加工・組立技術を保有している．自動車の電動化が進展するなか，いわき工場はエンジン以外の事業領域を確立しようとしている．

　いわき工場は，日産製のBEVを活用した渉外活動をつうじて地域と共生していこうとしている．例えば，中山間地域の住民輸送事業がそれである．いわき工場は，2019年3月からいわき市田人地区でBEVのe-NV200を活用したボランティア輸送を開始した．中山間地域であるいわき市田人地区は，2006年に路線バスが廃止されていたため，この取り組みによって十数年ぶりに公共交通機関が再開することになった．他にも，2021年には浪江町と「福島県浜

通り地域における新しいモビリティを活用したまちづくり連携協定」を結び，地域を支える新たなモビリティ・サービスの導入に向けた実証実験を開始する予定である[63].

小　　括

　本章では，東北地方の中核企業である TMEJ と日産いわき工場の発展過程を整理した．最後に，完成車企業の視点から両拠点の意義を整理したい．

　トヨタにとって TMEJ は，少なくとも 2 つの意味を持つ拠点である．第 1 に，コンパクトカーの生産を集約した拠点という位置づけである．TMEJ は，競争力のあるクルマづくりを実現するため，巨額の固定資産への投資に頼らず，徹底的なコスト削減を行なってきた．また，からくりの導入を推進するとともに，順序生産・順序納入の適用範囲を拡げてきた．さらに今日の TMEJ は，TMMF のマザー工場としてトヨタのグローバル生産ネットワーク構築に貢献している．第 2 に，東北地方の経済面での震災復興の要となる拠点という位置づけである．第 2 章で詳しく述べるように，TMEJ は，異業種相互研鑽活動やトヨタ東日本学園の活動を通じて東北地方の復興を人材育成の面からも先導してきた．わが国が人口減少社会にあることを考えると，限られた人的資源の生産性を高めるための人材育成のニーズや重要性は今後も高まっていくだろう．

　TMEJ 設立の母体となった企業の 1 つである関東自動車工業は，その前身は 1946 年に設立された関東電気自動車製造であり，当時の主力製品は電気自動車であった．それから 70 年以上経過した現在，TMEJ が生産する完成車の 8 割が電動車であり，東北地方は電動車生産比率が高い地域になっている．現在の電動車生産比率が高いことと，関東自動車工業がかつて電気自動車を生産していたこととは偶然の一致に過ぎないものの，何らかの巡り合わせを感じさせられる．

　次に，日産にとっていわき工場は少なくとも 2 つの意味を持つ拠点である．第 1 に，最新鋭設備を導入した高品質のエンジン生産工場という位置づけである．いわき工場は，最新鋭設備の活用やエンジン設計の工夫によって，高い自動化率と低い不良品発生率を実現した工場である．第 2 に，TMEJ と同様に，東北地方の経済面からの震災復興を支援する拠点という位置づけである．いわき工場は震源に近かったため，直接的な被害が大きかった．しかしながらいわ

き工場は，震災から迅速に復旧したのちにも生産活動を継続し，福島県での新卒採用を続けてきた．そして現在は，自動車の電動化に対応した高付加価値のエンジン部品生産拠点を目指して競争力の再構築に取り組んでいる．

　様々な困難に直面しながらも，両社が東北地方での能力構築を進めてきたのは，両社が東北地方の復興に向けた強い意志と覚悟を持っているからだろう．自動車の電動化が急速に進むなか，東北地方の自動車産業集積がこの機会を掴んで発展していくことを期待したい．

注

1）TMEJ と同じくトヨタの委託生産企業である TMK を対象とした経営史研究として三嶋［2016］が挙げられる．

2）TMEJ に対する調査として，2019 年 10 月 28 日に訪問調査，2021 年 5 月 11 日にオンライン・インタビューを実施した．日産いわき工場に対する調査として，2021 年 7 月 20 日にオンライン・インタビューを実施した．

3）「震災から 10 年．東北での決断と 10 年の歩み（前編）」『トヨタタイムズ』2021 年 3 月 11 日，参照．

4）トヨタ自動車生産拠点（https://global.toyota/jp/company/profile/facilities/manufacturing-worldwide/japan.html）．これらの工場のほか，ダイハツがトヨタ・ブランドの自動車を生産している．

5）『日本経済新聞』2016 年 3 月 3 日，p. 3 参照．

6）前掲紙，2016 年 10 月 4 日（夕刊），p. 3 参照．

7）東富士工場（車両）は，2020 年 12 月に閉所された（前掲紙，2020 年 11 月 26 日，p. 7 参照）．

8）TMEJ の開発機能については第 3 章を参照していただきたい．

9）2019 年 10 月 28 日に実施した TMEJ 宮城大衡工場へのインタビューに基づく．

10）TMEJ の収益性が低い理由として，1 つの可能性を指摘しておきたい．それは，部品企業と同様に，TMEJ の原価構成がトヨタに把握されているため，トヨタによる厳しい原価管理が行われているということである．第 3 章で詳述される通り，TMEJ は部品調達でトヨタに依存しているため，コスト構造が把握されているだろう．

11）『河北新報』2018 年 12 月 6 日，p. 9 参照．

12）トヨタ自動車［2013］，pp. 487-488 参照．

13）トヨタ自動車東日本「トヨタ自動車東日本株式会社，発足」2012 年 7 月 1 日参照．

14）『日本経済新聞』2012 年 6 月 30 日，p. 2 参照．

15) 前掲紙，2012年7月13日，p.2参照．

16) トヨタ車体・関東自動車工業・セントラル・トヨタ自動車東北・トヨタ自動車「トヨタグループ，「日本のモノづくり」強化に向けた新体制」2011年7月13日参照．

17) 「Interview トヨタ自動車東日本（株）取締役社長 白根武史氏×（株）ソディック営業本部営業業務部次長 武藤京介氏」『型技術』2013年4月号，pp.1-5参照．

18) 同上．

19) 2019年10月28日に実施したTMEJ宮城大衡工場へのインタビューに基づく．

20) 『型技術』2013年4月号参照．

21) 2021年5月11日に実施したTMEJへのオンライン・インタビューに基づく．

22) 同上．

23) トヨタ自動車東日本『環境社会報告書』2018年版，p.28参照．

24) 『日本経済新聞』2016年10月12日，p.12参照．

25) 前掲紙，2021年3月18日，p.8参照．

26) 宮城県経済商工観光部産業人材対策課『宮城県の自動車産業』平成29年度版参照．

27) 『日本経済新聞』2021年3月18日，p.8参照．

28) 2021年5月11日に実施したTMEJへのオンライン・インタビューに基づく．

29) 白根武史「トヨタ自動車東日本の使命と『異業種相互研鑽活動』」『工場管理』2021年，第67巻第3号，pp.50-57参照．

30) 同上．

31) 『日刊工業新聞』2019年10月11日，電子版参照．

32) 2019年10月28日に実施したTMEJ宮城大衡工場へのインタビューに基づく．

33) 「拝聴！ニッポンの工場長 第21回トヨタ自動車東日本宮城大衡工場 工場長 永坂雅彦氏」『工場管理』2019年，第65巻第3号，pp.18-21参照．

34) なお，匠に認定されているのは1人だけである（『工場管理』2019年，第65巻第3号参照）．

35) 2021年5月11日に実施したTMEJへのオンライン・インタビュー並びに後日のメールでの補足説明に基づく．

36) 『工場管理』2019年，第65巻第3号参照．

37) 『日経産業新聞』2017年6月30日，p.3参照．

38) 『河北新報』2021年3月5日，p.9参照．3月11日に発表されたトヨタイムズによれば，2011年の出荷額は300億円であった（「震災から10年．東北での決断と10年の歩み（前編）」『トヨタイムズ』2021年3月11日，参照）．いずれにしても，TMEJが出荷額を大きく伸ばしたと評価できる．

39) 「ヤリスを生んだ，東北のモノづくり」『トヨタイムズ』2021年4月9日，参照．

40) UD トラックスも日産のエンジンを生産していたが，2021 年 4 月にボルボからいすゞへと所有権が移転してからも生産が継続しているかどうかは確かめられなかった.

41) 『日経産業新聞』1990 年 12 月 20 日，p. 9 参照.

42) 前掲紙，1996 年 11 月 10 日，p. 9 参照.

43) 『日本経済新聞』1994 年 1 月 18 日，p. 24 参照.

44) 『日経産業新聞』1995 年 3 月 15 日，p. 13 参照.

45) 前掲紙，1997 年 6 月 12 日，p. 11 参照.

46) 『日本経済新聞』2004 年 11 月 13 日，p. 2 参照.

47) 前掲紙，2007 年 9 月 12 日，p. 24 参照.

48) 2021 年 7 月 20 日に実施した日産いわき工場へのオンライン・インタビューに基づく.

49) 日産ウェブサイト「工場の財宝」参照（https://www.nissan-global.com/JP/QUALITY/STORY/NPW/).

50) 『日本経済新聞』2007 年 9 月 12 日，p. 24 参照.

51) 「レポート 被災から 2 カ月で完全復旧を成し遂げた日産いわき工場の『絆と挑戦』」，『工場管理』2011 年，第 57 巻第 13 号参照.

52) 『日本経済新聞』2011 年 3 月 30 日，p. 11 参照.

53) 『工場管理』2011 年，第 57 巻第 13 号参照.

54) 『日経産業新聞』2011 年 5 月 14 日，p. 11 参照.

55) 日ピス福島製造所の従業員数は 261 名，生産品目はバルブシート，シリンダーライナー，鋳鉄カムシャフト等である. 曙ブレーキ福島製造の従業員数は 313 名，生産品目はブレーキライニング等である（アイアールシー［2017］，p. 207；253 参照).

56) 住友ゴム工業白河工場の従業員数は 1618 名，生産品目はラジアルタイヤである（前掲，p. 230 参照).

57) TBK 福島第一工場の従業員数は 174 名，福島第二工場の従業員数は 40 名である. 生産品目は，ブレーキドラム，ディスクブレーキ，シリンダーヘッド，エンジンブロック等である（前掲，p. 390 参照).

58) ファルテック福島工場の従業員数は 219 名，生産品目はベルトラインモール，リヤフィニッシャー等である（前掲，p. 261 参照).

59) ミツバ福島工場の従業員数は 223 名，生産品目はワイパーモーター，モーター部品等である（前掲，p. 269 参照).

60) いわき工場の調達先のうち，福島県の部品企業（Tier 1 の子会社・事業所，地場企業を含む）からの調達は，Tier 1 が 5 社，Tier 2 が 4 社のみである. 2021 年 7 月 20 日に実施した日産いわき工場へのインタビューに基づく.

61) 2021 年 6 月 14 日に実施した福島県産業振興センターへのオンライン・インタビュー

　　に基づく．福島県産業振興センターは，福島県輸送用機械関連産業協議会の事務局を
　　担っている

62）2021年7月20日に実施した日産いわき工場へのオンライン・インタビューに基づく．

63）同上.

第2章

知識移転による集積の発展
── TMEJ の事例──

はじめに

　本章の目的は，東北地方の自動車産業集積の中核企業である TMEJ と地場企業，東北地方公的機関との関係を分析することである．

　TMEJ の部品調達構造を明らかにした先駆的な研究として，竹下・川端 [2013] があげられる．竹下・川端 [2013] によれば，TMEJ は設備や資材の調達権を保有していたが，部品調達権を保有していなかった．TMEJ が部品調達権を与えられていない理由として，トヨタが国内生産台数 300 万台という上限を設定していること，部品共通化を推進していることが指摘されている．TMEJ の部品調達構造については，東北地方の地場企業が Tier 1 として参入できていないことを指摘している[1]．

　序章で言及したように，東北地方の自動車産業集積は域外依存型に分類することができる．域外依存型の特徴は 3 つである．第 1 に，中核企業の開発機能，中核企業の調達に関する意思決定権がかなり限定されている．第 2 に，中核企業が生産する車種の部品を供給しているのは，地場企業ではなく，中核企業の本拠地で取引している部品企業である．第 3 に，自治体や支援機関は，中核企業の部品取引に地場企業を組み込むことに多大な関心を持つということである[2]．本章では，域外依存型に分類した東北地方の自動車産業集積について，TMEJ を中心として，地場企業や東北地方公的機関との関係を明らかにする．

　先行研究は，部品調達に焦点をあてて TMEJ の評価を行なってきた．完成車企業が部品調達を通じて自動車産業集積に与える影響は大きい．そのため先行研究は，東北地方の自動車産業集積を検討するうえで最も注目すべき側面に光をあててきた．しかし，本章がこれから述べる通り，TMEJ が自動車産業集積に与えた役割は部品調達にとどまらない．そこで本章は，TMEJ が果た

してきた多様な役割を明らかにすることを目標としたい.[3)]

　本章の構成は, 以下の通りである. 第1節では, TMEJ と地場企業の関係性を分析する. C-HR の部品調達, TMEJ の企業内訓練校であるトヨタ東日本学園での地場企業人材の育成, 地場企業との異業種相互研鑽活動を検討する. 第2節では, アドバイザー制度と展示商談会を取り上げ, 公的機関が TMEJ とどのような関係を構築してきたのかを整理する. 最後に, 知識移転という観点から TMEJ が東北地方の産業集積に果たしてきた役割を検討する.

1. TMEJ と地場企業の関係

(1)　C-HR の部品調達構造

　ここでは, TMEJ の主力車種である C-HR の部品調達構造を分析する. 2018 年の TMEJ においては, 岩手工場でアクア, C-HR, ヴィッツ, 宮城大衡工場でカローラアクシオ, カローラフィールダー, シエンタ, 東富士工場でポルテ, スペイド, センチュリー, JPN TAXI が生産された. これらの車種のなかで生産台数が多かった車種はアクア, C-HR, シエンタであった.

　分析手順を説明する. まず, フォーイン [2019] に記載されている C-HR の主要部品 128 点とその調達先を入力した. 1つの企業が複数の部品を供給しているため, 部品 128 点を 48 社が供給している. この資料に記載されているのは, トヨタと直接取引関係を有する Tier 1 の部品企業である. 次に, 部品調

表 2-1　部品点数上位10社

順位	部品企業名	部品点数	資本系列	国内主要開発拠点
1位	デンソー	23	トヨタ	愛知県
2位	豊田合成	11	トヨタ	愛知県
3位	アイシン精機	7	トヨタ	愛知県
3位	矢崎総業	7	非上場	静岡県
5位	愛三工業	6	トヨタ	愛知県
5位	東海理化	6	トヨタ	愛知県
7位	ジェイテクト	4	トヨタ	愛知県
7位	旭硝子	4	その他	神奈川県
7位	小島プレス工業	4	非上場	愛知県
10位	NOK	3	その他	神奈川県

出所) フォーイン [2019], pp.150-151及び各社ウェブサイト等より筆者作成.

達先である部品企業のアニュアルレポートやウェブサイトから，国内の主要開発拠点と東北地方の生産拠点を入力した．また，特定の親会社（もしくは親会社を中心とするグループの株式持ち合い）が概ね 20%超の株式を保有し，競合を含む他の事業会社が同等水準の株式を保有しない場合，特定の親会社の資本系列であると判定した．外資系の部品企業は外資系，非上場のために株主構成が判明しなかった場合は非上場，以上の分類にあてはまらない場合はその他と判定した[4].

　表 2-1 は，C-HR の主要部品 128 点を対象に，供給する部品点数の多い上位 10 社を示したものである．上位 10 社の供給点数は 75 点であり，部品点数の約 58.6%を占めている．上位 10 社のうち，デンソー，豊田合成，アイシン精機（現アイシン），愛三工業，東海理化，ジェイテクトの 6 社をトヨタ系と判定した．6 社の主要開発拠点は，トヨタの本拠地である愛知県に立地している．供給する部品点数が最も多い部品企業はデンソーであった．デンソーの供給部品は，エンジン系部品（インタークーラー，空燃比センサー[5]，VVT，ECU[6]，ラジエーター），燃料系部品（フューエルポンプ制御 ECU），電動系部品（駆動モーター，PCU[7]，インバーター，車両制御 ECU，バッテリーコントロールユニット，バッテリー冷却ファン），駆伝動系部品（変速機用ポジションセンサー，EPS アシストモーター[8]，ステアリング制御 ECU，アクセルペダルモジュール），外装・車体系部品（ヘッドランプ制御 ECU），電装系部品（MPX BODY ECU[9]，スマートキー ECU，ホーン，純正カーナビ），空調系部品（HVAC モジュール[10]，エアコン制御 ECU）と多様な領域に及んでいる．上位 10 社には，外資系の部品企業，日産系やホンダ系などの他系列の部品企業はランクインしていない．2017 年のトヨタを対象に本章と同様の分析を行なった結果によれば，トヨタの部品調達の特徴は，自社系列からの調達が大部分を占め，その他に分類される独立系部品企業や外資系に依存しないことであった[11].
C-HR においても，これまでのトヨタの部品調達と同様の構造をみてとることができた．

　上位 20 社まで含めると供給点数は 98 点となり，部品点数の約 76.6%を占める．11 位から 20 位は，小糸製作所（3 点，トヨタ系），大豊工業（3 点，トヨタ系），コンチネンタル（3 点，外資系），アイシン AW（現アイシン）（2 点，トヨタ系），トヨタ紡織（2 点，トヨタ系），パナソニック（2 点，その他），リケン（2 点，その他），三井ハイテック（2 点，その他），豊田自動織機（2 点，トヨタ系），オートリブ（2 点，外資系）である．上位 20 社までみると，外資系の部品企業がラ

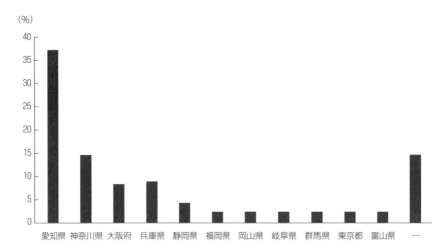

図 2-1　部品企業の国内主要開発拠点

注）「−」は，主要開発拠点が判断できなかった部品企業である．オートリブ，コンチネンタル，
　　ジェンテックス，ヴァレオ，GS ユアサ，リケン，小糸製作所の7社である．
出所）表 2-1 と同じ．

ンクインする．コンチネンタルが供給しているのは，フロントミリ波レーダー，
フロントカメラ，ブラインドスポットモニタリングといった先進運転支援シス
テム関係の部品である．オートリブは，SRS サイドエアバッグ，シートベル
トといった安全系の部品を供給している．このことから少なくとも C-HR の
部品調達では，これら専門領域は外資系に委ねているようである．
　図 2-1 は，部品企業の主要開発拠点の所在地である．主要開発拠点が判明す
る部品企業1社につき，最大の開発拠点であると推察された拠点の所在地1カ
所を入力したデータを整理した結果である．部品企業の開発拠点が最も集まっ
ているのは，愛知県（18 社，37.5%）である．愛知県に主要開発拠点を置く部品
企業は，豊田自動織機，ジェイテクト，アイシン精機，豊田合成，デンソー，
トヨタ紡織など，トヨタと関係の深い企業が多かった．愛知県に続いて多かっ
たのが神奈川県（7 社，14.6%）であり，旭硝子，東芝などの特定の系列に属さ
ない部品企業と，ボッシュなどの外資系部品企業の日本法人の研究開発拠点が
配置されている．本章の分析においては，東北地方に主要開発拠点を置く
Tier 1 を確認することはできなかった．
　表 2-2 は，部品点数上位 10 社について，東北地方の生産拠点と事業内容を

整理したものである．生産拠点としては，自社の東北拠点として進出している場合，東北地方に子会社を設立している場合のどちらもある．管見の限り，上位10社のうち，東北地方に生産拠点を有するのは，デンソー，豊田合成，アイシン精機，矢崎総業，小島プレス工業，NOK の6社であった．自社の東北拠点として進出しているのは，NOK 福島事業所のみであり，そのほかは東北地方への子会社設立であった．こうした子会社や事業所は調達権を有しているのだろうか．例えばデンソーは，本社において購買活動を一元管理しており，製作所ごとに治工具や資材を個別発注するといったムダを排除している．その

表 2-2　主要部品企業の東北地方生産拠点

部品企業	東北地方生産拠点	住所	生産品目
デンソー	デンソー岩手	岩手県胆沢郡金ケ崎	自動車用半導体，電子デバイス部品
	デンソー山形	山形県西置賜郡飯豊町	自動車用ブザー，車両接近通報スピーカ方向指示フラッシャ，電子制御コントローラ
	デンソー FA 山形	山形県天童市	各種自動組立装置，各種自動検査装置
	デンソー福島	福島県田村市	カーエアコン，エンジンクーリングモジュールウォッシャタンク，リザーブタンクフューエルポンプ，インジェクタ
豊田合成	豊田合成東日本	岩手県胆沢郡金ケ崎町	ウェザストリップ製品，セーフティシステム製品
		宮城県栗原市	ウェザストリップ部品（ドアウェザ，ガラスラン等）セーフティシステム製品（助手席エアバッグ）
アイシン精機	アイシン東北	岩手県胆沢郡金ケ崎町	スマートキーアンテナ，排ガス制御部品，センサー類
矢崎総業	東北部品	宮城県栗原市	自動車用低圧ワイヤーハーネス自動車用高圧ワイヤーハーネス
		秋田県能代市	電気配線加工組立
	日本連続端子	山形県天童市	自動車用ワイヤーハーネス端子圧着加工設備等
小島プレス工業	東北 KAT	岩手県北上市	自動車内外装部品
NOK	NOK 福島事業所	福島県福島市	エンジン部品（オイルシール）駆動・伝導及び操縦装着部品（オイルシール）
	NOK メタル	福島県伊達郡川俣町	オイルシール用メタルケースのプレス加工金属部品のプレス加工，金型設計製作

出所）各社ウェブサイト等より筆者作成．

ためデンソーの子会社の調達権は，大きく制約されていると考えられる．もし
他の子会社も同様に調達権を保有していないとすれば，地場企業の営業活動は[13)]
進出企業の（愛知県等の）本社を対象に行う必要がある．

　以上の分析をまとめると，トヨタは，C-HR の主要部品 128 点について，愛
知県に主要開発拠点を有するトヨタ系を中心とした部品企業から調達している．
上述したように，C-HR 生産のための Tier 1 の部品調達先として，東北地方
に主要開発拠点を置く部品企業は確認されなかった．C-HR の部品を供給して
いるのは，東北地方の地場企業ではなく，トヨタの本拠地の近隣に立地する部
品企業を中心とする東北地方以外の部品企業であった．こうした部品調達構造
になっている 1 つの理由として，TMEJ の調達品目においては支給部品が大
部分を占めていることが指摘できる．委託生産企業の部品調達方法として，自
ら部品を調達するという自給部品，完成車企業が調達している部品を購入する
という支給部品の 2 種類に分けることができるが，TMEJ はトヨタからの支[14)]
給部品に大きく依存した部品調達構造になっているのである．

　東北地方の地場企業は，TMEJ との直接取引ではなく，Tier 1 や Tier 2 と
の取引を念頭に置いている．しかし，地場企業が Tier 1 との新規部品取引に
到達することは容易ではない．2016 年に刊行されたみやぎ自動車産業振興協
議会の報告書によれば，2012 年には TMEJ に，2013 年には宮城に進出した
Tier 1 に，宮城県地場企業が見積を提出するという展示商談会を行なったとこ
ろ，「三河など他地域の既参入企業の見積価格と地元企業の見積価格には依然[15)]
として開きがあることが浮き彫りとなった」という．東北地方の地場企業の大
部分は，コスト競争力において課題があった．また，上述したように，東北地
方に立地する Tier 1 は部品調達権を有していないかもしれないことが障壁と
なるだろう．こうした困難を乗り越えて参入を実現した地場企業として，例え
ば，工場の生産ラインに組み込まれる様々な加工機を作っている宮城県岩沼市
の引地精工が挙げられる．引地精工は，TMEJ の前身であり自動車部品企業
であったトヨタ自動車東北やプライムアース EV エナジーに供給してきた．ま[16)]
た，プライムアース EV エナジー宮城工場向けに HEV 用二次電池の樹脂ケー
スを受注した事例として，宮城県石巻市の東北電子工業が挙げられる．そのほ
か，宮城県美里町のキョーユー，宮城県登米市の登米精巧などが TMEJ のサ
プライ・チェーンへの参入に成功した．[17)]

　地場企業が受注に成功するまでには，公的機関の手厚い支援が欠かせなかっ

た．公益財団法人みやぎ産業振興機構と宮城県産業技術総合センターは，「産業支援機関と公設試の連携による『"新"みやぎ自動車産業取引あっせんモデル』(提案型あっせん手法)の構築」というプログラムで，第 6 回地域産業支援プログラム表彰事業 (イノベーションネットアワード 2017) の経済産業大臣賞を受賞した．受賞事例を集めた報告書において支援の実態が詳しく説明されており，これら 2 つの公的支援機関が多大な貢献をしていたことが分かる．[18]

(2)　トヨタ東日本学園

　TMEJ が地場企業と関係性を構築している場として，トヨタ東日本学園を取り上げたい．トヨタ東日本学園は，2013 年 4 月に東北地方のモノづくり基盤の強化を目的として開校された，TMEJ の企業内訓練校である．こちらは，1938 年に創業したトヨタ工業学園を参考にして設立準備が進められた．トヨタ東日本学園は，製造設備科のみの単科制であり，修習期間は 1 年，定員は 20 名である．TMEJ の新入社員だけでなく地場企業の社員も受け入れており，TMEJ の新入社員の定員が 15 名，地場企業の定員が 5 名である．TMEJ の新入社員は，卒業後，保全などのモノづくりの現場で働くこととなり，現場の柱となることが期待されている．当時 TMEJ の社長を務めていた白根氏は「社内の人材育成にとどまらず，地域企業の宝を育てる枠組みをつくり，東北地方のものづくりの底上げにつなげたい」と述べた．[19]

　トヨタ東日本学園のカリキュラムは，ものづくり現場の中核人材の育成を目的としており，高度な知識・技能，環境変化への柔軟な対応によるマネジメント力，他の模範となる人格を持ち，社会・会社から信頼される人の育成に特化している．**表 2-3** は，2020 年度の長期コースの学事日程である．カリキュラムの 2 本の柱として，心身教育，そして実習を中心とした技能教育が行なわれている．心身教育としては，若柳地織，津軽塗，南部鉄器等の東北地方のものづくりから学ぶプログラムと，東北地方で行われるマラソン大会への参加や被災地のボランティア活動，夏休み親子工作教室等といった地域に根差した活動が行なわれている．一方で，技能教育としては，仕上げ実習，空圧・油圧実習，電気基礎実習などの基礎実習から，モーター制御やロボット制御などの応用実習まで行われている．トヨタ東日本学園では，工場に隣接していることの利点を活かし，工場と一体となった教育が行なわれている．具体的には，自動車製造技術に関する理論を学習した後に実際の現場 (プレス，ボデー，塗装，成形，組

表 2-3　トヨタ東日本学園の長期コースの学事日程（2020年度）

学事日程（4月～9月）		学事日程（10月～3月）	
4月1日	入学式	10月	社会貢献活動のお手伝い
4月6日	宮内社長との懇談	10月5日～9日	トラブルシューティング実習（1班）
4月7日～9日	合宿研修（南三陸町）	10月12日～16日	トラブルシューティング実習（2班）
4月28日	工場見学，工程改善教育（TPS推進部）	10月12日	基本技能訓練（1班）
5月	学科（TPS，自動車製造）	10月14日	基本技能訓練（2班）
5月11日～15日	仕上げ実習（2班）	10月15日	工場実習受け入れ教育
5月18日～22日	仕上げ実習（1班）	10月19日～11月13日	工場体験実習（大衡組立工程）
5月25日～29日	空圧・油圧実習（2班）	11月15日	冬道講習（富谷自動車学校）
5月22日	ヤリスの祖先"パブリカ"の搬入	11月16日～11月19日	機械加工実習（1班）
5月22，29日	医療用フェイスシールドの製作	11月16日～11月19日	マイコン制御実習（2班）
5月26，28日	ハンドボール部員との交流	11月23日	梅原領域長講話
6月	英会話，クラブ活動（書道）	11月24日～11月27日	マイコン制御実習（1班）
6月1日～5日	空圧・油圧実習（1班）	11月24日～11月27日	機械加工実習（2班）
6月5日	TPS教育（成果報告会）	12月9日	保険会社による交通安全講話
6月8日～12日	電気基礎実習（2班）	12月10日	伝統工芸に学ぶ（若柳地織：千葉孝機業場）
6月15日～19日	電気基礎実習（1班）	12月11日，18日	ペーパードライバー講習
6月22日～26日	有接点制御実習（2班）	12月14日～12月17日	ものづくり実習（1班）
6月29日～7月3日	有接点制御実習（1班）	12月14日～12月17日	技能照査練習（2班）
7月	学科（QC）	12月16日	開発部門リモート見学
7月6日～10日	PLC基礎実習（2班）	12月20日	技能検定学科試験
7月11日	ボランティア活動（富谷市）	12月21日～12月24日	ものづくり実習（2班）
7月13日～17日	PLC基礎実習（1班）	12月21日～12月24日	技能照査練習（1班）
7月20日～24日	被覆アーク溶接実習（2班）	12月25日	ゆうゆう保育園へクリスマスプレゼント
7月24日	濱口学園長との英会話教室	1月7日	技能照査実技試験（2班）
7月27日～7月31日	被覆アーク溶接実習（1班）	1月8日	技能照査実技試験（1班）
8月3日～7日	機械要素実習（1班）	1月11日～2月19日	卒業研究
8月3日～7日	PLC回路作成実習（2班）	1月12日	AI教育とプログラミング体験学習
8月17日～21日	機械要素実習（2班）	1月28日	宮内社長による授業参観
8月17日～21日	PLC回路作成実習（1班）	2月2日	学園長講話
8月29日	全豊田訓練生総合競技大会	2月25日	卒業研究報告会
9月4日～8日	モーター制御実習（2班）	3月1日	卒業記念植樹式
9月4日～8日	CO2半自動溶接実習（1班）	3月2日	トヨタ東日本学園卒業式
9月8日	宮内社長へ訓練生大会の結果報告	3月2日	辞令交付式
9月11日～15日	モーター制御実習（1班）		
9月11日～15日	CO2半自動溶接実習（2班）		
9月18日～22日	ロボット教示（1班）		
9月18日～22日	機械構造実習（2班）		
9月25日～29日	ロボット教示（2班）		
9月25日～29日	機械構造実習（1班）		

出所）トヨタ東日本学園「学園通信」各号より筆者作成.

立，検査，物流，機械）を観察すること，トヨタ生産方式の理論を学習した後に生産現場にてサイクルタイム計測や改善の洗い出しを経験すること，生産現場と保全現場についてそれぞれ2週間ずつの体験実習を行うことなどが実施されている．こうして得られた技能は，卒業前に，技能照査や卒業課題に挑戦することで磨かれる．訓練生は，電気保全やシーケンス制御の技能検定の受験，からくりやソフトウェア制御に関する卒業研究などを行なう[20]．

　トヨタ東日本学園は，上述した1年間の長期コースとは別に，地場企業の若手を主な対象として，短期（1週間），中期（2ヵ月間）という2つのコースの社会人研修制度を整備している．短期コースは，溶接，回路，ロボット制御などの9分野について，それぞれ5日間学ぶ．1回あたりの定員は10名で，複数分野の受講も可能である．中期コースは，定員10名であり，生産設備の保守・保全を担う技術者を養成するものである．長期コースでの地場企業の定員は5名であり，自動車の構造，生産設備，トヨタ生産方式などを学ぶ（表2-3参照）．長期コースの受講には，工業高校の機械科か電気科の卒業資格が必要になる．各コースの受講料は，短期4万3000円，中期33万7000円，長期93万5000円である[21]．トヨタ東日本学園は，2013年から2020年にかけて，長期コースで約40名，短期・中期コースで約700名の地場企業の社員を訓練してきた[22]．

　地場企業からトヨタ東日本学園への技術者派遣を促進するため，東北地方の公的機関は補助制度を整備してきた．例えば山形県は，2013年に300万円の予算を組み，完成車企業が主催する研修の場合は費用の半分を負担する制度を準備した．その上で，地場企業がトヨタ東日本学園の長期コースを活用できるよう，1社あたりの上限を100万円に設定した．岩手県は，地場企業によるトヨタ東日本学園への人材派遣が増えることを見込み，400万円の予算を確保した．1社あたりの上限は，山形県と同様に100万円に設定した．宮城県は短期コースの活用を促進するため，完成車企業や部品企業が開催する研修に参加する地場企業に対して，1社当たり10万円を補助する制度を準備した[23]．

　地場企業にとってトヨタ東日本学園に従業員を送る意義としては，将来の幹部技術者の育成，トヨタ生産方式の学習，サプライ・チェーンへの参入の足掛かりにすることなどが挙げられる[24]．2013年にトヨタ東日本学園の長期コースに従業員を送り込んだ地場企業は，セイシンハイテック（青森県），東北電子工業（宮城県），東北特殊鋼（宮城県），庄内ヨロズ（山形県），TSK（福島県）の5社

であった.²⁵⁾ これらのうち東北地方に本社を置く地場企業は，1988 年に設立したセイシンハイテック，1980 年に設立した東北電子工業の 2 社である. また，2019 年にトヨタ東日本学園の長期コースに従業員を送り込んだのは，曙ブレーキ山形製造（山形県），NOK 福島事業所（福島県），庄内ヨロズ（山形県），新庄エレメックス（山形県），リケン柏崎事業所（新潟県）の 5 社であった.²⁶⁾ これらのうち東北地方の地場企業は，1983 年に半導体デバイス製造を事業として設立された新庄エレメックスである.²⁷⁾ 以上から，TMEJ は，地場企業からの調達だけでなく，地場企業の人材育成によっても東北地方の集積発展に貢献してきたと評価することができる.

(3)　異業種相互研鑽活動

　第 1 章で述べた通り，TMEJ は 2013 年から自動車産業以外の事業に携わる地場企業と相互に学び合う異業種相互研鑽活動を推進しており，実施企業数は 2020 年度末までに延べ 119 社に達している. 異業種相互研鑽活動とは，地場企業を活動拠点として，行政，相互研鑽活動の対象企業となる地場企業（以下，相互研鑽活動企業），TMEJ が連携して行なわれている活動である. 行政の役割は，相互研鑽活動企業を選定することである.²⁸⁾

　相互研鑽活動企業の業種は多様である. 例えば，廃棄物処理業,²⁹⁾ 農業,³⁰⁾ 水産加工業,³¹⁾ 遠洋マグロ延縄船などが相互研鑽活動企業の対象となってきた.³²⁾ 一例として，仙台経済同友会ものづくり委員会の取り組みを紹介する. 2013 年，TMEJ は仙台経済同友会から依頼され，仙台経済同友会ものづくり委員会で改善活動を支援することになった. ものづくり委員会は，多様な業種に及ぶ会員企業の中からモデル企業を選び，TMEJ とともにそれらの現場の改善活動に取り組む. 業種の異なる企業同士で議論を深めることで，双方にとって学習効果がある. 2013 年にモデル企業となった弘進ゴムを事例に具体的に説明しよう. TMEJ は改善活動を始める前に，弘進ゴムの社員を対象に，ムダの改善に関する講義と演習を行なった. その後，検討対象の工程の型交換作業を撮影することで作業時間を計測し，問題点を整理して分析した. その結果，型の交換作業時間がボトルネックになっていると判明したため，工程の見直しを計り，それまで 180 分かかっていた作業時間を 90 分まで短縮させた. その後，他の工程でも改善を推進していくことで工程作業が整理され，顧客からの注文数の増減にも対応可能になり，収益性が向上したという. 弘進ゴムは，特定の

工程にとどまらず他工程へと改善活動を推進することで，高い現場力を構築したのであった[33]．

　異業種相互研鑽活動のもう1つの事例として，羅羅屋の会津工場の取り組みを紹介したい．1974年に設立されたランドセル製造企業である羅羅屋は，本社は埼玉県川口市であるが，生産体制増強のため震災後に会津工場を建設した．震災後に福島県に工場を設置した理由として，常務の北良明氏は次のように述べている．「震災後，福島県は原発事故の風評被害で企業が撤退し，若い人たちの雇用が不足しているというニュースを目にした安東社長が，福島県はどうだろうかと提案したのです．当社が雇用先の1つとなって，福島県に協力したいという想いがありました．そこで，新工場の場所として，福島県が選択肢に挙がりました」[34]．羅羅屋は生産規模が拡大していたものの，十分な利益を確保することができなかった．こうした状況のなかでTMEJの異業種相互研鑽活動に出会い，ともに改善活動に取り組むことになったのである．羅羅屋は，TMEJのTPS推進部異業種研鑽グループから派遣された2名の従業員と一緒に，1個流し生産による生産性の向上と倉庫の5Sに取り組んだ．いきなり1個流し生産にするのではなく，モデル工程をつくり，段階的に1個流し生産を実現していった．1個流し生産を実現したことにより，羅羅屋の日当たり出来高は132個から159個へ増加し，生産性は21％向上した．1年間に及ぶ異業種相互研鑽活動により，羅羅屋の従業員には日々の行動や意欲にも変化が現れ，自主的に改善活動を実施しようという高い意欲が生み出されたという．羅羅屋の改善活動はその後も継続されている[35]．TMEJによる異業種相互研鑽活動は，東北地方の多様な地場企業の競争力構築に貢献してきたのである．

2．トヨタ・グループと東北地方公的機関の関係

（1）　アドバイザー

　本節では，トヨタ・グループと東北地方の公的機関の結合関係を検討する[36]．東北地方6県と新潟県の公的機関は，自動車産業出身者をアドバイザーとして迎え，自動車産業のサプライ・チェーンに地場企業を参入させるための支援の方向性を見出してきた．みやぎ産業振興機構，宮城県産業技術総合センターは，「東海及び関東地方の自動車メーカー等を足繁く訪問したが，面談した資材担当者は宮城県を調達エリアとして興味を示すことは殆ど無く，自動車メーカー

等との新規チャネル構築に大変苦労した」が，アドバイザーから「新規チャネ
ル構築への助言を得て，活路を見出すことができた[37]」と述べている．ここでは，
東北地方6県と新潟県のアドバイザーについて整理したい．

　序章でも述べたように，東北地方6県と新潟県は自動車産業集積を進化させ
るため，とうほく自動車産業集積連携会議を2006年7月に設立した．とうほ
く自動車産業集積連携会議は，2018年7月に『とうほく自動車関連産業振興
ビジョン』を発表した．「MADE BY TOHOKU を日本へ，世界へ」というス
ローガンを掲げ，コンパクトカーをはじめとする環境対応車など，世界に発信
できる自動車の開発・生産拠点の形成を目指している．この目標を達成するた
め，4つの戦略が策定された．1つ目の戦略は，幅広い分野の企業集積を実現
することである．具体的には，自動車産業関連企業の東北地方への進出を促進
すること，東北地方の地場企業による自動車産業への参入を促進すること，企
業間交流や連携を促進することでそれを達成する．アドバイザーの役割は，県
境を越えた企業間交流である．2つ目の戦略は，競争力のある生産拠点になる
ことである．セミナー，勉強会を開催するとともに，アドバイザーによる指導
を仰いでいる．3つ目の戦略は，次世代技術の開発拠点になることである．産
学官が連携し，研究開発を促進することによる実現を目指す．4つ目の戦略は，
人材の育成・定着・確保である．産学官が連携し，高度化する自動車産業にお
いて求められる知識や技能を有する人材を育成，定着させることを目指してい
る[38]．『とうほく自動車関連産業振興ビジョン』を達成するうえで，アドバイ
ザーに期待される役割は大きい．

　表2-4は，2019年のアドバイザー等一覧である．アドバイザーの人数は，
青森県3人，岩手県6人，宮城県7人，秋田県4人，山形県4人，福島県1人，
新潟県2人，合計27人である．アドバイザー等27人の前職は，トヨタ8人，
TMEJ 3人，アイシン精機3人，デンソー2人，旧・関東自動車工業2人，
ケーヒン2人，デンソー福島，アイシン・エンジニアリング，豊田合成，アル
プス電気，岩手県職員，秋田ナイルス，大平洋金属が各1人である．アドバイ
ザーの大部分は，トヨタ，TMEJ，トヨタ系部品企業によって占められている．
公的支援機関は，TMEJ のサプライ・チェーンに地場企業を組み込むため，
トヨタ・グループとの関係を深化させることに多大な関心を持っていることが
窺える．アドバイザー等27人の専門分野をみると，生産技術が最も多く，生
産管理，品質管理と続いている．アドバイザーの専門分野から，最大の狙いは

表2-4　アドバイザー等一覧

県	所属	職名	経歴（前職）	専門分野
青森県	県商工労働部　地域産業課	ものづくり産業振興アドバイザー	関東自動車工業	工程改善
青森県	（公財）21あおもり 産業総合支援センター	自動車産業振興アドバイザー	アイシン・エンジニアリング	機械要素，機械設計
青森県	（公財）21あおもり 産業総合支援センター	現場力強化アドバイザー	デンソー	生産管理，現場力強化支援
岩手県	県商工労働観光部 ものづくり自動車産業振興室	自動車産業振興アドバイザー	アイシン精機	制動技術，機関技術
岩手県	県商工労働観光部 ものづくり自動車産業振興室	ものづくり産業振興アドバイザー	岩手県職員	ものづくり基盤技術の目利き， 新事業創出支援
岩手県	県商工労働観光部 ものづくり自動車産業振興室	自動車産業振興アドバイザー	アイシン精機	電子系部品
岩手県	県商工労働観光部 ものづくり自動車産業振興室	自動車産業振興アドバイザー	デンソー	調達
岩手県	県商工労働観光部 ものづくり自動車産業振興室	自動車産業振興アドバイザー	関東自動車工業	技術開発，品質保証
岩手県	県商工労働観光部 ものづくり自動車産業振興室	自動車産業振興アドバイザー	アイシン精機	品質管理， 地場企業育成支援
宮城県	県経済商工観光部	参与（自動車産業振興担当）	TMEJ	TPSの指導
宮城県	県経済商工観光部 自動車産業振興室	自動車産業振興アドバイザー	TMEJ	品質管理，生産管理
宮城県	県経済商工観光部 自動車産業振興室	自動車産業振興アドバイザー	ケーヒン	生産技術，生産管理
宮城県	県経済商工観光部 自動車産業振興室	自動車産業振興アドバイザー	ケーヒン	生産技術，品質管理
宮城県	県経済商工観光部 自動車産業振興室	自動車産業振興アドバイザー （戦略支援担当）	トヨタ自動車	県内企業と自動車業界の橋渡し
宮城県	宮城県産業技術 総合センター	自動車産業振興コーディネーター	トヨタ自動車	技術提案力の向上支援
宮城県	宮城県産業技術 総合センター	テクニカルプロジェクトコーディネーター	アルプス電気	新製品の開発提案支援， 車載電装部品の開発支援
秋田県	（公社）あきた 企業活性化センター	プロジェクトマネージャー	TMEJ	生産技術，品質管理
秋田県	（公社）あきた 企業活性化センター	パワーアッププロデューサー	秋田ナイルス	生産技術，品質管理
秋田県	県産業労働部 地域産業振興課	自動車産業アドバイザー	トヨタ自動車	品質保証，生産管理
秋田県	県産業労働部 地域産業振興課	工程改善アドバイザー	トヨタ自動車	工程改善
山形県	県商工労働部 工業戦略技術振興課	自動車産業ディレクター	トヨタ自動車	調達
山形県	県商工労働部 工業戦略技術振興課	自動車産業ディレクター	トヨタ自動車	生産技術
山形県	県商工労働部 工業戦略技術振興課	自動車産業ディレクター	トヨタ自動車	開発設計
山形県	（公財）山形県企業振興公社	生産改善アドバイザー	豊田合成	生産管理
福島県	県商工労働部 企業立地課	自動車産業振興アドバイザー	デンソー福島	生産技術，製造技術， 安全管理
新潟県	新潟県産業労働部 産業振興課	自動車産業振興アドバイザー	トヨタ自動車	生産技術，製造技術， 安全管理
新潟県	新潟県産業労働部 産業振興課	自動車産業振興アドバイザー	大平洋金属	生産技術，製造技術， 技術マネジメント，人材育成

出所）とうほく自動車産業集積連携会議ウェブサイト「とうほく各県の自動車産業振興アドバイザー等一覧」
より筆者作成.

地場企業の生産技術を高めることにあったと推察される．一例として福島県のアドバイザーの役割を紹介すると，彼らは日常的に福島県の地場企業を回り，生産改善を行なっている．また，展示商談会に参加する地場企業のなかで希望があれば，潜在顧客へ自社技術を訴求するための提案のブラッシュアップを支援している．[39]

(2)　展示商談会

　展示商談会は，公的機関が主導してトヨタ・グループと地場企業の関係構築を促進している場である．地場企業の新規受注獲得を促進するため，東北地方6県と新潟県，北海道が連携して，トヨタ・グループ向けの展示商談会を毎年開催している．2019年は愛知県刈谷市の刈谷市産業振興センターで開催し，トヨタ・グループの技術者等917人が参加した．宮城県は，他県と連携しながら，2019年10月までにトヨタ・グループ向けの展示商談会を14回開催してきた．[40]

　新型コロナウイルスの影響下にあった2021年の展示商談会は，トヨタが構築したWeb展示会システムを活用し，2月1日から12日にかけてオンラインで開催された．トヨタの調達部門，生産技術部門，開発部門のほか，部品企業等約250社の社員がアクセス可能であった．展示商談会で募集された提案内容は，「トヨタ自動車及び取引先部品・設備メーカー等に提案したい独自技術・製品」であり，「自動車に関する革新的な新技術・新工法」，「自動車関連産業のQCDの向上に資する技術」，「企業間連携や企業と大学・試験研究機関等が連携し，連携のメリットが明確な技術等」の3つのうちのどれかに該当するものであった．[41]展示商談会は，申請した企業がすべて出展できるというものではなく，各道県のアドバイザー等による書類選考を通過しなければならなかった．自動車産業での経験を有するアドバイザーが書類選考を行なうことで，出展企業の提案を一定以上の水準に保っている．アドバイザーについて，みやぎ産業振興機構，宮城県産業技術総合センターは，「『展示商談会』ではそれまで培った高度な知見を基に，提案パネルのブラッシュアップに多大なる貢献があった[42]」と述べている．

　トヨタ・グループのサプライ・チェーンへの参入は，トヨタ・グループが提示した図面や仕様に対応できる企業が参入を表明するという流れではない．まず取引を希望する企業が新技術や新工法を提案して，トヨタ・グループが地場

企業を審査するのである．地場企業にとって展示商談会は，トヨタ・グループに自社の新技術や新工法を売り込む絶好の機会である．

小　　　括

第 1 節の議論をまとめると，TMEJ が関係をもつ地場企業は次の 3 つに整理することができる．第 1 に，TMEJ のサプライ・チェーンに参入した地場企業，第 2 に，トヨタ東日本学園で学ぶ地場企業，第 3 に，TMEJ から改善活動を学ぶ地場企業である．周知の通り，知識は企業にとって極めて重要な経営資源である．知識は 2 つのカテゴリーに分類することが可能である．すなわち，言葉や文章であらわすことの難しい主観的で身体的な知識が暗黙知，言葉や文章で表現できる客観的で理性的な知識が形式知と呼ばれる．そして，暗黙知を伝達するうえでは，知識を有するものと知識を学ぶものが経験を共有することが効果的である．前述の第 2，第 3 での関係性は，知識を有する TMEJ が知識を学ぶ地場企業と経験を共有するものであると評価できる．そのため TMEJ は，部品調達だけでなく，地場企業への知識移転を通じて，東北地方の産業集積の発展に大きな貢献をしているのである．

第 2 節の議論をまとめると，東北地方の公的機関は，トヨタ・グループと地場企業の関係を構築するために努めてきた．具体的には，トヨタ・グループの元従業員等をアドバイザーとして活用することで，トヨタ・グループとのチャネルの確立と地場企業の育成を図ってきた．また，展示商談会を開催して地場企業の技術を売り込んできた．自動車産業のサプライ・チェーンに地場企業が参入することは容易ではない．経営資源の不足しがちな中小規模の地場企業が自動車産業への参入を実現するためには，公的機関の支援が重要な意義を持つ．

東北地方の自動車産業集積にとって，TMEJ は知識を移転する中核的な存在である．TMEJ は，グローバルな自動車産業において高い競争力を保有しているトヨタの子会社として，自動車産業に不可欠となる様々な知識を保有している．地場企業は，TMEJ との関係を構築することで，自動車産業のサプライ・チェーンに参入するための知識を獲得することができる．人口減少社会においては，低賃金労働に基づく低コストばかりを追求するのは早晩立ちゆかなくなるため，貴重な人材を集中的に育成することによってコスト競争力を構築することが重要になる．そしてそのことが，高付加価値なモノづくりにも繋

がっていくのである．東北地方の自動車産業集積には，TMEJ というグローバル水準の知識と経験を有する買い手が存在することを活かし，さらなる発展を目指すことが期待される．東北地方自動車産業集積の発展の1つのシナリオは，能力を構築した地場企業によって，TMEJ やそれ以外の完成車企業のサプライ・チェーンへの参入が進むことだろう．

注

1）TMEJ のサプライ・チェーンに地場企業が参入できなかった要因としては，TMEJ の前身である関東自動車工業とセントラル自動車が，トヨタの委託生産企業であったことが挙げられよう．第3章で詳しく述べる通り，委託生産企業は部品調達の少なくない部分をトヨタに依存してきた．

2）自治体などがこうした関心を持つ1つの理由は，地域内再投資力を高めるためである．岡田［2020］によれば，「地域経済の持続的な発展をしようというのであれば，その地域において，地域内で繰り返し再投資する力＝地域内再投資力をいかにつくりだすかが決定的に重要」（p.172）である．そして，地域内再投資力をつけるための1つの手段が，「進出企業と地域経済のリンケージを強めること」（p.198）である．

3）主に使用するデータは，フォーイン［2019］に掲載されている TMEJ の主要車種である C-HR の主要部品とその調達先である．また，2019 年 10 月 29 日に実施した宮城県経済商工観光部へのインタビュー，2021 年 5 月 11 日に実施した TMEJ へのオンライン・インタビューで得られた情報を活用している．このほか，新聞，雑誌などの二次資料を活用した．

4）この系列判定基準は，中国地方の自動車産業を分析した佐伯編［2019］のそれを概ね踏襲した．

5）VVT とは，Variable Valve Timing（可変バルブタイミング機構）の略称である．

6）ECU とは，Engine Control Unit（エンジンコントロールユニット）の略称である．

7）PCU とは，Power Control Unit（パワーコントロールユニット）の略称である．

8）EPS とは，Electric Power Steering（電動パワーステアリング）の略称である．

9）MPX とは，Multiplex Network（多重通信網）の略称である．

10）HVAC とは，Heating, Ventilation, and Air Conditioning（暖房，換気，および空調）の略称である．

11）佐伯編［2019］，pp.80-97 参照．分析は筆者担当．

12）アイアイールシー［2016］，p.109 参照．

13）田中［2016］によれば，東北地方に進出した Tier 1 は，「生産機能に特化した生産委

託子会社であることがほとんどであり，工場内で使用される設備や治具，消耗品・副資材などの一部を除いて，部品調達に関する権限を有していないことが多い」(pp. 63-64) という．ただし，2012 年からアイシン精機の調達担当者を常駐させているアイシン東北のように，例外も存在する．アイシン東北の生産活動の展開については，田中［2017］に詳しい．

14) 2021 年 5 月 11 日に実施した TMEJ へのインタビューに基づく．

15) みやぎ自動車産業振興協議会［2016］，p. 9 参照．

16) 折橋［2018］，p. 43 参照．

17) 2019 年 10 月 29 日に実施した宮城県経済商工観光部へのインタビューに基づく．

18) 全国イノベーション推進機関ネットワーク［2019］，pp. 170-174 参照．

19) 『河北新報』2012 年 7 月 6 日，p. 9 参照．

20) 2021 年 5 月 11 日に実施した TMEJ へのインタビュー並びに後日のメールでの補足説明に基づく．

21) 長期コースにおいては，受講料以外に，寮費 60 万 5000 円と海外視察研修費 37 万円が必要である（『河北新報』2012 年 11 月 22 日，p. 9 参照）．

22) 2021 年 5 月 11 日に実施した TMEJ へのインタビューに基づく．

23) 『河北新報』2013 年 7 月 18 日，p. 9 参照．

24) 前掲紙，2013 年 5 月 25 日，p. 9 参照．

25) 東北特殊鋼は愛知県に本社を置く大同特殊鋼の関連会社（持ち株比率 33.8%），庄内ヨロズは神奈川県に本社を置くヨロズのグループ企業であり，TSK は東京都に本社を置く NOK のグループ企業である．

26) トヨタ東日本学園「学園通信」2019 年度 3 月号参照．リケンは，資料において「リケン（新潟県）」と記載されていたため，リケン柏崎事業所であると推定した．

27) 庄内ヨロズは上述したようにヨロズのグループ企業であり，曙ブレーキ山形製造は東京都に本社を置く曙ブレーキ工業のグループ企業，NOK 福島事業所とリケン柏崎事業所は進出企業自体の事業所である．

28) 白根武史「トヨタ自動車東日本の使命と『異業種相互研鑽活動』」『工場管理』第 67 巻第 3 号参照．

29) 『河北新報』2013 年 2 月 1 日，p. 24 参照．

30) 前掲紙，2017 年 4 月 22 日，p. 26 参照．

31) 前掲紙，2019 年 4 月 11 日，p. 9 参照．

32) 前掲紙，2019 年 8 月 20 日，p. 5 参照．

33) 仙台経済同友会『BIMONTHLY REPORT』2018 年 4 月号，pp. 1-5 参照．

34) 「ランドセル製造で 1 個流しに挑戦：利益を生み出す体質改善に取り組む」『工場管

理』第 67 巻第 3 号，p. 62 参照.

35）前掲，pp. 63-65 参照.

36）支援機関側の視点からの分析は第 7 章で詳しく議論する.

37）全国イノベーション推進機関ネットワーク［2019］，pp. 170-174 参照.

38）とうほく自動車産業集積連携会議［2018］参照.

39）2021 年 6 月 14 日に実施した福島県産業振興センターへのインタビューに基づく.

40）2019 年 10 月 29 日に実施した宮城県経済商工観光部へのインタビューに基づく.

41）宮城県経済商工観光部自動車産業振興室［2020］参照.

42）全国イノベーション推進機関ネットワーク［2019］，pp. 170-174 参照.

第3章

TMEJ の前身，旧・関東自動車工業の製品開発力

は じ め に

　第1部では，東北地方に立地する TMEJ の各拠点が（本社を含む）生産機能特化型の巨大分工場で構成されていることを指摘してきたが，静岡県にある同社の東富士総合センターでは，旧・関東自動車工業時代より親会社であるトヨタとの緊密な連繋のもと一定の自律性を持った製品開発が行われてきた．本章ではその実力値を知るため，TMEJ 発足の直前期における同社の製品開発力を明らかにする．

　以降，自動車産業における製品開発に関する先行研究から重要な論点を確認し，関東自動車工業の製品開発力を2つの枠組みから明らかにする．1つ目は，製品開発組織とプロジェクトの管理である．2つ目は，企業の境界を越える組織間関係についてである．すなわち，関東自動車工業と親会社であるトヨタ及び部品企業との組織間分業の視点である．なお本章では，トヨタからの要請を受けてトヨタ・ブランド車種の製品開発活動に取り組むことを「委託開発」と呼ぶことにする．

1．自動車産業における製品開発の管理

(1)　製品開発組織とプロジェクトの管理

　製造企業の製品開発は，自社の近未来の収益性をうらなう上で極めて重要なプロセスであり，そのため外部から観察することは容易ではなかった．また，その特性上開発プロセスには機密に関する部分が多く，プロセス自体の暗黙知的側面も相まって，その実態を明らかにしながら企業間の比較を試み，優劣を判定することはいっそう困難なことであった．一方で，製造企業における現在

の製品開発には，市場要件を満たしつつ新しい技術革新にも果敢に取り組むという使命が課されている．複雑性を増した製品開発の管理をいかに効率化するかという点で分析された研究には，Wheelwright and Clark [1992]，延岡[2002]，Ulrich and Eppinger [2003]，Morgan and Liker [2006] 等がある．それらの先行研究の中でも，日米欧の主要完成車企業における 20 の製品開発プロジェクトを比較分析した Clark and Fujimoto [1991] の研究からは多くの示唆を得ることができる．Clark らは，開発リードタイム，開発生産性，総合商品力の 3 つの指標から各プロジェクトのパフォーマンスを評価した．その結果，研究が進められた 1980 年代後半には，トヨタを含む日本の上位完成車企業があらゆる点で欧米企業を上回り，競争優位があることを明らかにしたのである．

　Clark らの研究は多様な視点から製品開発を論じているが，その中でも組織管理のあり方については重要な発見があった．それこそが，重量級プロダクト・マネジャー（以下，重要級 PM）と呼ばれる強力な権限を持つマネジャーの存在である．図 3-1 に示したように，現在の自動車産業における大企業での製品開発ともなると，組織は高度に専門分化されており，そのため多種多様な人員が大量かつ有機的に作用し合うことになる．その期間は長く，かつては 4 〜5 年を要し，現在でも平均して 2 〜 3 年を下ることは稀である．長期間に及ぶ開発プロジェクトでは，進捗段階によって必然的に各部門の関与の度合いが動態的に変化するため，局面に応じて組織管理のあり方を調整する必要がある．このような動態性のもと，製品コンセプトの構想から実際の量産まで一貫性を

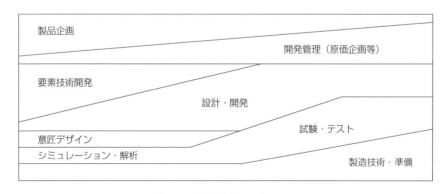

図 3-1　製品開発のプロセス

出所）延岡 [2002]，p. 95，図 4-1.

維持しながら開発プロジェクトを推進することは困難な作業である．したがって，局面ごとに関与する組織の構成が変わったとしても，全てを見通して大局的な判断ができる人物が必要になる．それが重量級 PM なのである．

　ところで今日の完成車企業における製品開発では，単独のプロジェクトのみ管理していればいいというわけではない．世界最大規模のトヨタともなると，完全な新規車種の開発に大小のモデルチェンジを加えると十数本の開発プロジェクトが併走するのも珍しいことではない．したがって，複数の開発プロジェクトをいかに効率的かつ収益性を落とさないように推進するかという視点が重要になる．そのような点に着目したのが延岡［1996］の研究である．複数の開発プロジェクトの管理を最適化する上で大事なのは，部品共通化と範囲の経済を活かしたマスカスタマイゼーションの達成，そして企業の中核的な経営資源であるコア・コンピタンス活用の２つである．この両者を巧みに組み合わせて製品開発に臨むことが，マルチプロジェクト戦略の要諦であると延岡は主張している．

　以上の議論から明らかなことは，製品開発組織とプロジェクト管理の諸局面において注目すべきは，組織がどのように専門分化されプロジェクトに動態的に関与しているかという点と重量級 PM の存在及びその役割である．大規模な製品開発のプロジェクトにおいては，高度に専門化された組織が強力な権限を持ったマネージャーによって調整されていることが，複雑性の高い自動車のような工業製品を効率的に開発していく上で必須の要件なのである．

(2)　製品開発と組織間関係

　次に，企業の境界を越えた組織間関係にまつわる先行研究についてである．自動車産業のような総合組立産業の場合，完成車企業が全ての素材・部品を内製することは効率性やコスト競争力の点から見ても現実的ではない．そのため分業によって組織間関係が築かれていくことになるが，同産業における組織間関係でまず挙げるべきは，素材・部品や資本財等の調達という垂直方向での分業である．ここでは，その中でも最も研究が進んでいる部品企業との関係性に注目する．自動車産業における外注管理機構は，単なる仕掛品や半製品の調達・供給構造を指すわけではない．浅沼［1997］によると，完成車企業は原価基準で見た時に約７割から８割を外部から調達しており，かつその過半を承認図方式[1]で取引しているとされる．すなわち調達機能の中には，取引先である部

品企業との間での共同部品開発という要素が含まれているのである．完成車企業は，部品企業の経営資源を最大限に活用しながら製品開発を進めているのである．

　この点を指摘した研究には，例えば IMVP（International Motor Vehicle Project）の調査を挙げることができる．かつて米国の MIT では，1980 年代に隆盛を極めた日本の自動車産業に具わる競争優位の源泉が何であるかを徹底的に調査した．その調査内容をまとめた Womack et al.［1990］では，日本の完成車企業が欧米企業よりも遙かに高い生産性を有していることが明らかにされた．そしてその要因の１つとして指摘されたのが，わが国完成車企業が作り上げた，部品企業の秀逸な管理機構である[2]．

　製品開発における組織間関係を円滑にするためには，いくつかの工夫が見られる．その最たるものはゲスト・エンジニア制度の導入である．ゲスト・エンジニアはレジデント・エンジニアと呼ばれることもあり，部品企業の技術者が完成車企業の設計・開発棟に常駐し，顧客からの様々な要望を先行的に解決したり，顧客内部の情報収集をしたりといった役割を担う[3]．ゲスト・エンジニアは顧客である完成車企業の技術者と机を並べて作業するため，必然的にコミュニケーションの密度は濃厚になる．これは開発プロジェクトで頻発する雑多な問題を解決する上で有効であり，時には次の開発プロジェクトに部品企業が早期に参画する契機にもなり得る．

2．関東自動車工業の製品開発組織とプロジェクトの管理

　続いて，関東自動車工業の内部組織管理という視点から同社の委託開発を検討する．注目するのは，開発組織がどのように専門化された編成になっているのかという点と，長期間にわたって複雑な問題解決のくり返しが必要になる開発プロジェクトが誰によってどのように管理・調整されているかという点である．まず，関東自動車工業の企業概要を簡単に整理しておこう．

(1)　企業概要

　関東自動車工業は 1946 年に関東電気自動車製造として設立された．企業名が示すように，設立期の主力製品は電気自動車であり，独立した完成車企業であった[4]．1948 年にはトヨタ自動車工業（当時）からトヨペットボディの生産を

受注し，トヨタとの取引が始まった．それ以降，トヨタからの委託生産は拡大し，その過程で資本の受け入れも進んでいった．委託開発にも順次取り組み，とりわけ 1967 年に生産が始まったセンチュリー（トヨタ・ブランドの旗艦車種）はトヨタとの共同開発によるものである．そして 2000 年には，同じく TMEJの前身のセントラル自動車と開発部門を統合し，2012 年 1 月にトヨタの完全子会社となったのち TMEJ として再出発している．

(2)　製品開発組織の管理

　次に，関東自動車工業時代の製品開発組織について見ていこう．[5] 同社では，表 3-1 に示したように委託開発（設計，試作，実験等）を担う部門には約 1100 名が，他方の生産技術部門には約 600 名がエンジニアリングに拘わっている．開発能力は年間 4 車種であり，トヨタ・グループ全体に占めるボディ開発能力は約 2 割に達する．

　同社には開発を担う部門が 2 つあり，1 つは社長直轄である．こちらでは主に開発業務の企画や新技術の発掘を行っており，人数は全体で数十名規模である．他方で，委託開発業務の主力を担うのが開発本部である．中心となるのは2 つのボデー設計部であり，併せて 400 名近い陣容を誇る．他にも材料や電子技術を担う部門が約 100 名超，デザイン部門に約 100 名が所属する．実験部門も領域別に 2 つあり，人数は併せて 300 名程度となっている．試作を担当する部門もあり，こちらは百数十名が配属されている．これ以外にも，技術管理や企画，用品の設計部門がある．委託開発の機能強化にともない，（インタビュー当時の）開発本部の人数は増加傾向にあった．

　表 3-2 に示すように，関東自動車工業の設計・開発領域は，アッパー・ボディを中心に，一部の機能部品，ユニット部品に及ぶ．[6] 具体的には，車体の骨

表 3-1　関東自動車工業の開発本部，生産本部，生産技術本部の人数

部門	人数	開発・生産能力	トヨタ・グループのボデー開発・生産能力に占める比率
開発	約1100人	年間 4 車種	18%
生産技術	約600人	年間 3 車種	13%
生産	約3600人	52万台/年（2 工場 3 ライン）	14%

出所）同社インタビューをもとに筆者作成．

格にあたるボディシェルの開発，外装部品はバンパー，サンルーフ，グリル等
の樹脂部品とガラス，内装部品はインパネやシートといった大物が中心である．
機能部品には電装部品が多く，灯体関係，ワイヤー・ハーネス，メーターや
オーディオ等のインパネ組み付け部品である．これらを3つの設計部門が担当
している．

　アッパー・ボディ以外は，トヨタが内製したり部品企業から調達したりして
関東自動車工業に供給している．その内訳は，アンダー・ボディ関係ではエン
ジン，トランスミッションといった駆動系部品全般，ブレーキやサスペンショ
ン（緩衝器）等の足回り関連の部品，そしてフューエルタンクや排気系統であ
る．つまり関東自動車工業は，いわゆるプラットフォームの概念に近いシャ
シー領域の開発には参画していないのである．それ以外に，HEV 専用のバッ
テリやインバータ，モータもトヨタが内製もしくは部品企業との間で開発して
いる．その一方で関東自動車工業は，試作車を製作してからは CAE
(Computer Aided Engineering) を経て車両評価と安全試験等の実験を担っている．
また，委託生産企業として当然ながら工程エンジニアリング全般も担当して
いる．

　こういった開発組織を管理・調整しているのは，重量級 PM に相当する
チーフ・スタッフ（以下，CS）というマネジャーである．車種によって若干の違
いがあるものの，開発活動全般に関与し，トヨタから任されている範囲内での
原価管理の責任も負う．同社では大部屋制度を採用しており，複数人の CS が
1つの部屋で執務することで，開発中のプロジェクト間での情報交換を促進す

表3-2　アッパー・ボディ中心の関東自動車工業の設計・開発領域

第1ボデー設計部	第2ボデー設計部	材料・電子技術部
ボデーシェル	ヘッドランプ	ワイヤーハーネス
バンパー	リヤコンビランプ	ジャンクションボックス
グリル	サンルーフ※	メーター
ガラス	ドアロック※	オーディオ
モール	インパネ	スイッチ
ウェザーストリップ	シート	材料評価
	シートベルト	
	内装トリム	

注）※の部品は可動部品（機能部品）．
出所）表3-1に同じ．

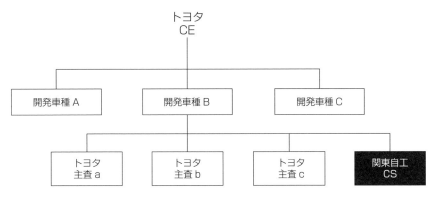

図3-2　関東自動車工業の CS の位置づけ

出所）表3-1に同じ.

るよう工夫している.

　しかしながら，同社の CS はトヨタにおける重量級 PM と全く同じ権限を持つわけではない. **図3-2** に示したように，トヨタ・グループ全体の開発体系の中では，CS はある特定車種の開発における責任者の一人として位置づけられている. したがって，開発車種の基本性能に関わる部分の決定や変更をする場合には，必ずトヨタの承認が必要になる. また出図のタイミングでは，トヨタのチーフ・エンジニア（以下，CE）が関東自動車工業に出向いて様々な調整をすることもある. 他方で，開発途中での仕様変更や設計変更による原価の変動については，関東自動車工業が任されている総原価の範囲内に収めるのであれば，個々の部品・箇所については CS に決定権が与えられている. 様々な背景を持った人が CS として開発組織を管理しているが，一般的な傾向としては，ボディ設計部門の出身者が向いているようである.

(3)　プロジェクト管理

　関東自動車工業では，重量級 PM である CS の指揮のもと**図3-3** のようなフローで委託開発が進められている. 開発期間が長いプロジェクトの場合，3 年半の期間に延べ 60 万時間（約 300 人／月）の工数をかけることもある. ここでは，モデルケースとして開発期間が 2 年半程度の場合を検討する.

　まず，量産開始の 2 年あまり前から市場調査が始まる. この領域は商品企画に関わるため，顧客であるトヨタの企画部門やマーケティング部門に依存する

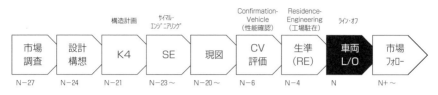

図3-3　関東自動車工業の委託開発フロー

注）各項目下の数字は，ライン・オフ時点 (N) までの月数を指す．また，車種，開発規模，生産場所によって
　　日程の変動は大きくなるため，本図は一般的なモデルに過ぎない．
出所）同社へのインタビュー及び同社提供資料より筆者作成．

ことになる．[7] 量産開始まで2年を切ると，設計構想の段階に入る．ここでは，
安全，NV（Noise and Vibration），剛性（操縦安定性），強度という4大性能をどの
水準に定めるかがエンジニアリングの視点から検討される．そこからさらに進
んでK4（構造計画）に入ると，紙と鉛筆を使って具体的に断面図やポンチ絵
を描き検討を進める．その前後からサイマルテイニアス・エンジニアリング
（Simultaneous Engineering）と現図の作業が始まり，手描きでの作業を3D-CAD
等の設計ツール上で再現し，出図へと進む．この時，どのように設計すれば工
場で作り易いかも併せて検討される．

　量産開始まで半年の時期にはCV（Confirmation Vehicle）があり，図面をもと
に試作車が製作され，設計の狙い通りの性能が達成できているかどうかを確認
するための各種試験が行われる．[8] また，この設計で本当に工場での組立が可能
かどうかという確認も行われる．トヨタのグローバル展開にともない，関東自
動車工業の工場のみならずトヨタの海外工場でも同じ車種がブリッヂ生産され
る場合は，現地作業者を招聘し現地工場と同じ作業条件を再現して検討される．
このようにして得られた厖大な評価結果は設計へとフィードバックされ，量産
に向けて問題解決や商品性向上のための設計変更が加えられる．

　量産開始まで4カ月の時期になると，いよいよ量産に向けて生産ラインの準
備が本格化する．生産準備プロセスでは，設計担当者もまた工場に出向き，量
産までの4カ月から半年程度の間，現場張り付きで問題解決に当たる．実際に
はSEや現図の段階で工場側の製造要件は図面に反映済みではあるものの，関
東自動車工業ではこうやって不測の事態に備えることにしている．そうして無
事初号車がライン・オフして量産が始まるが，その後も新しく市場に投入され
た車種を実際に運転してデータを収集したり，ユーザーの使い方等を調べたり
といった市場フォローの作業が残されている．

　以上が関東自動車工業の委託開発のモデルケースである．言うまでもなく，このような長いプロジェクトの進行中，開発総責任者たる CS は，トヨタの CE とも連携しつつスケジュールが遅滞なく進むよう日々各部門との調整を行っているのである．開発には外部の部品企業との調整も含まれるが，この点は次節で詳しく議論する．

（4）　研究開発費の規模と内訳

　関東自動車工業では，委託開発にまつわる開発費は一括ないし開発期間中の四半期ごとにトヨタから支払いを受けている．細かい支払い方法は状況によって多少異なるが，量産に入ってから生産された完成車の引き渡し金額に含めるという台当たり償却の考え方ではない．問題は，基礎・応用研究と製品開発の規模及び特徴を判断する上で重要な指標となる研究開発費の総額が少なく，しかもその大半をトヨタからの受託開発費に依存しているという点にある．図 3-4 は，関東自動車工業の研究開発費の推移と内訳である．年間総額は 2011 年 3 月期時点で約 200 億円であった．当時わが国完成車企業の中で最も規模が小さかった富士重工業（現・SUBARU）の 2012 年 3 月期における研究開発費が約 480 億円であったことから，関東自動車工業は少なくとも 2 ～ 3 車種を独自に開発していけるだけの投資水準には達していなかったことが分かる．

　研究開発費総額に占める自主開発費の比率は，2011 年 3 月期時点で約 10.2% に過ぎない．集計期間の平均を取ると約 10.3% である．この自主開発

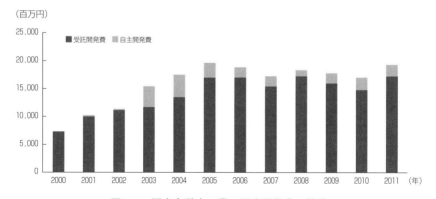

図 3-4　関東自動車工業の研究開発費の推移
出所）同社有価証券報告書をもとに筆者作成．

費の比率の低さは，先進的な技術開発や主体的な委託開発の推進にとって妨げ
になる．当時の関東自動車工業には，独自の商品企画を経た新しい車種をトヨ
タに提案できるほどの実力は無かったのであろう．

3. 製品開発局面における関東自動車工業の組織間関係

(1) 関東自動車工業の組織間関係

　先行研究の検討でも述べたように，わが国の完成車企業は車両原価の約7割
から8割もの部品を外部の部品企業から調達している．また，そのうちの少な
くとも6割以上は承認図方式で取引されており（Clark and Fujimoto [1991]），部
品企業との間で共同部品開発が行われている．このことからも，自動車の開発
は部品企業との関係を抜きにして語ることはできない．そこで本節では，承認
図方式で取引される部品の実質的な開発主体はどちらなのかを判別するため，
関東自動車工業とトヨタ及び部品企業との間での組織間分業の実態を明らかに
する．

　ところで，一般に委託生産企業における素材・部品調達の基本構造は**表3-3**
で示したようになっている．自動車生産に必要になる素材・部品の調達形態は，
委託生産企業自身による内製，外部の部品企業から調達する自給，そして顧客
であるトヨタからの支給の3つに分類することができる．図の上側ほど委託生
産企業の自由度が高く，逆に下側ほどそれが低いことを意味している．内製と

表3-3　委託生産企業の素材・部品調達構造

高 ↑			内　　製				
委託生産企業の自由度	外　注	自　給	完全自給 （かなり少ない）	貸与図 部品	承認図 部品	市販品	支払先：部品企業 意思決定主体：委託生産企業 （仕様・価格・調達先）
			管理自給	※調達上は市販品形式同等			支払先：部品企業 意思決定主体：完成車企業 （仕様・価格・調達先）
		支　給	有償支給	完成車企業 内製部品 （エンジン等）	完成車企業 手配による 部品・素材		支払先：完成車企業 意思決定主体：完成車企業 （仕様・価格・調達先）
低 ↓			無償支給	―			

出所）筆者作成.

は，各委託生産企業が主体的に開発・生産まで一貫して行うことである．次の
自給は，委託生産企業が自らの責任で調達する完全自給と管理自給とに細分化
できる．前者の形態では，委託生産企業は素材・部品を部品企業と共同で開発
したり，標準品を自ら選択したりすることにより直接調達する．後者の場合，
委託生産企業による直接調達ではあるものの，調達先はトヨタが指定し，委託
生産企業は，部品企業とのやり取りでは納期と数量の決定及びそれに対する支
払いをするだけである．開発もトヨタと部品企業との間で行われる．鋼板は管
理自給で取引される典型的な素材である[9]．ただしいくつかのトヨタ系委託生産
企業へのインタビューによれば，完全自給と管理自給の中間形態，例えば仕様
と調達先はトヨタが決定するものの価格決定権は委託生産企業にあるといった
場合があることが分かっているため，取引される部品・素材によっていくつか
のバリエーションがあるということに注意されたい．また支給であるが，これ
は有償支給と無償支給に分けられる．無償支給は現在ほとんど行われていない
ため有償支給に論点を絞ると，これはトヨタの内製部品やトヨタが部品企業か
ら調達した素材・部品を委託生産企業が「有償」で支給を受ける，つまり購入
することを指す．こういった有償支給部品の代表例がエンジンとトランスミッ
ションである．

　以上の点から，委託開発における実質的な権限の所在を把握するには，委託
生産企業が直接部品企業と共同部品開発を行う完全自給の実態を明らかにする
のが要点であることが分かる．管理自給と有償支給は，いずれもトヨタの関与
が極めて大きく，そして委託生産企業の開発対象になっていないという点が同
じなので紛らわしいが，ここでは委託生産企業にとって直接取引する相手が誰
なのかという基準から分類する．すなわち，トヨタが指定する部品企業から購
入する場合は管理自給であり，トヨタから購入する場合は有償支給ということ
である[10]．

　関東自動車工業の素材・部品調達については，完全自給の比率が高いのは開
発から生産まで一貫受注した車種であり，逆にトヨタや他の委託生産企業が開
発し生産だけを請け負う車種ではその比率が低いという特徴がある．例えば，
2011年時点での調達金額基準で見ると，完全自給の比率が高い車種で3割超，
低い車種では2割を下回る．項目別に見ていくと，内製はバンパーのような大
物樹脂部品の一部に限られる．自給については，承認図方式での取引を含む完
全自給は，シート，インパネ，内装材といったインテリア周りとワイヤー・

ハーネス，灯体関係等の（HEV 用を除く）電装部品とワイパー等の機能部品の一部が該当する．もちろん，それ以外に貸与図方式や市販品の取引もある．有償支給は，エンジン，トランスミッション等の駆動系部品である．有償支給も管理自給同様に集中購買によるスケールメリットを活かす対象であるため，複数の車種で共用される品目が中心になる．

　また関東自動車工業は，共同部品開発を円滑に進めるために，ワイヤー・ハーネス，シート，トリム（内装材の一種），灯体関係の部品企業からゲスト・エンジニアを恒常的に迎えている．機能部品を扱う部品企業からも短期間に限り受け入れる場合がある．逆に，関東自動車工業から発注元であるトヨタにゲスト・エンジニアを送ることはない．

　注意しなければならないは，これらの内装部品，電装部品，そして一部の機能部品の承認図方式での取引においては，関東自動車工業が部品企業と直接技術的な検討を行うものの，そこでの図面や仕様書の承認時には，関東自動車工業がそれを行ったのち，改めてトヨタによる最終の承認が必要になるという点である．つまり，関東自動車工業単独で承認図方式の取引が完結しているわけではなく，トヨタを含む「二重承認」が基本なのである．前節で指摘したように，開発中の車種の基本性能に関わる部分についてはトヨタの CE が最終的な判断をするということであるから，これはやむを得ない．そこで重要なのは，この二重承認が果たして形式的なものなのか，それとも実質的なものなのかの判断である．結論から言えば，委託開発の車種の特性と扱う部品次第でそれは決まるということになる．対象が関東自動車工業の得意とするコンパクトカーであり，かつ開発のための経営資源の大半を同社が拠出している場合，その承認の効力は実質的なものになるため，トヨタの二重承認は（万全のチェックを前提に）形式的なものとして処理されるだろう．しかしながら仮にそのような車種であっても，トヨタが重点管理対象にしている部品や新規性の高い部品であるならば，二重承認は実質的なものになるに違いない．[11] いずれにせよ，完全自給に分類される部品であったとしても，何らかの形でトヨタの関与が必ず認められる点は委託開発の大きな特徴の1つとして指摘することができる．

　管理自給については，鋼板，その他鈑金部品，そして完全自給の対象ではない部品群が該当する．機能部品であれば，もっぱらプラットフォームに組み付けられる部品であり，例えばブレーキ，サスペンション，燃料系，排気系統といったものである．HEV 用のバッテリやモータもここに含まれる．これら

の部品はトヨタ内製もしくはトヨタが部品企業との間で開発したものであり，関東自動車工業はそれを粛々と調達するだけである．

(2)　他のトヨタ系委託生産企業との異同

　ここまで関東自動車工業の製品開発力の実態を明らかにしてきたが，同社及び現在の TMEJ の実力を相対化する上で，他のトヨタ系委託生産企業との異同についても言及しておこう．今日のわが国に存在する代表的なトヨタ系委託生産企業は，トヨタの本拠地である中部地方のトヨタ車体，「第2の拠点」である北部九州の TMK，そして「第3の拠点」である東北地方の（関東自動車工業を前身とする）TMEJ の3社である．

　端的に言うと，これら3社の製品開発力には大きな差がある．その能力の高い順に，トヨタ車体，TMEJ，TMK となる．これには各社の成り立ちと生産車種構成が大きく影響している．トヨタ系委託生産企業の筆頭格とも言えるトヨタ車体は，戦前・戦中期にトラック・ボディーの開発・生産を担っていたトヨタの刈谷工場が1945年に分離・独立してできた会社であり，親会社のトヨタと源流を同じとする．もっぱら生産するのは商用車，ミニバン，SUV であり，同社はトヨタ・グループの中でも「商用車カンパニー」の中核企業に位置づけられている．とりわけミニバン関連では，開発・生産のみならず，さらに上流の企画段階からリーダーシップを採る．次に TMEJ の前身となった企業のうち最大級のものが関東自動車工業であるが，本章で述べてきたように，同社はもともと独立した完成車企業であった．トヨタ傘下に入ったのち，トヨタ・ブランド車種を製造する委託生産企業になっていったが，もともと車両を独自開発する能力があった．今日，同社はトヨタ・グループの中でも「コンパクトカー・カンパニー」の中核企業に位置づけられている．しかしながらその生産車種は，TMEJ やその前身企業に任されてきた車種ばかりでなく，グループ内生産戦略再編の一環としてトヨタや豊田自動織機等から移管されてきた車種も含まれるため，必ずしも生産車種全ての開発に関与しているわけではない．そして最後の TMK であるが，同社は1991年にトヨタの100％出資子会社として設立され，最初から委託生産企業としての役割を与えられていた．今日，輸出分を含むレクサス車種を中心に生産を任されているが，レクサスの生産はトヨタの田原工場でも行われていることや高付加価値の車種群のため製品開発はトヨタが主導してきたという経緯がある．

　以上の点をもう少し詳しく見てみると，委託開発の機能が最も脆弱な TMK は生産車種の工程エンジニアリングこそ担ってきたが，製品開発には長らく関与せず，またそのための人員整備も十分ではなかった．会社設立から四半世紀が経過した 2016 年になり，ようやくテクニカルセンターを設立したことで製品開発機能の獲得・強化が目指された．当初は生産車種のマイナー・モデルチェンジの一部を担うことで経験を積み，2018 年末に量産開始となったレクサス UX において初めて新規車種の開発に拘わった．ただしその範囲はバックドアと内装の一部とされていることから，[12] アッパー・ボディの中でもごく限られた領域の開発に携わったばかりである．

　他方で，最も高い製品開発力を誇るトヨタ車体の概況は次のとおりである．[13] 本章での関東自動車工業へのインタビューと同時期の状況をみると，委託開発の人員は約 1450 名，その開発領域はアッパー・ボディのみならずプラットフォームにあたるアンダー・ボディの一部，そしてシートを中心とした内装部品，ワイヤー・ハーネス等とされていた．得意とする車種にはデザイン部門が関与し，企画段階から同社が主導することもあった．開発組織の管理においては，開発責任者として「室長」と呼ばれる重量級 PM が存在するが，最終的な意思決定権はトヨタ側にあるため，この点は関東自動車工業と同様に二重承認が残っていた．ただし付言しておくと，同社が強みとする商用車のうち例えば看板車種であるハイエース等の開発においては，関与する段階は早く製品仕様や使用する部品の実質的な決定権をトヨタ車体側が有する場合もあった．また当時，同社はトヨタ系委託生産企業の中で唯一トヨタの海外工場の立ち上げを実質的に任されていた．この点は同社の工程エンジニアリング能力の高さを裏付けていると言える．さらに 1990 年には，設計開発子会社として鹿児島県にトヨタ車体研究所を設立しており，[14] 子会社を併せた実質的な開発人員はトヨタ系委託生産企業最大である．ただし研究開発費を見ると，2011 年 3 月期のそれは約 250 億円規模であり，前掲図 3-4 で示した同時期の関東自動車工業の 25％増し程度に過ぎず，やはり独立した完成車企業と言えるほどの規模ではなかった．

　以上，トヨタ系委託生産企業 3 社の製品開発力の実態を見てきた．まとめると，いずれも生産車種の工程エンジニアリング全般は担っているものの，製品エンジニアリングではもっぱらアッパー・ボディ開発だけを任されていた．ただしその関与領域には委託生産企業間で大きな差があり，その背景には，各社

の設立経緯やトヨタによるグループ内生産戦略に基づく再編の結果集約された
生産車種の違いという要素があった．関東自動車工業は，かつてトヨタ車体に
匹敵するほどの委託開発の実態があったものの，TMEJ 設立及びその後のト
ヨタ・グループ内での生産車種移管により，製品開発への関与のあり方に一貫
性が見られなくなっている感は否めない．ただしそれも，TMEJ の位置づけ
が安定化していく過程で解消されていくのであろう．

小　　　括

　本章では，TMEJ の前身の一角を占める旧・関東自動車工業が，親会社で
あるトヨタとの密接な連繋のもと行ってきた製品開発と部品調達の実態を明ら
かにしてきた．その特徴をふり返っておこう．
　関東自動車工業の開発部門では，もっぱらトヨタ・ブランド車種のアッ
パー・ボディ開発を担当し，プロジェクト管理には重量級 PM に相当する CS
というマネジャーが存在していた．しかしながら CS は，社内的には重量級
PM であっても，トヨタ・グループにおける車種開発プロジェクトという大き
な枠組みの中では必ずしも絶対的な権限が与えられた存在ではなく，あくまで
最終的な責任者はトヨタの CE であった．また CS に権限上の制約が見られた
のと同様に，製品開発の分野には関東自動車工業のような委託生産企業が関与
できる領域とそうでない領域とが明確に分かれていることが明らかになった．
　表 3-4 は，関東自動車工業時代の委託開発の実力値を業務分野ごとに整理し，
関与の度合いを一覧化したものである．併せて調達構造との関係性についても
言及している．関東自動車工業が主体的に関与できる開発領域は限定的であっ
た．このことから，少なくとも関東自動車工業時代までの委託開発とは，製品
エンジニアリングでは，アッパー・ボディ周りの設計と車両評価を行う実験
（の一部）のことを意味していた．その一方で工程エンジニアリングでは，自社
で生産する車種の場合は問題ない水準ではあるものの，（インタビュー当時は）ト
ヨタ車体のようにトヨタの海外工場の立ち上げを任されるほどではなかった[15]．
　以上が TMEJ の前身のうち最大規模の委託生産企業だった関東自動車工業
の製品開発力の実態である．TMEJ が東北地方では巨大な分工場としての性
格を強める一方で，関東自動車工業時代より東富士総合センターでは同社が生
産する（一部を除く）コンパクトカーの委託開発を担ってきた．東富士総合セン

表3-4　関東自動車工業時代の委託開発の実態

広義の製品開発業務				委託開発の実力値	備考
商品企画				×	当時はマーケティング機能が未整備
製品企画				△	
デザイン				△	
製品エンジニアリング	設計	アッパー・ボディ	ボディシェル	◎	
			外装部品（バンパー等）	◎	
			内装部品	○	当時は二重承認
			インパネ	○	当時は二重承認
			シート	○	当時は二重承認
			ワイヤー・ハーネス	○	当時は二重承認
			その他機能部品	△	部品により完全自給もしくは管理自給
		アンダー・ボディ（プラットフォーム）	エンジン	×	有償支給
			トランスミッション	×	有償支給
			ブレーキ	×	当時は管理自給
			サスペンション	×	当時は管理自給
			燃料系統	×	当時は管理自給
			排気系統	×	当時は管理自給
			その他機能部品	△	部品により完全自給もしくは管理自給
	実験	アッパー・ボディ		○	
		シャシー		△	
		走行（操縦安定，制動）		×	当時は走行性能の評価はしていない
工程エンジニアリング	生産準備			◎	※ただしトヨタ海外工場の立ち上げ支援は TMEJ 発足後に着手

注）◎＝十分に関与し，主体的な意思決定ができる，○＝関与しているが，最終的な意思決定の権限が明瞭ではない（完全自給のうち承認図方式での取引における二重承認），△＝部分的な関与に留まる，×＝ほとんど関与していない（有償支給ないし管理自給）.
出所）筆者作成.

ターは，併設されていた TMEJ 東富士工場が 2020 年末に閉鎖された以降も当[16)]
地に残されている．同センターが今後どのような位置づけになっていくかを注
視したい．TMEJ がトヨタ「第3の拠点」としての立ち位置を盤石なものに[17)]
していく過程で，同社の製品開発力への期待はますます高まっていくはずであ
る．その際に深刻な懸念となり得るのは，東富士総合センターで優秀な技術者
を採用し続けることができるのか，また将来的に開発部門もまた東北地方に集
約されるならば，当地で同等規模の開発部門を質的・量的のいずれにおいても
維持していくことができるかという点であろう．[18)]

　本章は，佐伯靖雄［2016］，「委託生産企業の製品開発：関東自動車工業とトヨタ車体の

委託開発事例にみる完成車メーカーとの異同」塩地洋・中山健一郎編『自動車委託生産・開発のマネジメント』中央経済社所収（第 4 章）を再構成し大幅に加筆修正したものである．

注

1 ）発注する完成車企業は基本設計だけを示し，受注する部品企業が詳細設計，生産，納入時の品質保証まで一手に引き受ける取引方式のことである．

2 ）藤本 [1997] は，わが国自動車産業の外注管理機構の特徴として次の 3 点を挙げる．第 1 に，長期継続的取引関係である．第 2 に，少数企業間の激しい競争である．そして第 3 に，承認図方式では完成車企業が部品企業に「まとめて任せる」ようにしてきたことである．以上の点は，部品外注の管理機構に見るわが国自動車産業における組織間関係の特徴には，インセンティブを媒介とした相互依存関係という側面があるということを示唆している．

3 ）この制度の詳細については，例えば西口 [2000]（邦訳），pp. 167-171 参照．

4 ）設立間もない時期に，東京の武蔵野乗合自動車から電気バスの再生車の製造を受注している．その後も 1950 年代まで電気自動車の生産を続けていた．

5 ）以降の事実関係に関する記述は，2011 年 9 月 14 日に実施した関東自動車工業東富士総合センターへのインタビューに基づく．この時期は TMEJ 発足の約半年前であり，関東自動車工業単独としては最末期の製品開発の様子を顕している．開発組織の構成と人数は，いずれも 2011 年 5 月時点のものである．

6 ）実際に委託開発を担う領域は車種によって大きく変動するとのことである．ここでは，最も関与が大きい開発車種の場合を想定している．

7 ）トヨタでは当時，これを商品企画プロセス及びそれに先立つ新規開発予定車種のためのコンセプト造りである FSC（Future Scenario Concept）プロセスと呼んでいた．量産開始の 3 年から 4 年前の時期に始まり，トヨタの調査部が作った将来の社会像（＝先読み）に見合うような自動車のコンセプトを 1 年程度かけて営業企画や海外事業所から集める．ここでは具体的なスタイリングには言及せず，ユーザーにどのような価値を提供すべきかという視点が重視される．そして公募によって集められたコンセプト案を 3 〜 5 つまで絞り込み，経営陣へのプレゼンへと進む．この時点では外観も検討されており，ある程度自動車としてのイメージができる状態になっている．経営陣の評価を経た後に，開発へと即座に進む場合，翌年まで持ち越しになる場合，そして廃案になる場合という 3 つの選択肢から結論が出される．FSC を通過した案は CP（Concept Planner）へと引き渡され，商品企画段階へと進む．案件がエンジニア

リングの総責任者である重量級 PM に任された時点からが製品企画になるが，実際
にはこれら2つの企画段階を明確に分けることは難しいようである．

8）2000 年代初頭までは試作車を製作する評価イベントが最低でも2〜3回は行われて
いたが，シミュレーション解析技術が発達してきたことや開発費抑制のために回数が
減らされており，インタビュー当時，実質的には CV の1回で済ませることも多く
なってきていた．そもそも試作という用語も使わないとのことであった．この時に手
配される試作車は，車種にもよるが各種評価用の完成実車が 20 台から 40 台，衝突試
験用のホワイト・ボディが約 50 台，そしてカットボディが 30 台〜40 台程度である．

9）用途特殊的な機能部品やユニット部品とは違い，相対的に汎用性の高い鋼板は，委託
生産企業が調達するよりもトヨタがグループで使用する全量を一括して発注した方が
様々なメリットがあるため，このような形態が取られる．また，このような調達方法
は「集中購買」と呼ばれている．集中購買については，例えば磯村・田中［2008］が
詳しい．

10）この論点について複数のトヨタ系委託生産企業へのインタビューを通して分かったの
は，実務家がこれらを分類するとき，所属や立場によって見解が異なるのが珍しくな
いということである．したがって両者の違いを論じる際には慎重な判断が求められる．

11）ただし，前述の通り関東自動車工業からトヨタにゲスト・エンジニアを送ることはし
ていないため，通常は（アッパー・ボディの）開発業務に取り組む経営資源の大半が
関東自動車工業内部から拠出されていると見るのが自然である．開発の最終的な責任
者であるトヨタの CE がたった一人で自動車1台分の図面や仕様書を全て確認するこ
とは不可能であるため，二重承認の実質的な作業は，トヨタが特に注意を払っている
部品に限定されることになるであろう．しかしながら，委託開発の現場にトヨタから
プロジェクト・チームの要員として相当数のエンジニアが出向しているならば違う見
方もできる．この点の解明は今後の課題としたい．

12）『日経産業新聞』2018 年 12 月 13 日，p.7 参照．

13）以降の事実関係に関する記述は，2011 年7月 30 日に実施したトヨタ車体富士松工場，
2012 年2月9日に実施した同本社へのインタビュー，そして 2012 年2月8日に実施
した同社 OB へのインタビューに基づく．関東自動車工業とトヨタ車体の委託開発機
能の比較については佐伯［2016］で詳細に分析しているので，そちらを参照されたい．

14）2020 年1月 21 日に実施したトヨタ車体研究所へのインタビューによると，近年，ト
ヨタ車体研究所は同じ九州地方に立地する TMK の生産車種での開発業務に関与し始
めており，TMK の開発部門にとって競争相手に育ちつつある．トヨタ車体研究所が
TMK 生産のレクサス車種開発に関与するようになった経緯については，田中
［2015］が詳しい．

15）2020 年 2 月から国内販売を開始した 4 代目ヤリスは，トヨタのフランス生産子会社
である TMMF（Toyota Motor Manufacturing France）でも生産されているが，こ
の立ち上げ支援を担ったのが TMEJ 岩手工場である．すなわち TMEJ もまた，トヨ
タ車体と並び親会社であるトヨタの海外拠点のマザー工場として認められたのである．

16）2021 年 2 月には，この跡地にトヨタの未来都市ウーヴンシティ（Woven City）の建
設が始まった．ここでは実際にトヨタ関係者等が居住し，CASE 時代の新しいイノ
ベーションを社会実装するための実証実験が展開されることになっている．隣接する
TMEJ の東富士総合センターもまた，将来ここでの貢献を期待されるのかもしれな
い．

17）『日本経済新聞』2020 年 5 月 2 日，地方経済面（東北）には，東富士総合センターに
車載システム及び電子部品の開発を担う「プロジェクト F」が設置されたと報じられ
ている．これらの領域はそれまでトヨタ主導の開発であったが，新組織は TMEJ が
強みとするコンパクトカー向けの専門組織として位置づけられている．

18）ただし 2021 年 5 月 11 日に実施した TMEJ へのオンライン・インタビューによると，
東富士総合センターは当面維持される見込みとのことであった．同センターはトヨタ
の東富士研究所に隣接しているため，そこのテストコースや評価設備を利用できるこ
とやトヨタとのコミュニケーションが容易であることといった利点が多いためである．
東富士総合センターが地下に設置した設備類も多く，これらを東北地方に全面移管す
るのが困難という理由も挙げられた．

補論1　分工場型経済圏における自動車産業
——地域産業連関表を用いた取引構造の実態分析——

は じ め に

　本書が分析対象とする東北地方は，完成車企業や大手部品企業の分工場を核とした域外依存型集積として位置付けられる．集積での取引の多くは域外からの部品調達が主であることは序章でも指摘したとおりであり，現地調達率は総じて低いと考えられる．そこで本補論では公的統計である「地域産業連関表」を用いて，東北地方のなかでも自動車産業に係る製造品出荷額等が大きい岩手，宮城県そして福島県の部品（ないしはサービス）取引について可視化を試みたうえで，これら3県の調達構造を概観する．さらに，東北地方と同じく域外依存型に分類される北部九州のうち，福岡県においても同様に分析することによって域外依存型集積における取引構造の実態抽出を図る．

1．公的統計を用いた取引構造可視化の試み

(1)　「地域産業連関表」の活用
　本補論で注目する域外依存型集積とは，端的にいえば（子会社形態を含む）分工場の凝集立地による集積のことである．中核企業の（研究開発部門や調達部門を含む）本拠地から離れ，生産に特化する工場立地であるため，調達の大部分を集積外部に依存する性格を持つ．
　ここで分析対象とする東北地方や北部九州といった集積地が，自動車部品や資本財の調達を域外に依存していることは多くの先行研究からも明らかだが，これらの[1]先行研究が依拠するものは質問票調査や対面調査が主であり，公的統計を用いて取引動向を可視化した試みはなされていない．
　もちろん，資本財を含む取引構造を公的統計から把握することは非常に難しい．「貿易統計」のように調査対象となる項目や交易量，対象国が明らかな統計であればよいが，どの部品をどの地域から，どれだけの量を調達しているのかを示す統計は存在しないのである．
　そこで本補論では，都道府県が公表している「地域産業連関表」（Regional

Input-Output Table）（以下，地域 IO 表）を用いて，当該地域においてどのような部品が域内で調達されるのか，もしくは域外に依存しているのか，その可視化に努めた．

「産業連関表（全国表）」（以下，IO 表（全国表））は日本国内で行われた年単位の経済活動における産業間の財・サービスの取引を一覧表にまとめたものであり，その都道府県版が地域 IO 表である．わが国の経済活動を把握するために作成される IO 表（全国表）は，経済産業省や農林水産省など関連省庁が担当領域のデータをまとめ，それらが総合された形をとる．一方の地域 IO 表は，全国表を基に各都道府県が同様の視点から都道府県内部の産業構造や部門間の相互依存関係の把握を目的として作成される[2]．

2021 年 5 月時点の最新の IO 表は 2015 年版であり，その前のものは 2011 年版である[3]．本補論では分析対象とする県の 2011／2015 年比較を行うことにより，両年間で取引構造にどのような変化が生じたのかに着目した．

ここで留意すべきは，本書が掲げる自動車産業集積の 3 つの類型は産業集積地域に着目したものであり，県単位ではないということである．しかし，IO 表は地域別に用意されるものではなく，あくまでも全国表もしくは都道府県単位等の行政区分単位に留まる[4]．地域別にみた公的統計であれば，例えば「工業統計（工業地区編）」の活用が想定されるが，ここでは製造品出荷額等や当該産業従事者数等の量的把握に限定されてしまい，取引構造の一端でも垣間見ることはできない．また同じく「工業統計」のうち，品目編は産業別，都道府県別の出荷量，出荷額の確認が可能だが，出荷事業所が少ない県は当該事業所が推定されてしまうため，特に乗用車にかかる出荷台数，出荷額は秘匿とされるのが一般的である．

(2)　分析の進め方

前述のように，IO 表はその調査年における（国，もしくは都道府県等）の産業構造や部門間の相互依存関係の把握を目的に作成されたものである．わが国の主要産業である自動車産業においては基本分類レベルで「乗用車」，「トラック・バス・その他の自動車」，「二輪自動車」，「自動車用内燃機関」，「自動車部品」といった部門が用意されている（**表補 1-1** 参照）．

データを分析する際には，最も細分化された基本分類単位を用いることが一般的だが，地域 IO 表は各都道府県の間で分類統一がなされていない．統合小分類（187 部門）を用いている県もあれば，統合中分類（108 部門）で整理している県もある．そのため本補論では自動車産業関連のうち，統合小分類，統合中分類の両方に同程度の分類が用意されている「乗用車（統合小分類：3511，統合中分類 351）」と「自動車部品・同附属品（同：3531，同：353）」を用いることにした．したがって本補論では，「トラック・バス・その他の自動車」を分析対象からは除外する．また，「乗

表 補 1-1　産業連関表の分類と本補論で用いた分類幅（網掛け部）

基本分類（行509部門×列391部門）				統合小分類（187部門）		統合中分類（107部門）		統合大分類（37部門）	
分類コード			部門名	分類コード	部門名	分類コード	部門名	分類コード	部門名
列部門		行部門							
3511	-01	3511	-011	乗用車	3511	乗用車	351	乗用車		
3521	-01	3521	-011	トラック・バス・その他の自動車	3521	トラック・バス・その他の自動車	352	その他の自動車	35	輸送機械
3522	-01	3522	-011	二輪自動車	3522	二輪自動車				
3531	-01	3531	-011	自動車用内燃機関	3531	自動車部品・同附属品	353	自動車部品・同附属品		
3531	-02	3531	-021	自動車部品						

注）自動車関連分類のみ抜粋.
出所）「産業連関表2015年版」より筆者作成.

用車」は軽乗用車，小型乗用車，普通乗用車を含み，シャシーのみのもの及び KD 車両も本部門に含まれている.[5]

　分析は以下の工程で進めた．まず，対象となる県で生産される「乗用車」に対してどのような中間投入財（列）が同県内「乗用車」生産（行）に投入されているのか，その抽出から着手した．ここでは「乗用車」に対するサービスの投入も確認するため，「乗用車」に対して投入額が 100 万円以上である全コードを抽出している（含，移輸入）．同じ作業を「自動車部品・同附属品」でも行い，この 2 つの中間需要への投入から，どのような財・サービスの投入額が大きいのかを確認した[6].

　ところで，IO 表から，みなし自給額を求めることも可能である．IO 表の投入には移輸出入も含まれている．移輸出入とは，他県，他国に移輸出された，もしくは他県，他国から移輸入された財・サービスである．例えば移輸入は，当該県の中間財として購入される，もしくは主として完成品としての最終需要部門に購入された値を示す．ある県の県内需要額は，中間需要と最終需要を合計した値から移輸出を控除することで求められる．そして県内需要額から移輸入を控除した値を県内需要額で除すれば，県内自給率を求めることができる．すなわち，県内需要に対して県内生産がどれくらいそれを満足できているのかを算出することが可能になるのである.

　ここで一部の県の地域 IO 表は，その都道府県で生産された割合を「自給率」として提示しているが，本補論で用いた県の IO 表はすべて自給率が提示されていなかった．一方で，上のようにみなし自給額を求めることも可能であるため，本補論では，

$$（県内）自給率＝（県内需要のうち県内生産分）÷（県内需要合計）$$
$$＝\{（県内生産額）-（移輸出）\}÷（県内需要合計）$$

の計算式に基づいて筆者らが個別に自給率を求めた（**表補 1-3〜表補 1-9**）

なお，みなし自給額とするのは IO 表上の制約があるからである．例えば「自動車部品・同附属品」の「自給率」は，すべての中間財・最終需要部門に対する投入財のうち県内で生産された財・サービスの割合であり，「乗用車」など特定の最終需要部門に対する割合を示さない．そのため，あくまでもみなしに留まる．

このみなし自給額の推計は以下である．例えば，以降に述べる宮城県の「自動車部品・同附属品」から，最終需要部門としての「乗用車」への投入額（含，移輸入）は 573 億 7800 万円（2011 年）であった．この投入額に宮城県 IO 表から求めた自給率（0.09182）を乗ずると，「乗用車」に投入された宮城県内生産の「自動車部品・同附属品」の額（みなし自給額）は 52 億 6800 万円とみなされる．

2．地域産業連関表を用いた対象県の取引構造の可視化

本補論では，東北地方において中核企業（TMEJ）の生産拠点（完成車組立工場）が立地する岩手県，宮城県と，日産のエンジン工場が立地する福島県の 3 県，そしてこれら分工場型経済圏の特徴に言及するため，東北地方と同じ域外依存型集積に分類され，トヨタ，日産の組立工場が立地する福岡県も分析対象とした（**表補 1-2**参照）．

（1）　岩手県 IO 表から確認する県内自給額・自給率
（ⅰ）岩手県「乗用車」生産に対する財・サービスの投入

表補 1-3 に示すように，岩手県の 2011 年「乗用車」生産額は 2508 億円，2015 年のそれは 4251 億円と大幅に増加している．TMEJ 岩手工場では 2012 年から小型 HEV「アクア」の生産に着手しており，その販売が好調だったため生産台数が増加していることは明白である．

表補 1-2　分析対象 4 県の地域産業連関表（2021 年 5 月時点）

		2011（H23）表	2015（H27）表
岩手県	表補1-3,4	小分類（189部門）	小分類（187部門）
宮城県	表補1-5,6	中分類（110部門）	中分類（101部門）
福島県	表補1-7	中分類（107部門）	中分類（105部門）
福岡県	表補1-8,9	中分類（107部門）	中分類（106部門）

出所）各県公表地域 IO 表（2019年10月〜2021年 5 月）をもとに筆者作成．

表補1-3　岩手県「乗用車」生産に対する投入（2011年／2015年）

（単位：百万円）

岩手県 財・サービス		「乗用車」生産額	2011年	2015年	2011／2015 年比
			250,768	425,061	169.5%
	1	3531	自動車部品・同附属品	140,540	249,709	177.7%
	2	2211	プラスチック製品	7,232	9,894	136.8%
	3	2623	冷延・めっき鋼材	6,656	9,312	139.9%
	4	3311	産業用電気機器	6,528	8,894	136.2%
	5	3399	その他の電気機械	4,380	6,969	159.1%
	6	2621	熱間圧延鋼材	4,269	5,060	118.5%
	7	2221	タイヤ・チューブ	2,999	4,831	161.1%
	8	2511	ガラス・ガラス製品	4,610	4,685	101.6%
	9	3411	通信機器	4	4,041	91438.5%
	10	3412	映像・音響機器	5,436	3,541	65.2%
	11	2631	鋳鍛造品（鉄），その他の鉄鋼製品	1,495	2,301	153.9%
	12	2721	電線・ケーブル	1,432	1,926	134.5%
	13	2083	塗料・印刷インキ	1,208	1,714	141.9%
	14	2899	その他の金属製品	1,067	1,598	149.8%
	15	2229	その他のゴム製品	643	953	148.3%
	16	1529	その他の繊維既製品	508	840	165.2%
	17	2599	建設用土石製品，その他の窯業・土石製品	575	707	122.8%
乗	18	2729	その他の非鉄金属製品	494	693	140.2%
用	19	1911	印刷・製版・製本	419	564	134.7%
車	20	2111	石油製品	265	376	142.0%
へ	21	2084	農薬，その他の化学最終製品	255	368	144.4%
の	22	1519	その他の繊維工業製品	182	276	151.5%
投	23	3919	その他の製造工業製品	155	238	154.2%
入	24	3299	その他の電子部品	1	226	36587.5%
額	25	2919	その他のはん用機械	151	156	103.5%
（	26	3016	金属加工機械	88	120	137.1%
含	27	1621	家具・装備品	76	109	143.7%
，	28	4121	建設補修	165	94	56.9%
移	29	2081	油脂加工製品・界面活性剤	56	75	134.7%
輸	30	1521	織物製・ニット製衣服	55	71	129.3%
入	31	3113	計測機器	54	70	128.5%
）	32	2021	ソーダ工業製品，その他の無機化学工業製品	36	51	141.6%
	33	1512	織物	29	45	158.7%
	34	2312	なめし革・革製品・毛皮（革製履物を除く）	14	27	187.7%
	35	1649	その他の紙加工品	17	24	140.4%
	36	0611	石炭・原油・天然ガス	10	19	199.0%
	37	2311	革製履物	8	15	188.5%
	38	1619	その他の木製品	8	13	162.0%
	39	2031	石油化学系基礎製品，脂肪族中間物・環式中間物・合成染料・有機顔料，合成ゴム，その他の有機化学工業製品	9	13	136.3%
	40	2622	鋼管	9	11	128.2%
	41	3019	その他の生産用機械	4	8	194.7%
	42	3331	電子応用装置	5	8	148.0%
	43	1611	木材	5	7	125.9%
	44	1522	その他の衣服・身の回り品	4	5	125.5%
	45	2711	非鉄金属製錬・精製	2	3	150.8%
① 1～45計（「乗用車」生産に対する財・サービスの供給額）				192,155	320,657	166.9%
② 岩手県　財・サービスの総供給額				10,617,894	12,335,631	116.2%
①／②：岩手県 財・サービスの総供給額のうち，同県「乗用車」生産に対する供給額の割合（含，移出入）				1.8%	2.6%	—

　　注）産業連関表の部門分類に変更があった項目は，2015年表を基に筆者が組替集計を行った（以下，
　　　　表補1-9まで同じ）.
　　出所）岩手県地域産業連関表（2011年及び2015年）より筆者作成.

（単位：百万円）		（単位：百万円）		2011/2015年
2011年		2015年		「みなし自給額」
自給率	みなし自給額	自給率	みなし自給額	増加率
0.26506	37,252	0.18384	45,907	23.2%
0.13359	966	0.20265	2,005	107.5%
0.03506	233	0.05141	479	105.2%
0.01593	104	0.07991	711	583.4%
0.07798	342	0.00069	5	−98.6%
0.26979	1,152	0.21206	1,073	−6.8%
0.00000	0	0.00000	0	—
0.02236	103	0.24784	1,161	1026.2%
0.03468	0	0.01038	42	27281.1%
0.11867	645	0.00491	17	−97.3%
0.07175	107	0.13280	306	184.9%
0.00000	0	0.00209	4	—
0.12912	156	0.01355	23	−85.1%
0.17229	184	0.12501	200	8.7%
0.00609	4	0.02095	20	410.6%
0.01987	10	0.05630	47	368.2%
0.27675	159	0.16669	118	−26.0%
0.11868	59	0.10813	75	27.7%
0.53972	226	0.10555	60	−73.7%
0.00041	0	0.00270	1	831.4%
0.02396	6	0.00696	3	−58.1%
0.00057	0	0.04670	13	12220.3%
0.10442	16	0.21515	51	217.7%
0.01707	0	0.00839	2	17885.2%
0.10113	15	0.01854	3	−81.0%
0.03652	3	0.04561	5	71.2%
0.14477	11	0.14678	16	45.7%
1.00000	165	1.00000	94	−43.1%
0.00147	0	0.00000	0	−100.0%
0.00769	0	0.00234	0	−60.7%
0.01700	1	0.00096	0	−92.7%
0.13760	5	0.23721	12	144.1%
0.08787	3	0.00801	0	−85.5%
0.00223	0	0.00367	0	208.8%
0.01863	0	0.19699	5	1384.5%
0.00000	0	0.00000	0	—
0.16208	1	0.00764	0	−91.1%
0.30301	2	0.19017	2	1.7%
0.00699	0	0.03680	0	617.2%
0.00000	0	0.00000	0	—
0.20666	1	0.25727	2	142.4%
0.03132	0	0.00013	0	−99.4%
0.21970	1	0.39781	3	128.0%
0.30243	1	0.04131	0	−82.9%
0.03521	0	0.03384	0	45.0%
みなし自給額計	41,935	みなし自給額計	52,465	25.0%
乗用車生産に占める みなし自給率	16.7%	乗用車生産に占める みなし自給率	12.3%	

「自動車部品・同附属品（3531）」から「乗用車」生産に向けた投入額（含．移輸入）も 2011／2015 年比で 177.7％に増加，そのほかの投入項目もおしなべて増加傾向にある．特に「通信機器（3411）」や「その他の電子部品（3299）」の増加が目を引くが，これは 2012 年 10 月から岩手県で操業を開始したデンソー岩手の存在が大きいと考えられる．上 2 つの投入品のみなし自給額も 2015 年は大きく増加していることは，移輸入品ではなく岩手県内からの投入額増を示しているうえに，デンソー岩手以外にこれら品目にかかる企業の岩手県進出は確認されないためである．

以上の岩手県「乗用車」生産に対する全投入項目のみなし自給額は，2011 年の 419 億円から 2015 年は 525 億円へと増加した．ただし，みなし自給率は 16.7％から 12.3％へと低下していることから，2011 年から 2015 年にかかる「アクア」を中心とする乗用車生産増が，岩手県内の調達率増に直接的には結び付いていないことが指摘できる．

一方で，岩手県の財・サービスの総供給額のうち，「乗用車」生産に対する供給額の割合は 2011 年の 1.8％から 2015 年には 2.6％へと伸長している．ある県の財・サービス総供給額のうち，「特定品目」の生産に対する供給額の割合が大きい場合には，その「特定品目」が同県産業に大きく影響することは当然である．岩手県の 2015 年 IO 表からは「乗用車」生産にかかるみなし自給率は低下していても，供給額とその全体に占める割合が増加していることから，「乗用車」生産額増は県内産業に一定の影響を与えているといえよう．

（ ii ）岩手県「自動車部品・同附属品」生産に対する財・サービスの投入

次いで岩手県「自動車部品・同附属品」にかかる生産額を確認する（**表補 1-4** 参照）．同品目は「乗用車」と異なり，2015 年は 2011 年と比すと生産額が減少している．投入についても「自動車部品・同附属品（3531）」からの額が 2011 年の 548 億円から 2015 年は 399 億円と 2 割近く減少している．そのほか，「自動車部品・同附属品」に次いで投入額が大きい項目（「鋳鍛造品（鉄），その他の鉄鋼製品（2631）」，「プラスチック製品（2211）」等）も減少している．

前述のように 2011 年と 2015 年では県内「自動車部品・同附属品」生産額が異なり後年の方が少額となったため，投入サイドの「自動車部品・同附属品」の値も小さくなることは不思議ではない．しかし，岩手県「乗用車」生産額が増加しているにもかかわらず，同県「自動車部品・同附属品」生産額が減少していることに対しての疑問が生じる．その理由を IO 表から読み解くことは困難だが，検討に値するのは後述する宮城県との比較である．宮城県では 2015 年の「自動車部品・同附属品」生産額が大きく増加し，当該年の生産額は岩手県の倍以上となっている．TMEJ が生産拠点を設ける両県の「乗用車」並びに「自動車・同附属品」生産額をみると，岩手県が「乗用車」生産を，そして宮城県が「自動車・同附属品」生産

を担うといった棲み分けの構図が示されつつあるように見受けられるのである．

(2)　宮城県 IO 表から確認する県内自給額・自給率
（ⅰ）宮城県「乗用車」生産に対する財・サービスの投入

　宮城県で車両生産が開始されたのは，旧・セントラル自動車の工場移管があった 2011 年からであるため，同県 IO 表で「乗用車」への投入額が確認されるのは 2011 年 IO 表以降である．そのため，宮城県では岩手県よりも「乗用車」生産額は小さいものの，2011 年の車両生産開始時との比較のため，2011 年と 2015 年比では「乗用車」生産額や「乗用車」生産に対する総供給額は岩手県と比べると大きく伸長しているように見える（**表補 1-5** 参照）[7]．

　宮城県「乗用車」生産額は 2011 年，2015 年でそれぞれ 1067 億円，2524 億円，2011／2015 年比では 2 倍強に増加した．同県の「乗用車」生産に向けて投入された「自動車部品・同附属品（050）」（含，移輸入）もそれぞれ 574 億円，1479 億円と 2011／2015 年比で 2.6 倍の増加だった．ほかの投入品も 2011／2015 年比では大幅に増加している．これはひとえに，TMEJ の生産量増によるものと指摘できよう．

　なお，同表を確認すると，「乗用車」への投入項目に「乗用車（049）」が計上されている．これは TMEJ 宮城大衡工場が福祉車両を生産しているためと想定される．他県で生産されたトヨタ車両が TMEJ に納入されたものだろう．

　次いで宮城県「乗用車」生産にかかるみなし自給額・自給率に目を転じると，投入品目によって増減が確認される．まず注目したいのは「自動車部品・同附属品（050）」で，みなし自給額は 53 億円から 193 億円へと 3 倍以上に伸長している．「自動車部品・同附属品（050）」のみなし自給率は 13.1％と，岩手県のそれよりは小さいものの，2011 年に比べると着実に上昇している．さらに，みなし自給額の増加率では，額は小さいものの「生産用機械（039）」が増加していることにも注目したい．第 6 章で指摘するように，分工場型経済圏では地場企業が生産用機械，設備等の資本財納入で参入する例が比較的多いようである．そのため宮城県でもこれら地場企業による投入が行われたものと推察される．

　県内立地の TMEJ 宮城大衡工場は，2015 年からコンパクト・ミニバン「シエンタ」の生産を開始したが，同車は販売が伸びているため，2015 年以降は「乗用車」生産額がより大きくなっている可能性が高い[8]．そこで県の自給率がどのように変化しているのかについては，引き続き注目する必要があるだろう．

（ⅱ）宮城県「自動車部品・同附属品」生産に対する財・サービスの投入

　2011 年から 2015 年にかけての宮城県「自動車部品・同附属品」生産に向けたみなし自給額・自給率に関する動きは，同県「乗用車」生産に向けたそれと同様のことが指摘できる．**表補 1-6** からも明らかなように，「自動車部品・同附属品」への

表補1-4　岩手県「自動車部品・同附属品」生産に対する投入（2011年／2015年）

（単位：百万円）

岩手県		「自動車部品・同附属品」生産額	2011年	2015年	2011／2015年比
		財・サービス	125,277	98,849	78.9%
	1　3531	自動車部品・同附属品	54,764	39,930	72.9%
	2　2631	鋳鍛造品（鉄），その他の鉄鋼製品	4,369	2,859	65.4%
	3　2211	プラスチック製品	3,268	2,767	84.7%
	4　3311	産業用電気機器	4,366	2,754	63.1%
	5　2729	その他の非鉄金属製品	2,984	1,914	64.2%
	6　2229	その他のゴム製品	1,792	1,464	81.7%
	7　3211	電子デバイス	787	1,232	156.5%
	8　2899	その他の金属製品	1,396	1,026	73.4%
	9　2721	電線・ケーブル	1,204	991	82.4%
	10　2919	その他のはん用機械	1,214	946	77.9%
	11　2621	熱間圧延鋼材	1,803	941	52.2%
	12　3299	その他の電子部品	612	921	150.5%
	13　2084	農薬，その他の化学最終製品	997	807	80.9%
	14　2111	石油製品	566	606	107.2%
	15　2711	非鉄金属製錬・精製	915	539	58.9%
	16　2623	冷延・めっき鋼材	747	507	67.9%
	17　2622	鋼管	481	422	87.8%
自動車部品・同附属品への投入額（含，移輸入）	18　3399	その他の電気機械	326	322	98.7%
	19　2051	合成樹脂	380	316	83.3%
	20　2599	建設用土石製品，その他の窯業・土石製品	218	168	77.2%
	21　2083	塗料・印刷インキ	177	140	79.4%
	22　2912	ポンプ・圧縮機	115	121	105.6%
	23　3016	金属加工機械	97	89	92.1%
	24　3919	その他の製造工業製品	53	55	103.5%
	25　4121	建設補修	168	52	30.8%
	26　3113	計測機器	44	40	90.6%
	27　1519	その他の繊維工業製品	42	39	93.4%
	28　1911	印刷・製版・製本	49	36	72.9%
	29　1632	紙・板紙	39	36	91.8%
	30　3921	再生資源回収・加工処理	173	36	20.6%
	31　1521	織物製・ニット製衣服	35	33	93.0%
	32　1512	織物	35	33	92.3%
	33　2031	石油化学系基礎製品，脂肪族中間物，環式中間物・合成染料・有機顔料，合成ゴム，その他の有機化学工業製品	33	32	98.9%
	34　1621	家具・装備品	33	31	95.5%
	35　1641	紙製容器	38	27	71.5%
	36　1619	その他の木製品	26	25	97.5%
	37　0611	石炭・原油・天然ガス	18	17	94.4%
	38　1633	加工紙	15	15	98.9%
	39　2021	ソーダ工業製品，その他の無機化学工業製品	18	15	81.1%
	40　2531	陶磁器	20	12	58.9%
	41　1529	その他の繊維既製品	10	11	113.2%
	42　2312	なめし革・革製品・毛皮（革製履物を除く）	8	10	124.0%
	43　2081	油脂加工製品・界面活性剤	10	9	85.8%
	44　3019	その他の生産用機械	11	8	68.6%
	45　2121	石炭製品	11	4	38.9%
	46　2511	ガラス・ガラス製品	4	2	56.2%
	47　1511	紡績糸	6	2	34.9%
	48　1611	木材	2	2	95.0%
	49　1649	その他の紙加工品	4	2	53.6%
	50　3411	通信機器	3	1	46.6%
	51　1522	その他の衣服・身の回り品	1	1	80.2%
	52　2311	革製履物	1	1	110.5%
① 1〜52計（「自動車部品・同附属品」生産に対する財・サービスの供給額）			84,486	62,367	73.8%
② 岩手県 財・サービスの総供給額			10,617,894	12,335,631	116.2%
①／②：岩手県 財・サービスの総供給額のうち，同県「自動車部品・同附属品」生産に対する供給額の割合（含，移出入）			0.8%	0.5%	—

出所）表補1-3に同じ.

（単位：百万円）　　　　　　　（単位：百万円）

| 2011年 | | 2015年 | | 2011/2015年 |
自給率	みなし自給額	自給率	みなし自給額	「みなし自給額」増加率
0.26506	14,516	0.18384	7,341	−49.4%
0.07175	313	0.13280	380	21.1%
0.13359	437	0.20265	561	28.4%
0.01593	70	0.07991	220	216.4%
0.11868	354	0.10813	207	−41.5%
0.00609	11	0.02095	31	181.2%
0.20394	161	0.10253	126	−21.3%
0.17229	241	0.12501	128	−46.7%
0.00000	0	0.00209	2	—
0.10113	123	0.01854	18	−85.7%
0.26979	487	0.21206	200	−59.0%
0.01707	10	0.00839	8	−26.0%
0.02396	24	0.00696	6	−76.5%
0.00041	0	0.00270	2	603.4%
0.03521	32	0.03384	18	−43.4%
0.03506	26	0.05141	26	−0.5%
0.00000	0	0.00000	0	—
0.07798	25	0.00069	0	−99.1%
0.01605	6	0.04202	13	118.0%
0.27675	60	0.16669	28	−53.5%
0.12912	23	0.01355	2	−91.7%
0.01931	2	0.00053	0	−97.1%
0.03652	4	0.04561	4	15.0%
0.10442	6	0.21515	12	113.3%
1.00000	168	1.00000	52	−69.2%
0.01700	1	0.00096	0	−94.9%
0.00057	0	0.04670	2	7493.3%
0.53972	26	0.10555	4	−85.7%
0.14874	6	0.27740	10	71.1%
1.00000	173	1.00000	36	−79.4%
0.00769	0	0.00234	0	−71.7%
0.08787	3	0.00801	0	−91.6%
0.00699	0			−100.0%
0.14477	5	0.14678	5	−3.2%
0.40782	15	0.34200	9	−40.1%
0.30301	8	0.19017	5	−38.8%
0.00000	0	0.00000	0	—
0.27815	4	0.23289	4	−17.2%
0.13760	3	0.23721	4	39.9%
0.00792	0	0.09558	1	610.6%
0.01987	0	0.05630	1	220.9%
0.00223	0		0	−100.0%
0.00147	0	0.00000	0	−100.0%
0.20666	2	0.25727	2	−14.6%
0.69374	8	0.48447	2	−72.8%
0.02236	0	0.24784	1	522.7%
0.33594	2	0.00497	0	−99.5%
0.21970	0	0.39781	1	72.0%
0.01863	0	0.19699	0	466.3%
0.03468	0	0.01038	0	−86.0%
0.30243	0	0.04131	0	−89.0%
0.16208	0	0.00764	0	−94.8%
みなし自給額計	17,356	みなし自給額計	9,468	−45.4%
自動車部品・同附属品生産に占めるみなし自給率	13.9%	自動車部品・同附属品生産に占めるみなし自給率	9.6%	

表補1-5　宮城県「乗用車」生産に対する投入（2011年／2015年）

（単位：百万円）

宮城県		「乗用車」生産額	2011年	2015年	2011／2015年比
	財・サービス		106,745	252,351	236.4%
乗用車への投入額（含，移輸入）	1	050 自動車部品・同附属品	57,378	147,854	257.7%
	2	032 鋼材	4,563	8,653	189.6%
	3	024 プラスチック製品	2,865	5,780	201.7%
	4	043 産業用電気機器	2,592	5,204	200.8%
	5	047 通信・映像・音響機器	2,175	4,455	204.8%
	6	046 その他の電気機械	1,748	4,091	234.0%
	7	025 ゴム製品	1,524	3,489	228.9%
	8	027 ガラス・ガラス製品	1,839	2,746	149.3%
	9	035 非鉄金属	789	1,574	199.5%
	10	022 化学製品	648	1,336	206.2%
	11	034 その他の鉄鋼製品	555	1,253	225.8%
	12	037 その他の金属製品	451	966	214.2%
	13	016 繊維製品	307	722	235.2%
	14	030 その他の窯業・土石製品	229	414	180.8%
	15	021 印刷・製版・製本	169	332	196.4%
	16	049 乗用車	177	229	129.4%
	17	023 石油・石炭製品	92	142	154.3%
	18	053 その他の製造工業製品	63	142	225.4%
	19	042 その他の電子部品	0	134	―
	20	033 鋳鍛造品（鉄）	53	110	207.5%
	21	038 はん用機械	65	96	147.7%
	22	039 生産用機械	35	77	220.0%
	23	018 家具・装備品	30	64	213.3%
	24	056 建設補修	78	59	75.6%
	25	040 業務用機械	24	42	175.0%
	26	026 なめし革・革製品・毛皮	9	25	277.8%
	27	017 木材・木製品	6	15	250.0%
	28	020 紙加工品	7	14	200.0%
	29	007 石炭・原油・天然ガス	4	11	275.0%
	30	045 電子応用装置・電気計測器	2	5	250.0%
① 1〜30計（「乗用車」生産に対する財・サービスの供給額）			78,477	190,034	242.2%
② 宮城県　財・サービスの総供給額			19,101,423	24,428,634	127.9%
①／②：宮城県 財・サービスの総供給額のうち，同県「乗用車」生産に対する供給額の割合（含，移出入）			0.4%	0.8%	―

出所）宮城県地域産業連関表（2011年，2015年）より筆者作成.

	（単位：百万円）		（単位：百万円）		
2011年		2015年		2011/2015年	
自給率	みなし自給額	自給率	みなし自給額	「みなし自給額」増加率	
0.09182	5,268	0.13062	19,313	266.6%
0.07539	344	0.05514	477	38.7%
0.17594	504	0.08070	466	−7.5%
0.75647	1,961	0.22225	1,157	−41.0%
0.23594	513	0.00895	40	−92.2%
0.37165	650	0.18152	743	14.3%
0.46477	708	0.25048	874	23.4%
0.32044	589	0.06772	186	−68.4%
0.38122	301	0.05961	94	−68.8%
0.61797	400	0.05177	69	−82.7%
0.34970	194	0.34842	437	124.9%
0.17184	77	0.08774	85	9.4%
0.05325	16	0.05395	39	138.2%
0.13961	32	0.02068	9	−73.2%
0.45281	77	0.29674	99	28.7%
0.35119	62	0.03295	8	−87.9%
1.03837	96	0.18427	26	−72.6%
0.19197	12	0.02263	3	−73.4%
0.62451	0	0.03116	4	—
0.08711	5	0.08357	9	99.1%
0.03554	2	0.09888	9	311.0%
0.21273	7	0.49337	38	410.2%
0.17831	5	0.08076	5	−3.4%
1.00000	78	1.00000	59	−24.4%
0.52358	13	0.17666	7	−41.0%
0.04079	0	0.00140	0	−90.4%
0.15543	1	0.11120	2	78.9%
0.21752	2	0.14407	2	32.5%
0.00000	0	0.00000	0	—
0.33387	1	0.00067	0	−99.5%
みなし自給額計	11,919	みなし自給額計	24,259	103.5%
乗用車生産に占めるみなし自給率	11.2%	乗用車生産に占めるみなし自給率	9.6%	

表補 1-6　宮城県「自動車部品・同附属品」生産に対する投入（2011年／2015年）

（単位：百万円）

宮城県		「自動車部品・同附属品」生産額	2011年	2015年	2011／2015年比
		財・サービス	151,108	235,152	155.6%
自動車部品・同附属品への投入額（含，移輸入）	1 050	自動車部品・同附属品	59,792	85,861	143.6%
	2 035	非鉄金属	6,567	11,831	180.2%
	3 043	産業用電気機器	5,997	11,224	187.2%
	4 033	鋳鍛造品（鉄）	4,001	5,592	139.8%
	5 024	プラスチック製品	3,401	5,342	157.1%
	6 032	鋼材	3,492	4,533	129.8%
	7 025	ゴム製品	2,101	3,844	183.0%
	8 037	その他の金属製品	1,630	2,700	165.6%
	9 038	はん用機械	1,398	2,153	154.0%
	10 022	化学製品	1,535	2,038	132.8%
	11 041	電子デバイス	741	1,798	242.6%
	12 042	その他の電子部品	688	1,716	249.4%
	13 034	その他の鉄鋼製品	1,005	1,438	143.1%
	14 023	石油・石炭製品	452	641	141.8%
	15 046	その他の電気機械	320	475	148.4%
	16 030	その他の窯業・土石製品	232	340	146.6%
	17 039	生産用機械	109	230	211.0%
	18 016	繊維製品	116	171	147.4%
	19 056	建設補修	211	140	66.4%
	20 021	印刷・製版・製本	57	95	166.7%
	21 020	紙加工品	51	85	166.7%
	22 053	その他の製造工業製品	50	82	164.0%
	23 019	パルプ・紙・板紙・加工紙	49	70	142.9%
	24 040	業務用機械	50	56	112.0%
	25 018	家具・装備品	32	50	156.3%
	26 007	石炭・原油・天然ガス	22	49	222.7%
	27 054	再生資源回収・加工処理	76	49	64.5%
	28 017	木材・木製品	28	48	171.4%
	29 029	陶磁器	21	25	119.0%
	30 026	なめし革・革製品・毛皮	9	18	200.0%
	31 047	通信・映像・音響機器	4	5	125.0%
	32 027	ガラス・ガラス製品	4	3	75.0%
① 1～32計（「自動車部品・同附属品」生産に対する財・サービスの供給額）			94,241	142,702	151.4%
② 宮城県 財・サービスの総供給額			19,101,423	24,428,634	127.9%
①／②：宮城県 財・サービスの総供給額のうち，同県「自動車部品・同附属品」生産に対する供給額の割合（含，移出入）			0.5%	0.6%	―

出所）表補 1-5 に同じ.

（単位：百万円）		（単位：百万円）	

2011年		2015年		2011/2015年「みなし自給額」増加率
自給率	みなし自給額	自給率	みなし自給額	
0.09182	5,490	0.13062	11,215	104.3%
0.38122	2,503	0.05961	705	−71.8%
0.75647	4,537	0.22225	2,495	−45.0%
0.08711	349	0.08357	467	34.1%
0.17594	598	0.08070	431	−28.0%
0.07539	263	0.05514	250	−5.1%
0.46477	976	0.25048	963	−1.4%
0.17184	280	0.08774	237	−15.4%
0.03554	50	0.09888	213	328.5%
0.61797	949	0.05177	106	−88.9%
0.35898	266	0.02113	38	−85.7%
0.62451	430	0.03116	53	−87.6%
0.34970	351	0.34842	501	42.6%
1.03837	469	0.18427	118	−74.8%
0.37165	119	0.18152	86	−27.5%
0.13961	32	0.02068	7	−78.3%
0.21273	23	0.49337	113	389.4%
0.05325	6	0.05395	9	49.3%
1.00000	211	1.00000	140	−33.6%
0.45281	26	0.29674	28	9.2%
0.21752	11	0.14407	12	10.4%
0.19197	10	0.02263	2	−80.7%
0.56004	27	0.14930	10	−61.9%
0.52358	26	0.17666	10	−62.2%
0.17831	6	0.08076	4	−29.2%
0.00000	0	0.00000	0	—
0.26322	20	1.00000	49	144.9%
0.15543	4	0.11120	5	22.7%
0.22949	5	0.00191	0	−99.0%
0.04079	0	0.00140	0	−93.1%
0.23594	1	0.00895	0	−95.3%
0.32044	1	0.06772	0	−84.1%
みなし自給額計	18,041	みなし自給額計	18,269	1.3%
自動車部品・同附属品生産に占めるみなし自給率	11.9%	自動車部品・同附属品生産に占めるみなし自給率	7.8%	

投入額（含，移輸入）は総じて増加している．「自動車部品・同附属品」生産額は1511億円から2352億円と6割近く増加し，「自動車部品・同附属品（050）」から「自動車部品・同附属品」への投入額も2011年の598億円から2015年には859億円と4割強の増加になっている．

　みなし自給額・自給率については，投入項目によってばらつきが確認される．「自動車部品・同附属品」のみなし自給額が約2倍に増加したほか，「生産用機械（039）」や「はん用機械（038）」のみなし自給額が約4倍に増加と大きく伸びている．2015年にこれら資本財が増加している背景には，宮城県内で自動車部品企業が生産ラインの新設もしくは増設を行ったことが推察される．

　一方で，宮城県「自動車部品・同附属品」生産に対するみなし自給総額は「乗用車」生産に対する額とは異なりほぼ横ばいである．そして「乗用車」も同様だが，「自動車・同附属品」生産に占めるみなし自給率は，2011年から2015年にかけて下降傾向にある．前述の岩手県同様に，宮城県「乗用車」や「自動車・同附属品」生産額は増加している．しかし，それぞれの生産に対する投入項目のみなし自給率が低下していることは，IO表上の推計では県内調達率が減少していることを示す（2011年は11.9%，2015年は7.8%）．前述の資本財のみなし自給額は急増しているものの，「非鉄金属（035）」や「産業用電気機器（043）」等の投入額が大きい品目のみなし自給額が大きく減少していることが，みなし自給率低下の原因となっている．このことから，2011年から2015年にかけて宮城県の自動車産業の生産額は増加するも，それを支える財・サービス類は他県（国）からの移輸入品に増加分が置換されていると考えられる．

　以上に岩手県，宮城県のIO表から2011年と2015年の投入傾向をみてきた．ここで注意しておくべきは，岩手県と宮城県を分断して生産額や投入額をみることの限界である．両県はTMEJを中核とした一体の「集積地」として捉える方が集積の実態に近づくのは当然だが，岩手県と宮城県とを連結させたIO表の用意がない以上，その集積の本質をIO表から読み解くことは不可能である．本補論では一貫として「県」単位での分析を行っているが，産業集積研究としてはやはり空間的な集積範囲を考えるべきであり，県単位の地域IO表ではそれを視ることができないことを両県のIO表は示している．TMEJは2012年に100拠点程度であった東北地方の部品取引先を2019年には約170拠点にまで増やした[9]とされるが，岩手県や宮城県の2011／2015年データからは少なくとも県内取引増を読み取ることはできなかった．

(3)　福島県IO表から確認する県内自給額・自給率：「自動車部品・同附属品」生産に対する財・サービスの投入

福島県には日産のエンジン工場（いわき工場）が立地するが，県内に完成車企業

の組立工場はない．そのため，ここでは「自動車部品・同附属品」投入にかかる
データを確認する（**表補 1-7** 参照）．

　福島県の「自動車部品・同附属品」生産額は，2011 年の 3144 億円から 2015 年
は 2636 億円へと減少している．日産いわき工場は「スカイライン」，「フーガ」な
ど中型車以上の車両に搭載される大型エンジン生産に特化しているが，近年は世界
的にエンジンのダウンサイジング化が進み，いわき工場の生産品目は需要が落ち込
んでいる．¹⁰⁾したがってそのことが IO 表上の生産額の減少に反映されている可能性
がある．

　この「自動車部品・同附属品」生産額の減少により各投入項目も減少している．
例えば投入側の「自動車部品・同附属品（055）」も 1184 億円から 949 億円へ，次
いで投入額が大きい「産業用電気機器（047）」も 131 億円から 118 億円へと減少し
ている．「産業用電気機器」は車載用ワイヤー・ハーネスを含む内燃機関電装品も
該当するが，そのほかにも配線器具・配線附属品や電気溶接機など広い産業分類に
またがるため，工場内設備などに投入されている可能性もある．いずれにしても本
補論で対象とする他の 3 県が，2011／2015 年比では「産業用電気機器」投入額を
大きく伸ばしていることとは対照的である．

　一方，みなし自給額・自給率を確認すると，2011 年と 2015 年ではみなし自給額
が減少した投入項目が多数を占めるものの，「自動車部品・同附属品」生産に占め
るみなし自給率は 9.2％から 8.9％へとわずかに減っただけである．減少幅が小さ
かった要因は「自動車部品・同附属品」や「産業用電気機器」など投入額が大きい
項目が減少した一方で，「ゴム製品（028）」や「電子デバイス（045）」，「その他の電
子部品（046）」等が増加したためだろう．福島県では，中核企業である日産のエン
ジン生産量の変動が地域 IO 表上の「自動車部品・同附属品」への投入額に大きく
影響する．2011 年と 2015 年では日産いわき工場の生産量が減少していることは前
述のとおりだが，「電子デバイス」や「その他の電子部品」投入が伸びていること
は，それだけエンジンにも電動化にかかる部品搭載が増加していることを示して
いる．

（4）　福岡県 IO 表から確認する県内自給額・自給率

（ⅰ）福岡県「乗用車」生産に対する財・サービスの投入

　最後に，日産自動車九州，日産車体九州，TMK の組立工場が立地する福岡県の
データを確認する．同県の自動車産業の歴史は東北地方よりも古く，なおかつ近接
する大分県のダイハツ九州の生産能力とあわせると，北部九州の生産能力は 150 万
台を超える．¹¹⁾

　同県の地域 IO 表を確認すると，2011 年の「乗用車」生産額は 1 兆 8641 億円，
2015 年は 2 兆 2836 億円，2011／2015 年比で 22.5％増となっている（**表補 1-8** 参

表補 1-7　福島県「自動車部品・同附属品」生産に対する投入（2011年／2015年）

（単位：百万円）

福島県		「自動車部品・同附属品」生産額	2011年	2015年	2011／2015年比
		財・サービス	314,382	263,571	83.8%
自動車部品・同附属品への投入額（含，移輸入）	1	055	自動車部品・同附属品	118,431	94,931	80.2%
	2	047	産業用電気機器	13,058	11,763	90.1%
	3	039	非鉄金属加工製品	11,227	10,410	92.7%
	4	036	鋳鍛造品（鉄）	8,295	6,017	72.5%
	5	027	プラスチック製品	6,434	5,981	93.0%
	6	035	鋼材	7,126	4,877	68.4%
	7	028	ゴム製品	4,306	4,164	96.7%
	8	041	その他の金属製品	3,653	3,038	83.2%
	9	042	はん用機械	2,714	2,398	88.4%
	10	038	非鉄金属製錬・精製	2,649	2,127	80.3%
	11	045	電子デバイス	907	2,093	230.8%
	12	046	その他の電子部品	1,382	1,929	139.6%
	13	024	化学最終製品（医薬品を除く.）	2,029	1,653	81.5%
	14	037	その他の鉄鋼製品	1,877	1,648	87.8%
	15	025	石油製品	927	674	72.7%
	16	022	合成樹脂・化学繊維	747	599	80.2%
	17	050	その他の電気機械	599	511	85.3%
	18	033	その他の窯業・土石製品	462	378	81.8%
	19	043	生産用機械	239	253	105.9%
	20	061	建設補修	227	152	67.0%
	21	011	繊維工業製品	129	121	93.8%
	22	017	印刷・製版・製本	119	102	85.7%
	23	058	その他の製造工業製品	91	94	103.3%
	24	016	紙加工品	107	92	86.0%
	25	012	衣服・その他の繊維既製品	81	81	100.0%
	26	015	パルプ・紙・板紙・加工紙	94	81	86.2%
	27	044	業務用機械	72	66	91.7%
	28	014	家具・装備品	59	59	100.0%
	29	059	再生資源回収・加工処理	136	57	41.9%
	30	021	有機化学工業製品（石油化学系基礎製品・合成樹脂を除く.）	55	54	98.2%
	31	006	石炭・原油・天然ガス	46	52	113.0%
	32	013	木材・木製品	51	52	102.0%
	33	019	無機化学工業製品	43	43	100.0%
	34	032	陶磁器	35	26	74.3%
	35	029	なめし革・革製品・毛皮	17	20	117.6%
	36	026	石炭製品	30	15	50.0%
	37	051	通信・映像・音響機器	9	5	55.6%
	38	030	ガラス・ガラス製品	7	3	42.9%
①1～38計（「自動車部品・同附属品」生産に対する財・サービスの供給額）				188,470	156,619	83.1%
② 福島県　財・サービスの総供給額				18,399,210	22,810,784	124.0%
①／②：福島県 財・サービスの総供給額のうち，同県「自動車部品・同附属品」生産に対する供給額の割合（含，移輸入）				1.0%	0.7%	―

出所）福島県地域産業連関表（2011年，2015年）より筆者作成.

（単位：百万円）　　　　　　　（単位：百万円）

2011年		2015年		2011/2015年「みなし自給額」増加率
自給率	みなし自給額	自給率	みなし自給額	
0.16098	19,065	0.15915	15,108	−20.8%
0.08914	1,164	0.07387	869	−25.4%
0.16975	1,906	0.14560	1,516	−20.5%
0.12094	1,003	0.11037	664	−33.8%
0.16706	1,075	0.12884	771	−28.3%
0.01073	76	0.01210	59	−22.8%
0.17720	763	0.26681	1,111	45.6%
0.24063	879	0.21426	651	−26.0%
0.13169	357	0.11703	281	−21.5%
0.13357	354	0.10483	223	−37.0%
0.10279	93	0.05890	123	32.2%
0.46538	643	0.39525	762	18.5%
0.08556	174	0.08518	141	−18.9%
0.29708	558	0.30688	506	−9.3%
0.00057	1	0.00109	1	38.9%
0.10241	77	0.02582	15	−79.8%
0.16828	101	0.13219	68	−33.0%
0.37576	174	0.23147	87	−49.6%
0.20960	50	0.17956	45	−9.3%
1.00000	227	1.00000	152	−33.0%
0.02057	3	0.05600	7	155.4%
0.36006	43	0.39210	40	−6.7%
0.13419	12	0.10531	10	−18.9%
0.38211	41	0.36817	34	−17.2%
0.08964	7	0.06559	5	−26.8%
0.17663	17	0.20789	17	1.4%
0.15433	11	0.22497	15	33.6%
0.30525	18	0.16043	9	−47.4%
0.50892	69	0.50950	29	−58.0%
0.05551	3	0.06269	3	10.9%
0.00000	0	0.00000	0	—
0.35093	18	0.30779	16	−10.6%
0.36409	16	0.25327	11	−30.4%
0.04341	2	0.01305	0	−77.7%
0.07442	1	0.06547	1	3.5%
0.26488	8	0.24417	4	−53.9%
0.22429	2	0.16256	1	−59.7%
0.23685	2	0.19951	1	−63.9%
みなし自給額計	29,010	みなし自給額計	23,356	−19.5%
自動車部品・同附属品生産に占めるみなし自給率	9.2%	自動車部品・同附属品生産に占めるみなし自給率	8.9%	

表 補 1-8　福岡県「乗用車」生産に対する投入（2011年／2015年）

（単位：百万円）

福岡県			「乗用車」生産額	2011年	2015年	2011／2015年比
		財・サービス	1,864,077	2,283,557	122.5%	
乗用車への投入額（含，移輸入）	1	353	自動車部品・同附属品	1,041,052	1,365,440	131.2%
	2	262	鋼材	80,994	78,649	97.1%
	3	221	プラスチック製品	53,570	54,101	101.0%
	4	331	産業用電気機器	48,355	48,633	100.6%
	5	341	通信・映像・音響機器	40,296	41,459	102.9%
	6	339	その他の電気機械	32,446	38,109	117.5%
	7	222	ゴム製品	26,975	31,627	117.2%
	8	251	ガラス・ガラス製品	34,147	25,616	75.0%
	9	272	非鉄金属加工製品	14,265	14,317	100.4%
	10	208	化学最終製品（医薬品を除く.）	11,250	11,795	104.8%
	11	269	その他の鉄鋼製品	10,119	11,567	114.3%
	12	289	その他の金属製品	7,904	8,737	110.5%
	13	152	衣服・その他の繊維既製品	4,195	5,001	119.2%
	14	259	その他の窯業・土石製品	4,263	3,865	90.7%
	15	191	印刷・製版・製本	3,103	3,085	99.4%
	16	151	繊維工業製品	1,560	1,755	112.5%
	17	211	石油製品	1,683	1,320	78.4%
	18	391	その他の製造工業製品	1,145	1,304	113.8%
	19	329	その他の電子部品	5	1,236	26937.0%
	20	263	鋳鍛造品（鉄）	953	1,015	106.5%
	21	291	はん用機械	1,116	852	76.4%
	22	301	生産用機械	680	702	103.2%
	23	162	家具・装備品	560	594	106.1%
	24	412	建設補修	1,167	513	44.0%
	25	311	業務用機械	404	383	94.8%
	26	202	無機化学工業製品	267	279	104.5%
	27	231	なめし革・革製品・毛皮	166	230	138.8%
	28	164	紙加工品	125	129	103.6%
	29	161	木材・木製品	99	108	109.0%
	30	061	石炭・原油・天然ガス	70	103	146.9%
	31	204	有機化学工業製品（石油化学系基礎製品・合成樹脂を除く.）	68	69	100.6%
	32	333	電子応用装置・電気計測器	39	43	109.2%
	33	271	非鉄金属製錬・精製	16	18	111.4%
	34	163	パルプ・紙・板紙・加工紙	0	1	—
① 1～34計（「乗用車」生産に対する財・サービスの供給額）				1,423,057	1,752,657	123.2%
② 福岡県　財・サービスの総供給額				45,862,766	48,357,186	105.4%
①／②：福岡県 財・サービスの総供給額のうち，同県「乗用車」生産に対する供給額の割合（含，移出入）				3.1%	3.6%	—

出所）福岡県地域産業連関表（2011年，2015年）より筆者作成.

		（単位：百万円）				（単位：百万円）		2011/2015年
	2011年				2015年			「みなし自給額」 増加率
	自給率		みなし自給額		自給率		みなし自給額	
	0.10917		113,652		0.21706		296,380	160.8%
	0.36039		29,190		0.53893		42,386	45.2%
	0.17048		9,133		0.34814		18,835	106.2%
	0.04190		2,026		0.32421		15,767	678.3%
	0.01391		561		0.01191		494	−12.0%
	0.04732		1,535		0.06337		2,415	57.3%
	0.03718		1,003		0.18266		5,777	476.1%
	0.06018		2,055		0.17009		4,357	112.0%
	0.04538		647		0.10771		1,542	138.2%
	0.05292		595		0.08481		1,000	68.0%
	0.85251		8,627		0.87243		10,091	17.0%
	0.20910		1,653		0.38121		3,331	101.5%
	0.02632		110		0.04072		204	84.5%
	0.28550		1,217		0.23129		894	−26.5%
	0.59820		1,856		0.35114		1,083	−41.7%
	0.10556		165		0.15877		279	69.3%
	0.00081		1		0.00012		0	−88.1%
	0.08197		94		0.09656		126	34.1%
	0.02950		0		0.09553		118	87130.9%
	0.32816		313		0.34997		355	13.6%
	0.02181		24		0.06640		57	132.5%
	0.03196		22		0.16396		115	429.5%
	0.24170		135		0.28686		170	25.9%
	1.00000		1,167		1.00000		513	−56.0%
	0.05925		24		0.03199		12	−48.8%
	0.32738		88		0.51827		145	65.5%
	0.05520		9		0.06723		15	69.1%
	0.20861		26		0.19458		25	−3.3%
	0.17156		17		0.21004		23	33.5%
	0.00000		0		0.00000		0	—
	0.03386		2		0.12537		9	272.5%
	0.04059		2		0.12889		6	246.7%
	−0.08200		−1		0.06901		1	−193.7%
	0.14496		0		0.03454		0	—
	みなし自給額計		175,946		みなし自給額計		406,525	131.1%
	乗用車生産に占め みなし自給率		9.4%		乗用車生産に占め みなし自給率		17.8%	

表補1-9　福岡県「自動車部品・同附属品」生産に対する投入（2011年／2015年）

（単位：百万円）

福岡県		「自動車部品・同附属品」生産額	2011年	2015年	2011／2015年比
		財・サービス	388,808	630,191	162.1%
自動車部品・同附属品への投入額（含，移輸入）	1	353 自動車部品・同附属品	158,126	263,623	166.7%
	2	331 産業用電気機器	12,572	22,279	177.2%
	3	272 非鉄金属加工製品	12,071	21,936	181.7%
	4	221 プラスチック製品	9,441	17,799	188.5%
	5	263 鋳鍛造品（鉄）	9,599	14,052	146.4%
	6	262 鋼材	8,747	12,740	145.6%
	7	222 ゴム製品	5,169	10,201	197.3%
	8	321 電子デバイス	2,277	7,479	328.4%
	9	289 その他の金属製品	4,029	7,153	177.6%
	10	291 はん用機械	3,837	6,935	180.7%
	11	329 その他の電子部品	1,766	5,876	332.7%
	12	208 化学最終製品（医薬品を除く.）	3,424	5,824	170.1%
	13	269 その他の鉄鋼製品	3,011	5,505	182.9%
	14	271 非鉄金属製錬・精製	2,618	4,200	160.4%
	15	205 合成樹脂	1,098	1,968	179.3%
	16	339 その他の電気機械	942	1,956	207.6%
	17	211 石油製品	1,019	1,483	145.5%
	18	259 その他の窯業・土石製品	629	1,092	173.8%
	19	301 生産用機械	313	657	210.1%
	20	151 繊維工業製品	227	441	194.7%
	21	412 建設補修	464	364	78.4%
	22	391 その他の製造工業製品	154	336	217.6%
	23	163 パルプ・紙・板紙・加工紙	156	305	195.0%
	24	152 衣服・その他の繊維既製品	133	274	206.4%
	25	191 印刷・製版・製本	141	250	177.3%
	26	311 業務用機械	128	241	188.4%
	27	392 再生資源回収・加工処理	154	214	138.8%
	28	164 紙加工品	119	208	175.2%
	29	204 有機化学工業製品（石油化学系基礎製品・合成樹脂を除く.）	94	196	207.5%
	30	162 家具・装備品	95	195	204.4%
	31	161 木材・木製品	80	170	212.2%
	32	061 石炭・原油・天然ガス	53	123	234.1%
	33	202 無機化学工業製品	53	102	193.6%
	34	253 陶磁器	57	76	134.7%
	35	231 なめし革・革製品・毛皮	26	69	261.2%
	36	212 石炭製品	32	32	101.4%
	37	251 ガラス・ガラス製品	12	13	116.9%
	38	341 通信・映像・音響機器	9	11	126.2%
	39	333 電子応用装置・電気計測器	1	1	187.8%
① 1～39計（「自動車部品・同附属品」生産に対する財・サービスの供給額）			242,874	416,382	171.4%
② 福岡県 財・サービスの総供給額			45,862,766	48,357,186	105.4%
①／②：福岡県 財・サービスの総供給額のうち，同県「自動車部品・同附属品」生産に対する供給額の割合（含，移出入）			0.5%	0.9%	―

出所）表補1-8に同じ.

2011年		2015年		2011/2015年「みなし自給額」増加率
（単位：百万円）		（単位：百万円）		
自給率	みなし自給額	自給率	みなし自給額	
0.10917	17,263	0.21706	57,222	231.5%
0.04190	527	0.32421	7,223	1271.4%
0.04538	548	0.10771	2,363	331.4%
0.17048	1,609	0.34814	6,196	285.0%
0.32816	3,150	0.34997	4,918	56.1%
0.36039	3,152	0.53893	6,866	117.8%
0.03718	192	0.18266	1,863	869.6%
0.05403	123	0.15620	1,168	849.5%
0.20910	842	0.38121	2,727	223.7%
0.02181	84	0.06640	460	450.2%
0.02950	52	0.09553	561	977.2%
0.05292	181	0.08481	494	172.6%
0.85251	2,567	0.87243	4,803	87.1%
−0.08200	−215	0.06901	290	−235.0%
0.02098	23	0.02079	41	77.7%
0.04732	45	0.06337	124	178.1%
0.00081	1	0.00012	0	−77.8%
0.28550	179	0.23129	253	40.8%
0.03196	10	0.16396	108	978.0%
0.10556	24	0.15877	70	192.8%
1.00000	464	1.00000	364	−21.6%
0.08197	13	0.09656	32	156.4%
0.14496	23	0.03454	11	−53.5%
0.02632	3	0.04072	11	219.3%
0.59820	84	0.35114	88	4.1%
0.05925	8	0.03199	8	1.7%
1.00000	154	0.51428	110	−28.6%
0.20861	25	0.19458	40	63.4%
0.03386	3	0.12537	25	668.3%
0.24170	23	0.28686	56	142.6%
0.17156	14	0.21004	36	159.8%
0.00000	0	0.00000	0	—
0.32738	17	0.51827	53	206.4%
0.08546	5	0.34319	26	441.0%
0.05520	1	0.06723	5	218.1%
0.46801	15	0.87281	28	89.2%
0.06018	1	0.17009	2	230.3%
0.01391	0	0.01191	0	8.0%
0.04059	0	0.12889	0	496.4%
みなし自給額計	31,211	みなし自給額計	98,645	216.1%
自動車部品・同附属品生産に占めるみなし自給率	8.0%	自動車部品・同附属品生産に占めるみなし自給率	15.7%	

照）．同じ域外依存型の集積でも，宮城県や岩手県の値とは大きく異なるのは，県内立地の組立工場の生産能力に差があることからも当然である．

「乗用車」生産にかかるみなし自給額・自給率では「自動車部品・同附属品（353）」が 2011 年は 1137 億円，2015 年は 2964 億円と倍以上の増加となり，完成車企業の福岡県内自給率が向上していることが指摘できる．

そして，他の投入項目で目をひくのは「その他の電子部品（329）」の伸び率で，2011／2015 年比で 247 倍もの投入額になっている．同項目には記録メディアや電子回路などの製品を内包しており，自動車の電子化にともなう増加ということは明らかである．本補論で扱う他の 3 県の IO 表からも，自動車の電子化に係る投入部品増が確認されるが，福岡県のそれが突出して大きいのは，TMK が高級車種レクサスを生産し，他方の日産グループが大型 SUV を中心に生産しており，しかも両社ともに輸出向けの高価格帯の製品構成であることも要因のひとつと考えられる．

（ⅱ）福岡県「自動車部品・同附属品」生産に対する財・サービスの投入

福岡県「乗用車」生産に関する「自動車部品・同附属品」のみなし自給額が増加しているのと同様に，同県「自動車部品・同附属品」生産額（含，移輸入）も増加している（**表補 1-9** 参照）．Tier 2 以降の企業からの投入である「自動車部品・同附属品（353）」だけではなく，「産業用電気機器（331）」や「非鉄金属加工製品（272）」といった投入額が大きい項目もおしなべて増加傾向にある．唯一，2011／2015 年比で減少が確認されるのは「建設補修（412）」のみだが，これは自動車生産の増減に関係しない値だろう．

そして同県「自動車部品・同附属品」生産にかかるみなし自給率・自給総額にも明らかな伸長が確認できる．2011／2015 年では，みなし自給額が 312 億円から 986 億円へと実に 3 倍以上に増加し，県内における同項目生産のための自給率は 8.0％から 15.7％へと上昇した．2015 年の値は，本書で域内完結型集積に区分した神奈川県のみなし自給額（948 億円）を凌駕し，みなし自給率も神奈川県のそれ（2015年の神奈川県のみなし自給率は 15.9％）に肉迫する結果となっている．関東圏の自動車産業集積において中核企業の本社や研究開発部門が立地する神奈川県の自給率と，分工場からなる域外依存型集積の一部である福岡県のそれとが近似していることは，非常に興味深い．

小　　括

　以上に 4 県の 2 年次にわたる地域 IO 表から「乗用車」,「自動車部品・同附属品」に関するデータをみてきた．前述したように使用した地域 IO 表の項目分類が異なるため一律の比較はできないが，対象県の取引実態を比較するために「乗用車」,「自動車部品・同附属品」各々の生産額や，これらに対する投入財・サービスのみなし自給額・自給率の値を**表補 1-10** に整理する．

　ここから指摘できることは 4 県ともに「乗用車」もしくは「自動車部品・同附属品」生産にかかる中核企業の立地があるものの，総じてみなし自給率が低いことである．4 県の自給率を相対視するため，参考として域内完結型集積に分類される愛知県と神奈川県の値を同表下部に示した．愛知県のみなし自給率が 4 割から 5 割と比較的高い割合が示される一方で，神奈川県のそれは前節で指摘したように福岡県の値と拮抗している．同じ域内完結型に分類される愛知県と神奈川県のみなし自給率になぜ差が生じるのかはここでは立ち入らず，単純に愛知県と東北地方 3 県及び福岡県とを比較してみると，みなし自給率の違いは明らかだと分かる．つまり，IO 表から推計するみなし自給率の低さとは，域外依存型集積の特徴である取引の多くを域外調達に依存していることの証左であるとみてよいだろう．

　ここで試みたように，IO 表からみなし自給額・自給率の動向を示しておくこと

表補 1-10　地域 IO 表にみる対象4県における自動車産業の取引実態

(単位：百万円)

		「乗用車」生産額	「乗用車」生産にかかるみなし自給額（「乗用車」生産にかかるみなし自給率）	「自動車部品・同附属品」生産額	「自動車部品・同附属品」生産にかかるみなし自給額（「自動車部品・同附属品」生産にかかるみなし自給率）
岩手県	2011	250,768	41,935 (16.7%)	125,277	17,356 (13.9%)
	2015	425,061	52,465 (12.3%)	98,849	9,468 (9.6%)
宮城県	2011	106,745	11,919 (11.2%)	151,108	18,041 (11.9%)
	2015	252,351	24,259 (9.6%)	235,152	18,269 (7.8%)
福島県	2011			314,382	29,010 (9.2%)
	2015			263,571	23,356 (8.9%)
福岡県	2011	1,864,077	175,946 (9.4%)	388,808	31,211 (8.0%)
	2015	2,283,557	406,525 (17.8%)	630,191	98,645 (15.7%)
愛知県	2011	3,134,051	1,539,805 (49.1%)	6,421,166	2,922,572 (45.5%)
	2015	5,256,095	2,328,435 (44.3%)	10,632,281	3,684,734 (34.7%)
神奈川県	2011	444,391	74,724 (16.8%)	1,546,537	208,386 (13.5%)
	2015	442,391	94,756 (21.4%)	1,741,734	285,247 (16.4%)

出所）表補 1-3 〜表補 1-9, 一般財団法人機械振興協会経済研究所 [2020] より筆者作成.

は有用と考えられる．域外依存型集積に分類される県のなかには，自動車産業の波及効果の大きさに期待するあまり，県外からの企業誘致や県内企業の新規参入支援に邁進するところもある．もちろん，中核企業の現地調達の範囲は必ずしも立地する県内に収まるものではないが，例えば自給率を評価指標とすることによりこれらの取り組みの実質的な効果を可視化することができる．それを明示しているのが，4県の地域IO表すべてにおいて自給率1.0であった「建設補修」である．**表補1-3〜表補1-9**に明らかなように，「建設補修」から「乗用車」，「自動車部品・同附属品」に向けた投入額は小さいものの，すべて県内自給となっている．これは，2011年と2015年に完成車企業ないし自動車部品企業から発注された工場補修はすべて県内企業が請け負ってきたことを意味している．日産いわき工場へのインタビュー[12]でも，地場企業との付き合いが最も深いのはこれら建設補修業であることが示された．自動車産業集積地の部品取引をみる場合，いわゆる自動車部品にばかり関心が向かいがちだが，周辺産業への波及効果が「建設補修」業に強く出ている．

　一方で，地域IO表を分析ツールとして「集積」の本質を読み解くことは困難であるということにも言及しておく．本補論が分析対象とした4県に確認したように，総じてみなし自給率が低いという共通項はあるものの，各県で展開されている自動車産業集積の質的及び量的な特性はそれぞれ異なる．実際に，福岡県のみなし自給率が東北地方3県のそれよりも高いことだけで，東北地方の集積と北部九州のそれとの違いを正確に説明することはできない．

　最後に地域IO表を扱った試みから付言しておくべきは，電子部品や通信機器などの車載用エレクトロニクス関連部品の増加が本補論でみた全ての県で確認できたことだろう．半導体や電子部品等の小型製品は，必ずしも消費地での立地を求められず，空輸で対応することも珍しくない．これらの部品の「乗用車」や「自動車部品・同附属品」に対する投入額が大きくなってくると，例えば愛知県のような巨大な自動車産業集積地であってもみなし自給率が徐々に低下していく可能性も否めない．極端にいえば，産業集積における顧客との近接立地の優位性や必然性が薄れていくこともありえるのである．近年，こうした傾向は顕著になってきているため，次回の産業連関調査の結果を待ち，その年次も含めた比較も視野に入れておこう．

注

1）例えば太田［2007］，折橋・目代・村山編［2013］等を参照．

2）大阪市や福岡市など，市区町村単位で産業連関表を作成している自治体もある．

3）IO表作成のための調査は原則5年ごとに行われる．地域IO表は全国IO表の発表後に各県でデータの組み換えが行われるため，全国表の発表から数年を経て公表される．

4) 国の出先機関である地方支分部局の単位で「地域産業連関表」が用意された時期もあった．しかし，これはあくまでも行政単位の地域であって，例えば「平成 17 年東北地域産業連関表」にカバーされる「地域」は青森県，岩手県，宮城県，秋田県，山形県，福島県と広域に跨る．そのため本補論では行政単位ではなく県単位の地域 IO 表を用いた．もちろん，集積の近接性などを考えればひとつの県で集積を捉えるべきではない．しかし，これは公的統計を用いることの限界でもある．

5) IO 表では KD（knock-down）生産車両を「未組立のまま輸出されるもので，出荷ベースの金額が 1 台分の構成部品（FOB 価格）の 60％以上のもの」と定義している．

6) いずれの県でも「乗用車」，「自動車部品・同附属品」生産に向けて大きな投入額が確認された「企業内研究開発」部門は，2011 年表までは当期に生産された研究開発費として各部門に対する中間投入として扱われてきたが，2015 年表以降は「国民経済計算」との対応を踏まえて，県内総固定資本形成（公的），県内総固定資本形成（民間）に計上されている．そのため，本補論では「企業内研究開発」については言及しない．

7) 旧・セントラル自動車で輸出用の「ヤリスセダン」の生産が始まったのは 2011 年 1 月である．同社はその直後に東日本大震災で被災したものの，同年 3 月下旬にはプレス部品製造を再開し，5 月には「カローラアクシオ」の生産を開始している．このような経緯から，これまで宮城県に計上されなかった自動車関連の生産額が急増したように見えるのである．

8) データ掲載の制約上，発売当初年までを追跡することができないが，「シエンタ」は 2019 年まで年間販売が約 10 万台を記録したヒット商品である（日本自動車販売協会連合会ウェブサイトより確認）．2020 年以降はトヨタの他の車種「ヤリス」や「ライズ」の人気に押されて販売台数がやや控えめになっているが，替わって販売台数を伸ばしている「ヤリスクロス」は宮城大衡工場での生産であるため，こうしたヒット商品の連続もまた宮城県の「乗用車」生産額に大きく影響してくるものと想定される．

9) 「日本経済新聞地方経済面（中部）」2021 年 3 月 11 日参照．

10) 2021 年 7 月 20 日に実施した日産いわき工場へのオンライン・インタビューに基づく．

11) 1970 年代に日産がダットサントラックとエンジン生産を開始したのを皮切りに，1990 年代には TMK が設立され，また 2000 年代にはエンジン工場が新設された．日産にとって福岡県は国内最大の生産拠点である．

12) 2021 年 7 月 20 日に実施した日産いわき工場へのオンライン・インタビューに基づく．

第2部　部品企業の視点

第4章

東北地方6県の自動車部品企業集積

は じ め に

　本章の目的は，岩手県，宮城県，福島県，山形県，秋田県，青森県における自動車部品企業の集積の全体像を明らかにすることである．東北地方には，TMEJ の完成車工場とエンジン並びに部品工場が立地しており，愛知県と福岡県に次ぐトヨタの「国内第3の拠点」と位置付けられている．その中でも岩手県，宮城県，福島県といった太平洋側の3県が東北地方の自動車産業の中心である．中核企業の生産拠点としては，岩手県に TMEJ 岩手工場，宮城県に TMEJ 宮城大衡工場と宮城大和工場，福島県に日産いわき工場がそれぞれ立地している．また，それらの完成車企業と取引する部品企業も集積している．

　東北地方の自動車部品事業は，域外から進出してきた大手 Tier 1 がその中心を担ってきた．それらは，アイシン東北，フタバ平泉，トヨタ紡織東北，デンソー東日本，トヨテツ東北，アイシン高丘東北等である．一方で，地場部品企業の中で Tier 1 として完成車企業と取引をしている企業は極めて少ない．

　東北地方の地場部品企業の大半は Tier 2 以下の中小企業である．しかし，それらの部品企業群は一様ではなく，主に以下の3種類に分類することができる[1]．第1に，東北地方に拠点を持つケーヒン，ヨロズ，TBK と取引する Tier 2 の企業群である．これらの部品企業は域外から進出してきた Tier 1 との取引を通じて成長してきた企業である．第2に，エレクトロニクス産業の Tier 2 として操業してきたが，後に自動車部品事業に参入してきた企業群である[2]．第3に，関東地方，中部地方から移転してきた企業群である．当初は東北地方に生産拠点だけを設立していたが，後に本社ごと東北地方に移転してきた企業群である．

　以上のように，東北地方には域外から進出してきた大手 Tier 1 から地場の

Tier 2以下の企業群まで多様な部品企業が存在している．しかしながら，東北地方における部品企業の数，規模，技術分野といった諸要素から検討した集積の全体像は十分に明らかになっているとは言い難い．そこで本章では，東北地方の岩手県，宮城県，福島県，山形県，秋田県，青森県における部品企業の集積の全体像を明らかにする．

1．太平洋側3県の集積状況

本節および次節では，二次資料に基づいて岩手県，宮城県，福島県，山形県，秋田県，青森県に立地する部品企業の分析を行う．基礎資料として経済産業省東北経済産業局［2019］，「東北の自動車関連企業マップ」を用いた．また，本社・親会社の所在地，主要取引先を公益財団法人いわて産業振興センター［2018］，「いわて自動車関連企業ガイド」，公益財団法人みやぎ産業振興機構［2020］，「必冊！みやぎの仕事人」，福島県輸送用機械関連産業協議会［2019］，「福島県輸送用機械関連企業ガイドブック」，公益財団法人山形県企業振興公社［2020］，「やまがた自動車関連企業ガイドブック」，公益財団法人あきた企業活性化センターウェブサイト，イノベーション・ネットワークあおもりウェブサイト，各社ウェブサイトから補足した．なおこれらの資料には，企業数ではなく拠点数が集計されているため，企業が県内に複数の拠点を置いている場合は個々の拠点ごとに掲載されている．それらの複数の拠点は1社に集約して集計している．また，倒産・廃業や買収・合併等によって無くなった企業は除外している（法人単位）．そのため，「東北の自動車関連企業マップ」に掲載されている企業数とは一致していない．以降では，東北地方の各県に立地する部品企業の状況を考察する．企業数，Tier 1比率，設立時期，企業規模（資本金基準），技術分野[3]の5点を分析の対象とする．

（1）岩手県の部品企業
岩手県にはTMEJの完成車組立工場である岩手工場が立地している．2021年7月時点の生産車種は，C-HR，アクア，ヤリス，ヤリスクロスである．岩手工場の年間生産能力は約35万台であり，TMEJの主力生産拠点となっている．

（ⅰ）企業数

岩手県には 152 社の部品企業が立地している（**表 4-1** 参照）．そのうち，県内に本社を置く企業が 79 社，他地域に本社・親会社を置く企業が 73 社となっている．岩手県の地場部品企業の割合は 52.0%であり，域外から進出してきた企業（以下，域外企業）も多いことがわかる．[4]

　域外企業のうち，愛知県から進出してきた企業が 23 社と最も多く，東京都が 19 社，神奈川県が 15 社と続いている．一方，これら 3 都県以外の地域から 10 社以上の進出は見られない．愛知県から進出してきた企業には，トヨタ紡織東北，アイシン東北，デンソー岩手，豊田合成東日本等のトヨタ系部品企業が多く含まれている．

（ⅱ）Tier 1 比率

岩手県に立地する 152 社の部品企業のうち，Tier 1 に該当するのは 49 社で[5]

表 4-1　岩手県の部品企業数

（単位：社）

本社・親会社所在地		企業数	構成比
東北地方	岩手県	79	52.0%
	宮城県	5	3.3%
	青森県	1	0.7%
	山形県	1	0.7%
中部地方	愛知県	23	15.1%
	静岡県	1	0.7%
	三重県	1	0.7%
関東地方	東京都	19	12.5%
	神奈川県	15	9.9%
	埼玉県	4	2.6%
	栃木県	1	0.7%
その他	大阪府	1	0.7%
	長野県	1	0.7%
総計		152	100.0%

出所）経済産業省東北経済産業局 [2019]，公益財団法人いわて産業振興センター [2018]，各社ウェブサイトより筆者作成．

あった(**表4-2**参照).Tier 1比率が最も高いのは愛知県から進出してきた企業の82.6%である.この理由として,岩手工場との取引を目的に進出してきたトヨタ系部品企業が多いことが考えられる.一方,岩手県の地場部品企業における Tier 1比率は17.7%に過ぎない.Tier 1に該当する企業は14社であり,愛知県の19社に次ぐ企業数となっている.しかし,Tier 1が占める割合は愛知県より大幅に少なくなっている.すなわち,Tier 2以下の企業が大半を占めているのである.

次に,岩手県の地場 Tier 1の事業分野を確認する(**表4-3**参照).最も多いのは設備の8社であり,Tier 1の半数以上を占めている.一方,量産部品は1社だけとなっている.つまり,Tier 1であっても新車組付用の部品を生産している企業はほとんどないということである.

表4-2 岩手県の Tier 1比率

(単位:社)

本社・親会社所在地		企業数	Tier 1	Tier 1比
東北地方	岩手県	79	14	17.7%
	宮城県	5	3	60.0%
	青森県	1	0	0.0%
	山形県	1	0	0.0%
中部地方	愛知県	23	19	82.6%
	静岡県	1	0	0.0%
	三重県	1	1	100.0%
関東地方	東京都	19	6	31.6%
	神奈川県	15	5	33.3%
	埼玉県	4	1	25.0%
	栃木県	1	0	0.0%
その他	大阪府	1	0	0.0%
	長野県	1	0	0.0%
総計		152	49	32.2%

出所)表4-1に同じ.

表4-3　岩手県の地場 Tier 1 の事業分野

(単位：社)

量産部品	ソフトウェア	設備	治工具	その他	総計
1	1	8	1	3	14

出所）表4-1に同じ.

（iii）設立時期

　岩手県地場企業 79 社のうち，55 社は TMEJ 岩手工場が設立される 1993 年以前から操業している（**表4-4** 参照）．1993 年以前に設立された地場企業は全体の 69.6% を占めている．すなわち，岩手県地場企業の多くは自動車以外の事業を目的に設立されており，後に自動車部品事業に参入してきたということである．一方，1994 年から 2010 年にかけて 22 社が設立されていることも注目できる．これらの企業は，TMEJ 岩手工場や岩手県に進出してきた Tier 1 との取引を見越して設立されたと推測することができる．

（iv）企業規模（資本金基準）

　岩手県に立地する部品企業は，Tier 1 とそれ以外の企業（Tier 2 以降）で非常に大きな規模の差がある（**表4-5** 参照）．Tier 1 の資本金の平均値は 6 億 6462 万円である．一方で，その他の企業の平均値は 4888 万円となっており，資本金の規模には大きな開きがある．また，Tier 1 の標準偏差は 16 億 4914 万円となっており，一部の大企業が平均値を押し上げていることがわかる．

　岩手県地場企業は，Tier 1 もそれ以外の企業もそれほど大きな規模の差は見られない．いずれの数値からも資本金が 1 億円未満の小規模企業がほとんどであることがわかる．

　一方，域外企業は Tier 1 とそれ以外の企業で大きな規模の差が見られる．Tier 1 の平均値は 9 億 1955 万円である．しかし，その他の企業は 7125 万円であり資本金の規模に 10 倍以上の開きがある．また，Tier 1 の標準偏差は 18 億 9203 万円となっており，一部の大企業が平均値を押し上げていることがわかる．

　前述の内容と合わせて考えると，岩手県の地場 Tier 1 は総じて規模が小さく，量産部品を納入している企業が非常に少ないということになる．TMEJ 岩手工場に新車組付用の部品を納入しているのは，域外から進出してきた大手 Tier 1 がほとんどを占めていると考えられる．

表 4-4 岩手県の部品企業の設立時期

（単位：社）

設立年	岩手県	構成比	域外	構成比	総計	構成比
〜1960	12	15.2%	26	35.6%	38	25.0%
1961〜1970	8	10.1%	14	19.2%	22	14.5%
1971〜1980	24	30.4%	7	9.6%	31	20.4%
1981〜1992	11	13.9%	10	13.7%	21	13.8%
1993（岩手工場）	0	0.0%	1	1.4%	1	0.7%
1994（いわき工場）	4	5.1%	0	0.0%	4	2.6%
1995〜2010	18	22.8%	11	15.1%	29	19.1%
2011（宮城大衡工場）	0	0.0%	0	0.0%	0	0.0%
2012〜	2	2.5%	4	5.5%	6	3.9%
総計	79	100.0%	73	100.0%	152	100.0%

出所）表 4-1 に同じ.

表 4-5 岩手県の部品企業の企業規模（資本金基準）

（単位：万円）

岩手県全体				岩手県地場企業				域外企業		
	平均値	中央値	標準偏差		平均値	中央値	標準偏差		平均値	中央値	標準偏差
Tier 1 (n=49)	66,462	8,000	164,914	Tier 1 (n=14)	2,730	1,800	2,632	Tier 1 (n=35)	91,955	10,000	189,203
その他 (n=103)	4,888	3,000	8,748	その他 (n=65)	3,580	2,000	5,512	その他 (n=38)	7,125	4,000	12,147
全体 (n=152)	24,738	3,175	98,221	全体 (n=79)	3,430	2,000	5,131	全体 (n=73)	47,797	7,000	137,972

出所）表 4-1 に同じ.

（ⅴ）技術分野

　岩手県に立地する全ての部品企業の平均技術分野数は 2.87 である（**表 4-6** 参照）. 岩手県地場企業は 3.01, 域外企業は 2.71 となっており, 地場企業と域外企業の平均技術分野数に大きな差異は見られない[6].

　岩手県地場企業の技術分野においては, 車載電装 7 社とソフトウェア 3 社に注目したい. 特に, ソフトウェアのうち 1 社は自動運転や先進運転支援システム（ADAS:Advanced Driver-Assistance Systems）の開発支援を行っている. 現在の自動車産業において ADAS への対応は非常に重要である. それを支えるため

の技術分野として車載電装とソフトウェアの果たす役割は非常に大きなものとなっている．岩手県の地場部品企業の中にもそれらの先端領域に対応できる企業が存在するのである．

　岩手県において地場のソフトウェア企業の成長に重要な役割を果たしていると考えられるのが岩手県立大学である．同大学には全国的にも珍しいソフトウェア情報学部が設置されている．そのため同学部の卒業生の採用を目的としたICT企業の進出も見られる[7]．また岩手県には，同大学を中心とした支援機構である「いわてものづくり・ソフトウェア融合テクノロジーセンター」が設立されている．同センターでは，次世代自動車向けのソフトウェアや安全走行支援システムの研究開発に取り組んでいる[8]．岩手県は完成車組立というものづくり（ハードウェア）領域だけでなく，これからの先端分野で重要となるソフトウェア領域の支援にも注力しているのである．

(2)　宮城県の部品企業

　宮城県にはTMEJの完成車組立工場である宮城大衡工場とエンジン並びに部品工場である宮城大和工場が立地している．2021年7月時点の大衡工場の生産車種は，シエンタ，カローラ，カローラアクシオ，カローラフィールダー，ヤリスクロス，JPN TAXIである．宮城大衡工場の年間生産能力は約12万台

表4-6　岩手県の部品企業の技術分野

（単位：社）

本社・親会社所在地	企業数	平均技術分野数	材料（各種鋼材を含む）	樹脂成形	ゴム製品	鋳造	鍛造	プレス加工	製缶・板金	機械加工	特殊加工（溶接・研磨等）	熱処理等（含む）	表面処理（メッキ・印刷）	塗装	縫製等	車載電装	電子部品、デバイスの実装・組立	部品組立等	金型・治工具	自動機・装置等	ばね	ソフトウェア	その他
岩手県	79	3.01	0	16	4	4	2	19	2	38	16	17	14	0	7	10	8	34	22	1		3	21
域外	73	2.71	2	25	6	5	5	22	0	31	15	12	6	2	5	11	1	18	10	1		1	20
合計	152	2.87	2	41	10	9	7	41	2	69	31	29	20	2	12	21	9	52	32	2		4	41

出所）表4-1に同じ．

であり，岩手工場よりも小規模である．

（ⅰ）企業数

　宮城県には 187 社の部品企業が立地している（**表 4-7** 参照）．そのうち，県内に本社を置く企業が 104 社，他地域に本社・親会社を置く企業が 83 社となっている．宮城県の地場部品企業の割合は 55.6％であり，岩手県と同様に域外から進出してきた企業も多いことがわかる．

　域外企業のうち，東京都から進出してきた企業が 29 社と最も多く，神奈川県が 20 社，愛知県が 14 社と続いている．一方，岩手県と同様に 3 都県以外の地域から 10 社以上の進出は見られない．東京都から進出してきた企業の中で

表 4-7　宮城県の部品企業数

（単位：社）

本社・親会社所在地		企業数	構成比
東北地方	宮城県	104	55.6%
	青森県	1	0.5%
	山形県	1	0.5%
中部地方	愛知県	14	7.5%
	岐阜県	2	1.1%
	静岡県	2	1.1%
関東地方	東京都	29	15.5%
	神奈川県	20	10.7%
	埼玉県	4	2.1%
	群馬県	1	0.5%
その他	兵庫県	3	1.6%
	大阪府	2	1.1%
	京都府	1	0.5%
	滋賀県	1	0.5%
	北海道	1	0.5%
	外資	1	0.5%
総計		187	100.0%

出所）経済産業省東北経済産業局 [2019]，公益財団法人みやぎ産業振興機構 [2020]，各社ウェブサイトより筆者作成．

注目すべきなのが日立 Astemo とアルプスアルパインである[9]．旧・ケーヒンは
ホンダ系の中核部品企業であった．1960 年代末に角田市に進出してから東北
地方に多くの生産拠点を設立してきた．また，旧・アルプス電気は大崎市にあ
る古川工場を中核拠点として自動車部品事業を展開してきた．現在でも宮城県
内に2カ所の開発拠点，4カ所の生産拠点を有している．東京から進出した企
業の中でも，両社は地場企業の成長に大きな影響を与えてきた存在だといえる．

（ⅱ）Tier 1 比率

　宮城県に立地する 187 社の部品企業のうち，Tier 1 に該当するのは 38 社で
あった（**表 4-8** 参照）．Tier 1 比率が最も高いのは愛知県から進出してきた企業
の 78.6% である．宮城大衡工場，宮城大和工場との取引を目的として進出し

表 4-8　宮城県の Tier 1 比率

（単位：社）

本社・親会社所在地		企業数	Tier 1	Tier 1 比
東北地方	宮城県	104	10	9.6%
	青森県	1	1	100.0%
	山形県	1	0	0.0%
中部地方	愛知県	14	11	78.6%
	岐阜県	2	1	50.0%
	静岡県	2	1	50.0%
関東地方	東京都	29	9	31.0%
	神奈川県	20	2	10.0%
	埼玉県	4	1	25.0%
	群馬県	1	0	0.0%
その他	兵庫県	3	2	66.7%
	大阪府	2	0	0.0%
	京都府	1	0	0.0%
	滋賀県	1	0	0.0%
	北海道	1	0	0.0%
	外資	1	0	0.0%
総計		187	38	20.3%

出所）表 4-7 に同じ．

てきたトヨタ系部品企業が多いと考えられる．一方，宮城県の地場部品企業における Tier 1 比率は 9.6% に過ぎない．Tier 1 に該当する企業は 10 社であり，愛知県の 11 社に次ぐ企業数となっている．しかし，Tier 1 が占める割合は愛知県より大幅に少なくなっている．すなわち，宮城県地場企業は Tier 2 以下の企業が大半を占めているのである．これは岩手県と同様の傾向である．

次に，宮城県の地場 Tier 1 の事業分野を確認する（表 4-9 参照）．最も多いのは量産部品の 6 社であり，Tier 1 の半数以上を占めている．岩手県とは異なり，Tier 1 として新車組付用の部品を納入している地場企業が複数存在するのである．

（iii）設立時期

宮城県地場企業 104 社のうち，85 社は TMEJ 岩手工場が設立される 1993 年以前から操業している（表 4-10 参照）．1993 年以前に設立された地場企業は

表 4-9　宮城県の地場 Tier 1 の事業分野

（単位：社）

量産部品	ソフトウェア	設備	その他	総計
6	1	2	1	10

出所）表 4-7 に同じ．

表 4-10　宮城県の部品企業の設立時期

（単位：社）

設立年	宮城県	構成比	域外	構成比	総計	構成比
〜1960	17	16.3%	33	39.8%	50	26.7%
1961〜1970	17	16.3%	17	20.5%	34	18.2%
1971〜1980	29	27.9%	10	12.0%	39	20.9%
1981〜1992	22	21.2%	8	9.6%	30	16.0%
1993（岩手工場）	2	1.9%	1	1.2%	3	1.6%
1994（いわき工場）	0	0.0%	0	0.0%	0	0.0%
1995〜2010	15	14.4%	9	10.8%	24	12.8%
2011（宮城大衡工場）	1	1.0%	1	1.2%	2	1.1%
2012〜	1	1.0%	4	4.8%	5	2.7%
総計	104	100.0%	83	100.0%	187	100.0%

出所）表 4-7 に同じ．

全体の 81.7% を占めている．すなわち，岩手県と同様に宮城県地場企業の多くは自動車以外の事業を目的に設立されており，後に自動車部品事業に参入してきたということである．1993 年以降の設立は少なく，宮城大衡工場が設立された 2011 年以降は 2 社だけである．

（iv）企業規模（資本金基準）

宮城県に立地する部品企業は，Tier 1 とそれ以外の企業で非常に大きな規模の差がある（**表 4-11** 参照）．Tier 1 の資本金の平均値は 38 億 4409 万円である．一方で，その他の企業の平均値は 1 億 3242 万円となっており，資本金の規模には 10 倍以上の大きな開きがある．また，Tier 1 の標準偏差は 110 億 3734 万円となっており，一部の大企業が平均値を押し上げるという岩手県と同様の状況である．

宮城県地場企業は，Tier 1 もそれ以外の企業も大きな規模の差は見られない[10]．いずれの数値からも資本金が 1 億円未満の小規模企業がほとんどであることがわかる．これも岩手県と同様の傾向であった．

一方，域外企業は Tier 1 とそれ以外の企業で大きな規模の差が見られる．Tier 1 の平均値は 51 億 9784 万円である．しかし，その他の企業は 2 億 8196 万円であり資本金の規模に大きな差がある．また，Tier 1 の標準偏差は 125 億 8436 万円となっており，岩手県と同様に域外から進出してきた一部の大企業が平均値を押し上げていることがわかる．

表 4-11　宮城県の部品企業の企業規模（資本金基準）

（単位：万円）

	宮城県全体				宮城県地場企業				域外企業		
	平均値	中央値	標準偏差		平均値	中央値	標準偏差		平均値	中央値	標準偏差
Tier 1 (n=38)	384,409	6,500	1,103,734	Tier 1 (n=10)	5,360	4,300	5,542	Tier 1 (n=28)	519,784	21,400	1,258,436
その他 (n=148)	13,242	2,250	52,550	その他 (n=93)	4,399	2,000	8,989	その他 (n=55)	28,196	5,000	83,298
全体 (n=186)	89,072	3,000	522,951	全体 (n=103)	4,492	2,000	8,719	全体 (n=83)	194,033	5,000	769,978

出所）表 4-7 に同じ．

（ⅴ）技術分野

　宮城県に立地する全ての部品企業の平均技術分野数は1.83となっている（**表4-12**参照）．宮城県地場企業は1.64，域外企業は2.06となっており，域外企業の方が1社あたりの技術分野数がやや多い．

　宮城県においては，車載電装は全て域外企業から調達していること，ソフトウェアを技術領域とする地場部品企業が域外企業よりも多いことが指摘できる．域外から進出した車載電装3社の中には，前述のアルプスアルパインと日立Astemoが含まれている．宮城県では，先端領域においても両社が中核的な存在であることがわかる．

　宮城県地場企業でソフトウェアを技術分野とする7社の中で，ソフトウェア開発を主要事業とする企業は3社あった．これら3社はいずれも画像処理に関するソフトウェア開発を行っている．岩手県と同様に，地場企業の中にも電子制御技術領域に対応している企業が存在するのである．

(3)　福島県の部品企業

　福島県には日産のエンジンを生産しているいわき工場が立地している．岩手県，宮城県とは異なり，福島県には完成車組立工場は立地していない．ただし，近隣には日産の栃木工場，ホンダの埼玉製作所，スバルの群馬製作所がある．

表4-12　宮城県の部品企業の技術分野

（単位：社）

本社・親会社所在地	企業数	平均技術分野数	材料（各種鋼材を含む）	樹脂成形	ゴム製品	鋳造	鍛造	プレス加工	製缶・板金	機械加工	特殊加工（溶接・研磨等）	表面処理（メッキ・印刷・熱処理等含む）	塗装	縫製等	車載電装	電子部品、デバイスの実装・組立	部品組立等	金型・治工具	自動機・装置等	ばね	ソフトウェア	その他
宮城県	104	1.64	0	15	2	5	2	11	9	29	1	14	0	3	0	13	0	25	17	0	7	18
域外	83	2.06	6	19	5	8	9	14	4	26	3	8	0	3	3	13	1	22	7	5	3	12
合計	187	1.83	6	34	7	13	11	25	13	55	4	22	0	6	3	26	1	47	24	5	10	30

出所）表4-7に同じ．

そのため福島県には，これら北関東及び関東圏の完成車工場への供給を目的と
した部品企業の進出があることも考えられる．

（ⅰ）企業数
　福島県には241社の部品企業が立地している（**表4-13**参照）．そのうち，県内
に本社を置く企業が123社，他地域に本社・親会社を置く企業が118社となっ
ている．福島県の地場部品企業の割合は51.0%であり，岩手県，宮城県と同
様に域外から進出してきた企業が半数近くを占めていることがわかる．
　域外企業のうち，東京都から進出してきた企業が56社と最も多く，埼玉県

表4-13　福島県の部品企業数

（単位：社）

本社・親会社所在地		企業数	構成比
東北地方	福島県	123	51.0%
	宮城県	1	0.4%
中部地方	愛知県	2	0.8%
	岐阜県	1	0.4%
関東地方	東京都	56	23.2%
	埼玉県	28	11.6%
	神奈川県	18	7.5%
	群馬県	1	0.4%
	千葉県	1	0.4%
	栃木県	1	0.4%
その他	大阪府	2	0.8%
	兵庫県	1	0.4%
	和歌山県	1	0.4%
	長野県	2	0.8%
	新潟県	1	0.4%
	富山県	1	0.4%
	外資	1	0.4%
総計		241	100.0%

出所）経済産業省東北経済産業局[2019]，福島
　　　県輸送用機械関連産業協議会[2019]，各
　　　社ウェブサイトより筆者作成．

が28社，神奈川県が18社と続いている．岩手県，宮城県とは異なり，埼玉県から進出してきた企業が多い．一方で，愛知県から進出している企業は少ない．これは，福島県にはTMEJの生産拠点がないことが要因だと考えられる．

（ⅱ）Tier 1比率

福島県に立地する241社の部品企業のうち，Tier 1に該当するのは39社であった（表4-14参照）．Tier 1比率が100.0%となっているのは，愛知県，群馬県，千葉県，栃木県，富山県，外資からの進出企業である．ただし，これらの企業はいずれも1社か2社だけの進出であり企業数が非常に少ない．

進出数の上位3都県のTier 1比率は，埼玉県が39.3%，東京都が25.0%，

表4-14　福島県のTier 1比率

（単位：社）

本社・親会社所在地		企業数	Tier 1	Tier 1比
東北地方	福島県	123	2	1.6%
	宮城県	1	0	0.0%
中部地方	愛知県	2	2	100.0%
	岐阜県	1	0	0.0%
関東地方	東京都	56	14	25.0%
	埼玉県	28	11	39.3%
	神奈川県	18	4	22.2%
	群馬県	1	1	100.0%
	千葉県	1	1	100.0%
	栃木県	1	1	100.0%
その他	大阪府	2	1	50.0%
	兵庫県	1	0	0.0%
	和歌山県	1	0	0.0%
	長野県	2	0	0.0%
	新潟県	1	0	0.0%
	富山県	1	1	100.0%
	外資	1	1	100.0%
総計		241	39	16.2%

出所）表4-13に同じ．

神奈川県が 22.2% となっている．これは，岩手県と宮城県に進出していた愛知県企業の Tier 1 比率よりかなり低い．

　一方，福島県の地場部品企業における Tier 1 比率は 1.6% に過ぎない[11]．岩手県，宮城県と同様に，福島県の地場部品企業は Tier 2 以下の企業が大半を占めていると考えられる．なお，Tier 1 に該当する 2 社は量産部品を生産している．数は少ないながらも Tier 1 として完成車企業と直接取引している地場企業が存在するのである．

（iii）設立時期

　福島県地場企業 123 社のうち，115 社は日産いわき工場が設立される 1994 年以前から操業している（**表 4-15** 参照）．1994 年以前に設立された地場企業は全体の 93.5% を占めている．すなわち，岩手県，宮城県と同様に福島県地場企業の多くは自動車以外の事業を目的に設立されており，後に自動車部品事業に参入してきたということである．1994 年以降の設立は少なく 8 社のみである．

（iv）企業規模（資本金基準）

　福島県に立地する部品企業は，Tier 1 とそれ以外の企業で非常に大きな規模

表 4-15　福島県の部品企業の設立時期

（単位：社）

設立年	福島県	構成比	域外	構成比	総計	構成比
～1960	26	21.1%	68	57.6%	94	39.0%
1961～1970	29	23.6%	21	17.8%	50	20.7%
1971～1980	37	30.1%	12	10.2%	49	20.3%
1981～1992	23	18.7%	6	5.1%	29	12.0%
1993（岩手工場）	0	0.0%	0	0.0%	0	0.0%
1994（いわき工場）	0	0.0%	0	0.0%	0	0.0%
1995～2010	7	5.7%	10	8.5%	17	7.1%
2011（宮城大衡工場）	0	0.0%	0	0.0%	0	0.0%
2012～	1	0.8%	1	0.8%	2	0.8%
総計	123	100.0%	118	100.0%	241	100.0%

出所）表 4-13 に同じ．

表 4-16　福島県の部品企業の企業規模（資本金基準）

（単位：万円）

	福島県全体				福島県地場企業				域外企業		
	平均値	中央値	標準偏差		平均値	中央値	標準偏差		平均値	中央値	標準偏差
Tier 1 (n=39)	402,454	30,000	1,129,912	Tier 1 (n=2)	23,237	23,237	18,237	Tier 1 (n=37)	422,952	30,000	1,156,503
その他 (n=202)	26,981	3,000	150,137	その他 (n=121)	4,675	2,000	7,948	その他 (n=81)	60,302	5,000	232,950
全体 (n=241)	87,742	4,000	494,589	全体 (n=123)	4,977	2,000	8,547	全体 (n=118)	174,014	8,188	696,379

出所）表 4-13 に同じ.

の差がある（**表 4-16** 参照）．Tier 1 の資本金の平均値は 40 億 2454 万円である．一方で，その他の企業の平均値は 2 億 6981 万円となっており，資本金の規模には 10 倍以上の大きな開きがある．また，Tier 1 の標準偏差は 112 億 9912 万円となっており，一部の大企業が平均値を押し上げるという岩手県，宮城県と同様の状況になっている．

　福島県地場企業は，Tier 1 とそれ以外の企業には規模の差がみられる．Tier 1 の平均値は 2 億 3237 万円と 1 億円を越えている．一方，その他の企業の平均値は 4675 万円であり小規模企業がほとんどであることがわかる．これは岩手県，宮城県とは異なる傾向であった．

　域外企業は Tier 1 とそれ以外の企業で大きな規模の差が見られる．Tier 1 の平均値は 42 億 2952 万円である．しかし，その他の企業は 6 億 302 万円であり資本金の規模に大きな差がある．また，Tier 1 の標準偏差は 115 億 6503 万円となっており，岩手県，宮城県と同様に域外から進出してきた一部の大企業が平均値を押し上げていることがわかる．

　前述の内容と合わせて考えると，量産部品を納入している福島県の地場 Tier 1 の規模は岩手県，宮城県の企業よりも大きいということになる．Tier 1 として完成車企業と直接取引するためには，一定の企業規模が求められるということなのであろう．

（v）技術分野

　福島県に立地する全ての部品企業の平均技術分野数は 1.02 となっている（**表 4-17** 参照）．福島県地場企業は 1.01，域外企業は 1.03 となっており，地場

表 4-17　福島県の部品企業の技術分野

（単位：社）

本社・親会社所在地	企業数	平均技術分野数	技術分野																			
			材料（各種鋼材を含む）	樹脂成形	ゴム製品	鋳造	鍛造	プレス加工	製缶・板金	機械加工	特殊加工（溶接・研磨等）	表面処理（メッキ・印刷・熱処理等含む）	塗装	縫製等	車載電装	電子部品、デバイスの実装・組立	部品組立等	金型・治工具	自動機・装置等	ばね	ソフトウェア	その他
福島県	123	1.01	0	14	0	5	3	13	3	24	0	9	3	0	0	23	3	4	13	0	0	7
域外	118	1.03	0	14	9	11	8	15	3	26	0	3	1	1	0	14	6	7	0	0	0	4
合計	241	1.02	0	28	9	16	11	28	6	50	0	12	4	1	0	37	9	11	13	0	0	11

出所）表 4-13 に同じ.

企業と域外企業の平均技術分野数に違いはほとんど見られない.

　福島県においては，自社が対応できる技術分野として車載電装とソフトウェアを回答した企業が1社もないことが大きな特徴である．すなわち，岩手県，宮城県とは異なり電子制御技術領域に十分に対応できていないと考えられるのである.

　福島県にはソフトウェア産業に対応するための知識基盤がないというわけではない．同県には公立大学である会津大学が設置されている．同大学はコンピューター専門大学として開設され，学部はコンピューター理工学部のみであり，ICT 分野の技術者育成に強みを持つ．就職率も高く，企業規模にこだわらなければソフトウェア会社ならどこでも就職できるほどの評価を得ている[12]．したがって福島県においてもソフトウェアに対応できる基盤は十分に備わっている．しかし，ソフトウェアを技術領域としている部品企業は1社もない．これが岩手県との大きな違いである.

2．日本海側3県の集積状況

　本節では，完成車の組立工場およびエンジン工場が立地していない日本海側の山形県，秋田県，青森県の部品企業の集積状況について考案する.

（1）　山形県の部品企業

　山形県には中核企業の生産拠点が立地していないが，東北地方6県の中では部品企業数が福島県に次いで2番目に多い．山形県で人口が最も多く企業も集積している山形市は，内陸部に立地しており仙台市とも隣接している．また，山形市内を通る東北横断自動車道が東北自動車道に接続しており比較的交通の便がよいこともあるため，完成車企業が立地する太平洋側の3県における自動車産業集積の縁辺部に組み込まれているとみられる．

（ i ）企業数

　山形県には214社の部品企業が立地している（**表4-18**参照）．中核企業の生産拠点から離れた日本海側に位置する県にもかかわらず，東北地方6県の中では福島県に次ぐ企業数となっている．そのうち，山形県内に本社を置く企業が134社，他地域に本社・親会社を置く企業が80社となっている．山形県の地場部品企業の割合は62.6%であり，東北地方の他県よりも比率が高い．東北

表4-18　山形県の部品企業数

（単位：社）

本社・親会社所在地		企業数	構成比
東北地方	山形県	134	62.6%
	宮城県	2	0.9%
中部地方	愛知県	6	2.8%
	三重県	2	0.9%
関東地方	東京都	49	22.9%
	神奈川県	7	3.3%
	埼玉県	4	1.9%
	千葉県	2	0.9%
	栃木県	1	0.5%
その他	大阪府	2	0.9%
	長野県	1	0.5%
	外資	4	1.9%
総計		214	100.0%

出所）経済産業省東北経済産業局［2019］，公益財団法人山形県企業振興公社［2020］，各社ウェブサイトより筆者作成．

地方 6 県の中で地場企業の割合が 60％を越えているのは山形県だけである．

　域外企業のうち，東京都から進出した企業が 49 社と最も多く，神奈川県が
7 社，愛知県が 6 社と続いている．関東地方からの進出が多く，中部地方から
進出している企業はそう多くない．山形県が TMEJ の完成車工場から離れて
いることが要因であると考えられる．

（ⅱ）Tier 1 比率

　山形県に立地する 214 社の部品企業のうち，Tier 1 に該当するのは 40 社で
あった（**表 4-19** 参照）．Tier 1 比率が 100.0％となっているのは，栃木県と大阪
府からの進出企業である．ただし，これらの企業はいずれも 1 社か 2 社だけの
進出であり，企業数が非常に少ない．

　進出数の上位 3 都県の Tier 1 比率は，愛知県が 66.7％，神川県が 57.1％，
東京都が 30.6％となっている．愛知県企業の Tier 1 比率がかなり高いことが
わかる．

　次に，山形県の地場 Tier 1 の事業分野を確認する．最も多いのは量産部品

表 4-19　山形県の Tier 1 比率

（単位：社）

本社・親会社所在地		企業数	Tier 1	Tier 1 比
東北地方	山形県	134	12	9.0%
	宮城県	2	0	0.0%
中部地方	愛知県	6	4	66.7%
	三重県	2	1	50.0%
関東地方	東京都	49	15	30.6%
	神奈川県	7	4	57.1%
	埼玉県	4	0	0.0%
	千葉県	2	0	0.0%
	栃木県	1	1	100.0%
その他	大阪府	2	2	100.0%
	長野県	1	0	0.0%
	外資	4	1	25.0%
総計		214	40	18.7%

出所）表 4-18 に同じ.

表 4-20 山形県の地場 Tier 1 の事業分野

(単位：社)

量産部品	設備	金型	総計
6	5	1	12

出所）表 4-18 に同じ.

表 4-21 山形県の部品企業の設立時期

(単位：社)

設立年	山形県	構成比	域外	構成比	総計	構成比
〜1960	27	20.1%	24	30.0%	51	23.8%
1961〜1970	32	23.9%	20	25.0%	52	24.3%
1971〜1980	34	25.4%	8	10.0%	42	19.6%
1981〜1992	32	23.9%	19	23.8%	51	23.8%
1993（岩手工場）	0	0.0%	2	2.5%	2	0.9%
1994（いわき工場）	0	0.0%	0	0.0%	0	0.0%
1995〜2010	5	3.7%	5	6.3%	10	4.7%
2011（宮城大衡工場）	1	0.7%	1	1.3%	2	0.9%
2012〜	2	1.5%	1	1.3%	3	1.4%
不明	1	0.7%	0	0.0%	1	0.5%
総計	134	100.0%	80	100.0%	214	100.0%

出所）表 4-18 に同じ.

の 6 社であり，Tier 1 の半数を占めている（**表 4-20** 参照）．宮城県と同様に，Tier 1 として新車組付用の部品を納入している地場企業が複数いることは注目に値する．完成車工場やエンジン工場が立地していないにもかかわらず，量産部品を生産する地場 Tier 1 が岩手県よりも多いのである．

（iii）設立時期
　山形県地場企業 134 社のうち，125 社は TMEJ 岩手工場が設立される 1993 年以前から操業している（**表 4-21** 参照）．1993 年以前に設立された地場企業は全体の 93.3% を占めている．すなわち，他県と同様に山形県地場企業の多くは自動車以外の事業を目的に設立されており，後に自動車部品事業に参入してきたということである．1993 年以降の設立は少なく 9 社のみである．

表 4-22　山形県の部品企業の企業規模（資本金基準）

(単位：万円)

	山形県全体				山形県地場企業				域外企業		
	平均値	中央値	標準偏差		平均値	中央値	標準偏差		平均値	中央値	標準偏差
Tier 1 (n=40)	56,996	14,349	169,699	Tier 1 (n=12)	12,318	4,550	18,037	Tier 1 (n=28)	76,143	25,781	199,444
その他 (n=172)	5,688	3,000	10,128	その他 (n=120)	4,319	2,940	6,537	その他 (n=52)	8,849	5,000	15,045
全体 (n=212)	15,369	3,775	76,940	全体 (n=132)	5,046	3,000	8,585	全体 (n=80)	32,402	9,000	122,881

出所）表 4-18 に同じ.

（iv）企業規模（資本金基準）

　山形県に立地する部品企業は，他県と同様に Tier 1 とそれ以外の企業で非常に大きな規模の差がある（**表 4-22** 参照）．Tier 1 の資本金の平均値は 5 億 6996 万円である．一方で，その他の企業の平均値は 5688 万円となっており，資本金の規模には 10 倍以上の大きな開きがある．また，Tier 1 の標準偏差は 16 億 9699 万円となっており，他県と同様に一部の大企業が平均値を押し上げるという状況になっている．

　山形県地場企業は，Tier 1 とそれ以外の企業には規模の差がみられる[13]．Tier 1 の平均値は 1 億 2318 万円となっている．一方，その他の企業の平均値は 4319 万円であり小規模企業がほとんどであることがわかる．これは福島県と同様の傾向であった．一方で，Tier 1 の標準偏差が大きいことは福島県との違いである．山形県の地場 Tier 1 は一部の企業の資本金が大きいと考えられる．

　域外企業は Tier 1 とそれ以外の企業で大きな規模の差が見られる．Tier 1 の平均値は 7 億 6143 万円である．しかし，その他の企業は 8849 万円であり資本金の規模に大きな差がある．また，Tier 1 の標準偏差は 19 億 9444 万円となっており，他県と同様に域外から進出してきた一部の大企業が平均値を押し上げていることがわかる．

（v）技術分野

　山形県に立地する全ての部品企業の平均技術分野数は 2.08 となっている（**表 4-23** 参照）．山形県地場企業は 2.12，域外企業は 2.01 となっており，地場企業と域外企業の平均技術分野数に大きな違いは見られない．

表 4-23　山形県の部品企業の技術分野

（単位：社）

本社・親会社所在地	企業数	平均技術分野数	材料（各種鋼材を含む）	樹脂成形	ゴム製品	鋳造	鍛造	プレス加工	製缶・板金	機械加工	特殊加工（溶接、研磨等）	表面処理（メッキ・印刷・熱処理等含む）	塗装	縫製等	車載電装	電子部品、デバイスの実装・組立	部品組立等	金型・治工具	自動機・装置等	ばね	ソフトウェア	その他
山形県	134	2.12	2	19	3	10	7	21	1	57	16	26	0	3	4	15	17	36	23	1	2	21
域外	80	2.01	2	10	5	7	6	18	0	24	9	10	0	1	7	7	14	15	14	0	0	12
合計	214	2.08	4	29	8	17	13	39	1	81	25	36	0	4	11	22	31	51	37	1	2	33

出所）表 4-18 に同じ.

　山形県地場企業の技術分野においては，車載電装 4 社とソフトウェア 2 社の存在が注目に値する．これらは電子制御技術領域において重要となる技術分野である．特に，ソフトウェアのうち 1 社は車載用 ECU に組み込まれるソフトウェアを開発している．東北地方の自動車産業の中心からはやや離れた日本海側に位置する県であっても，先端領域に対応できる地場企業が存在するのである．

(2)　秋田県の部品企業

（ⅰ）企業数

　秋田県には 114 社の部品企業が立地している（表 4-24 参照）．そのうち，県内に本社を置く企業が 65 社，他地域に本社・親会社を置く企業が 49 社となっている．秋田県の地場部品企業の割合は 57.0％であり，宮城県と同程度の比率となっている．

　域外企業のうち，東京都から進出してきた企業が 25 社と最も多く，神奈川県が 8 社，愛知県が 4 社と続いている．関東地方からの進出が多く，中部地方から進出している企業は多くない．山形県と同様に，TMEJ の完成車工場から離れていることが要因であると考えられる．

表 4-24　秋田県の部品企業数

（単位：社）

本社・親会社所在地		企業数	構成比
東北地方	秋田県	65	57.0%
中部地方	愛知県	4	3.5%
	静岡県	3	2.6%
関東地方	東京都	25	21.9%
	神奈川県	8	7.0%
	埼玉県	3	2.6%
	茨城県	1	0.9%
	千葉県	1	0.9%
その他	長野県	1	0.9%
	滋賀県	1	0.9%
	兵庫県	1	0.9%
	外資	1	0.9%
総計		114	100.0%

出所）経済産業省東北経済産業局［2019］，公益財団法人あきた企業活性化センターウェブサイト，各社ウェブサイトより筆者作成.

表 4-25　秋田県の Tier 1 比率

（単位：社）

本社・親会社所在地		企業数	Tier 1	Tier 1 比
東北地方	秋田県	65	1	1.5%
中部地方	愛知県	4	3	75.0%
	静岡県	3	1	33.3%
関東地方	東京都	25	3	12.0%
	神奈川県	8	0	0.0%
	埼玉県	3	0	0.0%
	茨城県	1	0	0.0%
	千葉県	1	0	0.0%
その他	長野県	1	0	0.0%
	滋賀県	1	0	0.0%
	兵庫県	1	0	0.0%
	外資	1	0	0.0%
総計		114	8	7.0%

出所）表 4-24に同じ.

（ⅱ）Tier 1 比率

　秋田県に立地する 114 社のうち，Tier 1 に該当するのは 8 社であった（**表4-25 参照**）．このうち，静岡県の 1 社はスズキ部品秋田である．域外の完成車企業系列の部品企業が立地していることが大きな特徴である．

　Tier 1 比率が最も高いのは愛知県の 75.0%，次いで静岡県の 33.3% であった．ただし，これらの企業はいずれも 3 社か 4 社の進出であり企業数が非常に少ない．なお，秋田県の地場 Tier 1 は量産部品を生産する企業ではなく，新車組付用の部品を生産している地場企業は見られなかった．

（ⅲ）設立時期

　秋田県地場企業 114 社のうち，56 社は TMEJ 岩手工場が設立される 1993年以前から操業している（**表 4-26 参照**）．1993 年以前に設立された地場企業は全体の 86.2% を占めている．すなわち，他県と同様に秋田県地場企業の多くは自動車以外の事業を目的に設立されており，後に自動車部品事業に参入して

表 4-26　秋田県の部品企業の設立時期

（単位：社）

設立年	秋田県	構成比	域外	構成比	総計	構成比
～1960	12	18.5%	14	28.6%	26	22.8%
1961～1970	6	9.2%	11	22.4%	17	14.9%
1971～1980	19	29.2%	9	18.4%	28	24.6%
1981～1992	19	29.2%	8	16.3%	27	23.7%
1993（岩手工場）	1	1.5%	0	0.0%	1	0.9%
1994（いわき工場）	0	0.0%	0	0.0%	0	0.0%
1995～2010	6	9.2%	5	10.2%	11	9.6%
2011（宮城大衡工場）	0	0.0%	0	0.0%	0	0.0%
2012～	1	1.5%	1	2.0%	2	1.8%
不明	1	1.5%	1	2.0%	2	1.8%
総計	65	100.0%	49	100.0%	114	100.0%

出所）表 4-24 に同じ.

表 4-27　秋田県の部品企業の企業規模（資本金基準）

（単位：万円）

	秋田県全体			秋田県地場企業			域外企業		
	平均値	中央値	標準偏差		平均値	中央値	標準偏差		平均値	中央値	標準偏差
Tier 1 (n=8)	191,659	5,937	494,516	Tier 1 (n=1)	2,700	2,700	0	Tier 1 (n=7)	218,653	6,873	523,117
その他 (n=105)	13,373	3,000	42,797	その他 (n=64)	3,771	1,500	6,331	その他 (n=41)	28,361	5,000	65,265
全体 (n=113)	25,995	3,000	145,279	全体 (n=65)	3,755	1,500	6,284	全体 (n=48)	56,112	5,500	219,218

出所）表 4-24 に同じ.

きたということである．1993 年以降の設立は少なく，不明 1 社を除くと 8 社のみである．

（ⅳ）企業規模（資本金基準）

　秋田県に立地する部品企業は，他県と同様に Tier 1 とそれ以外の企業で非常に大きな規模の差がある（**表 4-27** 参照）．Tier 1 の資本金の平均値は 19 億1659 万円である．一方で，その他の企業の平均値は 1 億 3373 万円となっており，資本金の規模には 14 倍以上の大きな開きがある．また，Tier 1 の標準偏

差は 49 億 4516 万円となっており，他県と同様に一部の大企業が平均値を押し上げるという状況になっている．

秋田県地場企業は，Tier 1 とそれ以外の企業に大きな規模の差はない．Tier 1 は 1 社だけであり，資本金は 2700 万円となっている．その他の企業の平均値は 3771 万円，標準偏差は 6331 万円であり 1 億円を下回っている．Tier 1 もその他の企業も小規模企業がほとんどであることがわかる．

域外企業は Tier 1 とそれ以外の企業で大きな規模の差が見られる[14)]．Tier 1 の平均値は 21 億 8653 万円である．しかし，その他の企業は 2 億 8361 万円であり資本金の規模に大きな差がある．また，Tier 1 の標準偏差は 52 億 3117 万円となっており，他県と同様に域外から進出してきた一部の大企業が平均値を押し上げていることがわかる．

（ⅴ）技術分野
秋田県に立地する全ての部品企業の平均技術分野数は 4.62 となっている（**表 4-28** 参照）．他県と比較して複数の領域に対応できる企業が多いということになる．秋田県地場企業は 4.65，域外企業は 4.59 となっており，地場企業と域外企業の平均技術分野数に大きな違いは見られない．

秋田県地場企業においては，自社が対応できる技術領域としてソフトウェアと回答した企業が 12 社もある．しかし，この中で車載向けのソフトウェアを

表 4-28　秋田県の部品企業の技術分野

（単位：社）

本社・親会社所在地	企業数	平均技術分野数	材料（各種鋼材を含む）	樹脂成形	ゴム製品	鋳造	鍛造	プレス加工	製缶・板金	機械加工	特殊加工（溶接、研磨等）	表面処理（メッキ・印刷）熱処理等含む	塗装	縫製等	車載電装	電子部品・デバイスの実装・組立	部品組立等	金型・治工具	自動機・装置等	ばね	ソフトウェア	その他
秋田県	65	4.65	10	18	15	12	7	26	27	36	0	30	0	0	0	14	32	27	22	1	12	13
域外	49	4.59	13	16	15	11	11	14	12	34	0	22	0	1	0	14	18	20	15	0	5	4
合計	114	4.62	23	34	30	23	18	40	39	70	0	52	0	1	0	28	50	47	37	1	17	17

出所）表 4-24 に同じ．

開発している企業はなかった．したがって，電子制御技術領域に対応できる地場企業は十分に成長していないと考えられるのである．

(3)　青森県の部品企業

（ⅰ）企業数

青森県には40社の部品企業が立地している（**表4-29**参照）．東北地方6県の中で企業数が最も少なく，100社を下回るのは青森県だけである．2番目に少ない秋田県には114社の企業があるが，青森県はその半分以下の企業しかないのである．40社のうち，青森県内に本社を置く企業が17社，他地域に本社・親会社を置く企業が23社となっている．青森県の地場部品企業の割合は42.5％と半数を下回っている．他県と比較して，地場部品企業の占める割合が低くなっている．

域外企業のうち，東京都から進出してきた企業が9社と最も多く，神奈川県が4社，長野県が3社と続いている．関東地方からの進出が多く，中部地方から進出している企業は1社もない．

表4-29　青森県の部品企業数

（単位：社）

本社・親会社所在地		企業数	構成比
東北地方	青森県	17	42.5%
	秋田県	1	2.5%
関東地方	東京都	9	22.5%
	神奈川県	4	10.0%
	埼玉県	2	5.0%
	山梨県	2	5.0%
	茨城県	1	2.5%
	栃木県	1	2.5%
その他	長野県	3	7.5%
総計		40	100.0%

出所）経済産業省東北経済産業局［2019］，イノベーション・ネットワークあおもりウェブサイト，各社ウェブサイトより筆者作成．

表4-30　青森県のTier 1比率

（単位：社）

本社・親会社所在地		企業数	Tier 1	Tier 1比
東北地方	青森県	17	1	5.9%
	秋田県	1	0	0.0%
関東地方	東京都	9	0	0.0%
	神奈川県	4	0	0.0%
	埼玉県	2	1	50.0%
	山梨県	2	0	0.0%
	茨城県	1	0	0.0%
	栃木県	1	0	0.0%
その他	長野県	3	1	33.3%
総計		40	3	7.5%

出所）表4-29に同じ．

（ii）Tier 1 比率

　青森県に立地する 40 社の部品企業のうち，Tier 1 に該当するのは 3 社で
あった（**表4-30** 参照）．Tier 1 は青森県，埼玉県，長野県の 1 社ずつだけであっ
た[15]．他県と比較して地場企業，域外企業ともに Tier 1 は非常に少なく，域外
の Tier 1 からは進出候補地としてほとんど検討されてこなかったと考えられ
る．なお，青森県の地場 Tier 1 は量産部品を生産する企業ではなく，新車組
付用の部品を生産している地場企業は見られなかった．

（iii）設立時期

　青森県地場企業のうち 10 社は TMEJ 岩手工場が設立される 1993 年以前に
操業している（**表4-31** 参照）．1993 年以前に設立された地場企業は全体の
58.8% を占めていた．他県と比較して，TMEJ の岩手工場が設立される前か
ら操業していた企業の割合は低い．ただし青森県地場企業は 17 社しかないた
め，他県より割合は偏りやすい点に注意が必要である．

（iv）企業規模（資本金基準）

　青森県に立地する部品企業は，Tier 1 とそれ以外の企業で規模に差はあるも
のの，他県ほど顕著ではない（**表4-32** 参照）．Tier 1 の資本金の平均値は 3 億

表4-31　青森県の部品企業の設立時期

（単位：社）

設立年	青森県	構成比	域外	構成比	総計	構成比
〜1960	0	0.0%	7	30.4%	7	17.5%
1961〜1970	1	5.9%	4	17.4%	5	12.5%
1971〜1980	3	17.6%	4	17.4%	7	17.5%
1981〜1992	6	35.3%	5	21.7%	11	27.5%
1993（岩手工場）	0	0.0%	0	0.0%	0	0.0%
1994（いわき工場）	0	0.0%	0	0.0%	0	0.0%
1995〜2010	7	41.2%	3	13.0%	10	25.0%
2011（宮城大衡工場）	0	0.0%	0	0.0%	0	0.0%
2012〜	0	0.0%	0	0.0%	0	0.0%
総計	17	100.0%	23	100.0%	40	100.0%

出所）表 4-29 に同じ．

表 4-32　青森県の部品企業の企業規模 (資本金基準)

（単位：万円）

	青森県全体				青森県地場企業				域外企業		
	平均値	中央値	標準偏差		平均値	中央値	標準偏差		平均値	中央値	標準偏差
Tier 1 (n=3)	39,950	10,000	45,250	Tier 1 (n=1)	5,950	5,950	0	Tier 1 (n=2)	56,950	56,950	46,950
その他 (n=37)	18,381	2,700	68,203	その他 (n=16)	2,731	1,425	2,745	その他 (n=21)	30,305	3,000	88,663
全体 (n=40)	19,999	3,000	66,997	全体 (n=17)	2,921	1,450	2,768	全体 (n=23)	32,622	3,000	86,172

出所) 表 4-29 に同じ.

9950 万円, 標準偏差は 4 億 5250 万円となっている. 他県と比較して Tier 1 の中でも規模の差は大きくない. その他の企業の平均値は 1 億 8381 万円であり, Tier 1 との差は約 2 倍である. 他県では 10 倍以上の差があるため, 青森県は Tier 1 とそれ以外の企業の規模の差はかなり小さいといえる.

　青森県地場企業は, Tier 1 とそれ以外の企業で約 2 倍の差がある. Tier 1 は 1 社だけであり, 資本金は 5950 万円となっている. その他の企業の平均値は 2731 万円, 標準偏差は 2745 万円となっている. その他の企業においては規模の差はほとんどなく, ほぼ全てが小規模企業だといえる.

　域外企業は Tier 1 とそれ以外の企業で約 1.8 倍の規模の差がある. Tier 1 の平均値は 5 億 6950 万円である. 一方, その他の企業は 3 億 305 万円となっている. Tier 1 の方が規模は大きいものの, 他県と比べると Tier 1 とその他の企業の差は小さい. また, Tier 1 の標準偏差は 4 億 6950 万円となっており, 平均値との大きな差はない. その他の企業においては標準偏差が 8 億 8663 万円となっており, ある程度の規模の差がある.

（ⅴ）技術分野

　青森県に立地する全ての部品企業の平均技術分野数は 2.35 となっている (表 4-33 参照). 青森県地場企業, 域外企業とも 2.35 となっており, 地場企業と域外企業の平均技術分野数に大きな違いは見られない.

　青森県地場企業の技術分野においては, 車載電装とソフトウェアに対応できる企業が 1 社もないことが大きな特徴である. 地場企業も域外企業もこれらの技術分野を専門としておらず, 電子制御技術のような先端領域への対応は十分

表4-33　青森県の部品企業の技術分野

（単位：社）

本社・親会社所在地	企業数	平均技術分野数	材料（各種鋼材を含む）	樹脂成形	ゴム製品	鋳造	鍛造	プレス加工	製缶・板金	機械加工	特殊加工（溶接、研磨等）	表面処理（メッキ・印刷・熱処理等含む）	塗装	縫製等	車載電装	電子部品、デバイスの実装・組立	部品組立等	金型・治工具	自動機・装置等	ばね	ソフトウェア	その他
青森県	17	2.35	1	3	0	0	1	2	0	8	2	4	0	0	0	8	0	7	2	0	0	2
域外	23	2.35	1	3	0	1	0	6	0	12	5	2	0	0	0	9	0	10	4	1	0	0
合計	40	2.35	2	6	0	1	1	8	0	20	7	6	0	0	0	17	0	17	6	1	0	2

出所）表4-29に同じ.

ではないと考えられる.

小　　括

　本章での分析を通じて，東北地方6県の自動車部品産業の全体像について8点のことが明らかになった．以下，論点を整理しよう．

　第1に，各県の部品企業数の差異である．中核企業の生産拠点が立地する岩手県には152社，宮城県には187社，福島県には241社の部品企業が立地していた．一方，中核企業の生産拠点が立地していない秋田県には114社，青森県には40社が立地していた．すなわち，県内に中核企業の生産拠点があるかどうかが集積を構成する部品企業数に大きく影響しているといえる．ただし，山形県だけでは状況が異なっていた．同県の部品企業数は214社であり，岩手県と宮城県よりも多かった．この理由としては，山形県から太平洋側に至る交通の便が比較的良いことが考えられる．山形市内を通る東北横断自動車道が東北道に接続しており，山形県の部品企業は太平洋側に立地する完成車企業の産業集積の縁辺部に組み込まれているとみられる．

　第2に，各県とも域外部品企業の比率が高いことである．岩手県は48.0％，宮城県は44.4％，福島県は49.0％，山形県は37.4％，秋田県は43.0％，青森県は57.5％が域外から進出した部品企業であった．山形県だけは域外企業の

比率が40％を下回るものの，その他の県は域外企業の占める割合が半数前後に達していた．

第3に，域外企業の本社・親会社の所在地の違いである．岩手県，宮城県は愛知県から進出した企業が多かった．福島県は東京都，埼玉県から進出した企業が多かった．山形県，秋田県，青森県は東京都，神奈川県から進出した企業が多かった．TMEJの生産拠点が立地する岩手県と宮城県には愛知県から進出してきた企業が多く，その他4県は関東地方から進出してきた企業が多かった．このように，県によって域外企業の本社・親会社の所在地間に多寡が見られた．福島県において埼玉県企業の進出が多い要因として，隣接する栃木県に日産の栃木工場があることが考えらえる．栃木工場は年間25万台の完成車を生産する日産の主力完成車工場の1つである．同工場の生産台数は，TMEJ宮城大衡工場の約2倍の規模に達している．栃木県は埼玉県と福島県の間にあり，両県との往来が容易である．そのため埼玉県企業は，福島県の低廉な労務費と土地代を活用して，いわき工場向けというよりも栃木工場向けの新車組み付け用部品を生産していると考えられる[16)]．

第4に，全ての県においてTier1の大半を域外企業が占めていた．そしてこれら域外Tier1は，各県の地場企業に比べてかなり大規模であった．すなわち，自動車部品生産の中核を担うのは域外から進出してきた大手Tier1（の分工場もしくはその進出子会社）であるといえる．

第5に，地場部品企業の大半は，TMEJ岩手工場や宮城大衡工場，日産いわき工場の設立前から操業していた．つまり，設立当初は自動車部品とは異なる事業に従事しており，後に自動車産業に参入してきたことを示している．

第6に，岩手県，山形県には車載電装を扱う地場部品企業が一定数存在することである．技術分野として車載電装と回答した岩手県の地場企業8社のうち，4社がアルプスアルパインの取引先である．これらの地場企業は，旧・アルプス電気との取引を通じて構築した技術力を応用し，自動車部品事業に参入したのではないかと考えられる．

第7に，岩手県，宮城県，山形県，秋田県には地場のソフトウェア企業が一定数存在することである．画像処理等の予防安全システムに必要なソフトウェアや車載用ECUに組み込むソフトウェア（の一部）を地場企業が供給しているのである．東北地方において，ADASを含む電子制御技術のような先端領域にも対応できる地場企業が成長してきていることは注目に値する．

　第8に，福島県と青森県には車載電装，ソフトウェアに対応できる企業が1社もなかった．したがって両県は，電子制御技術領域を得意としていないようである．

　ここまで東北地方6県の自動車産業の現状について確認してきたが，今後の展望について考察したい．今後の自動車産業を考えるときに，ADAS等にも応用できる電子制御技術領域への挑戦は競争力獲得のための大きな武器になる．そこで重要な技術領域となるのが車載電装とソフトウェアである．これらの2分野において，岩手県，宮城県，山形県では複数の地場企業が参入していた．特に岩手県においては，岩手県立大学ソフトウェア情報学部や「いわてものづくり・ソフトウェア融合テクノロジーセンター」との連携を通じて先端領域への対応を進めている．岩手県は完成車生産というものづくり分野だけでなく，電子制御技術のような先端領域でも成長できる余地があると考えられる．

　一方，福島県は地域の基盤を十分に活用できていないように見える．同県には岩手県立大学ソフトウェア情報学部と類似する分野を専門とする会津大学コンピューター理工学部が設置されている．しかし，同県にはソフトウェアを専門とする地場企業が存在しない．現在の自動車産業における技術競争の状況を考慮すると，県内のリソースを活用しながらこの分野の取り組みを強化していく必要があるのではないだろうか．

　また，東北地方において今後最も注目すべき部品企業が日立Astemoである．同社の母体企業の1つである旧・ケーヒンは，代表的なホンダ系部品企業であった．そのため生産拠点こそ宮城県に立地しているものの，主要顧客はTMEJではなくホンダであった．しかし，旧・日立オートモティブシステムズとの経営統合により，従来の系列の垣根を越えた取引が増えていく可能性が拓けた[17]．宮城県に立地していることを活かして，TMEJの主要部品企業として成長することもありえるのではないだろうか．

　人口減少が深刻な課題となる中で，国内市場向けのコンパクトカーを主力としているTMEJの生産規模が持続的に拡大していくことは望めないであろう．東北地方の地場企業が存続するためには，少なくとも現在の生産規模を維持していく必要がある．しかし，震災復興の要として設立されたTMEJの存在意義を考えると，直接，間接に取引関係にある地場企業の活動が現状維持にとどまるだけでは不十分である．やはり生産規模を少しずつでも拡大し，受注を増やすことに取り組むべきである．そのための1つの方策が海外進出である．第

1章でも述べたように，TMEJ が生産するヤリスは，同社の立ち上げ支援の
もとトヨタの海外工場でも生産が始まっている．これらの海外生産に地場企業
もまた積極関与していくのである．確かに，規模の小さな地場の Tier 2 に
とって単独で海外進出することは容易なことではない．しかし方法はある．例
えば畠山［2021］では，複数の Tier 2 が合弁企業を設立して海外進出を果たし
た事例を紹介している．東北地方においても，単独での海外進出は難しくとも，
地場企業同士が協力することによって海外進出の可能性が見えてくるかもしれ
ないということである．

注

1）小林・金［2016］，pp. 385-393 参照.

2）岩手県にはアルプス電気の盛岡工場があったため，そことの取引が中心の地場部品企
　業が存在していた．その後，2002 年の同工場の閉鎖にともない，自動車産業に参入
　した企業が複数ある（第6章参照）.

3）各社が保有する生産機能，すなわち専門技術領域のことを指す.

4）下記の基準に当てはまる企業を域外企業として分類する．他県も同様の基準を用いる.

　①　各県以外に本社がある部品企業

　②　各県以外に親会社がある部品企業

5）下記の基準に当てはまる企業を Tier 1 として分類する．他県も同様の基準を用いる.

　①　主要取引先に完成車企業の記載がある企業（光岡自動車，トラック等大型商用車
　　は含めず，乗用車生産企業だけを集計）

　②　岩手県が「岩手県内の自動車関連主要企業」に記載している企業

　③　宮城県が「みやぎの自動車産業主要企業」に記載している企業

　④　域外の Tier 1 が東北地方に設立した子会社

6）東北地方6県とも各社が自社で対応できると回答した技術分野の延べ数を集計してい
　る.

7）『日本経済新聞』2008 年7月19日，p. 2 参照.

8）前掲紙，2009 年11月21日，p. 2 参照.

9）2019 年にアルプス電気とアルパインは経営統合し，アルプスアルパインが設立され
　た．また 2021 年には日立オートモティブシステムズ，ケーヒン，ショーワ，日信工
　業が経営統合し，日立 Astemo が設立された.

10）宮城県のその他企業には資本金が不明の企業が1社ある．その企業を除外しているた
　め，企業数の総計は他の表と一致していない.

11）福島県が発行する「福島県輸送用機械関連企業ガイドブック」には取引先の記載がな
　　かったため，各社ウェブサイトから個別に調査した．しかし，取引先を記載していな
　　かった部品企業も多いため，実際には Tier 1 に該当する地場企業はもう少し多い可
　　能性がある．

12）『日本経済新聞』1999 年 12 月 8 日，p. 38 参照．

13）山形県のその他企業には資本金が不明の企業が 2 社ある．それらの企業を除外してい
　　るため，企業数の総計は他の表と一致していない．

14）域外企業のその他企業には資本金が不明の企業が 1 社ある．その企業を除外している
　　ため，企業数の総計は他の表と一致していない．

15）青森県の企業データベースであるイノベーション・ネットワークあおもりには取引先
　　を記載している企業がほとんどなかったため，各社のウェブサイトから個別に調査し
　　た．しかし，取引先を記載していない部品企業も多かったため，実際には Tier 1 に
　　該当する企業はもう少し多い可能性がある．

16）最低賃金を比較すると，埼玉県は 928 円に対して福島県は 800 円となっている（厚生
　　労働省＞地域別最低賃金の全国一覧　https://www.mhlw.go.jp/stf/seisakunit-
　　suite/bunya/koyou_roudou/roudoukijun/minimumichiran/，2021 年 1 月 27 日閲覧）．

17）日立 Astemo の資本構成は，日立製作所 66.6%，本田技研工業 33.4% となっている．

第5章

進出企業の現地化
——PEVE，アイシン東北，デンソー岩手，東北 KAT の事例——

は じ め に

　東北地方の自動車産業集積が競争力を持ったまま再生産していくためには，地場企業の成長と貢献を抜きにして語ることはできない．しかしながら，かつての戦後モータリゼーション期のように，完成車企業が今日の有力 Tier 1 を育成したのと同様に取引先企業を手取り足取り育成するといった構図を東北地方に望むことはもはや不可能である．この点において，TMEJ の完成車生産の過半を担う主力工場が立地する岩手県の地場企業支援方針は明確である．それはすなわち，気が遠くなるような道のりになることが予想される地場企業の（参入時からの）Tier 1 化を目指すのでは無く，あくまで東北地方に進出してきたデンソーやアイシン精機といった愛知県のトヨタ系有力部品企業の取引先として Tier 2 の地位を確固たるものにすることである[2]．部品取引の場合，東北地方に早くから展開していた民生用エレクトロニクス企業との取引で培ってきた精密加工分野が有望である．または，TMEJ や進出企業（TMEJ の Tier 1）向けに生産設備・金型・治工具類を納入する資本財取引に特化した参入形態もある．岩手県での地場企業の参入についてもう1つ特徴的なのは，無理をしてまで設計・開発機能の獲得を目指すのでは無く，鋳造，鍛造，金型といった基盤技術に優れる地元の岩手大学等との産学連携を念頭においた，現場に近い生産技術の高度化を志向していることである．

　本章では，岩手県が支援し Tier 2，Tier 3 化してきた地場企業のカウンターパートにあたる愛知県からの進出企業の行動様式について検討する．これにより進出企業が東北地方でどのような生産活動を展開し，地場企業との取引をつうじていかに事業活動の現地化を進めてきたのかという実態が明らかになる．また本章では，進出企業のなかでもトヨタ本体が過半出資し東北地方における

準・中核企業ともいえるプライムアース EV エナジー（以下，PEVE）の事例も扱う．同社が生産し TMEJ にも供給される二次電池は，自動車の電動化時代におけるコア技術の象徴である．PEVE の進出目的や生産戦略を分析することで，トヨタがいかに東北地方の生産拠点化に腐心しているかが明らかになるだろう．

　表5-1 は，中核企業が立地する東北地方3県における（サービス業を含む）トヨタ系進出企業を一覧化したものである．企業数は当該県の完成車事業規模に概ね比例していると言えるだろう[3]．また福島県には日産いわき工場が中核企業として立地するが，トヨタ系の完成車工場は存在しない．したがって福島県の進出企業は，東北地方のみを顧客とするのではなく，栃木県の日産栃木工場，埼玉県のホンダ埼玉製作所（狭山工場，寄居工場），群馬県の SUBARU 群馬製作所（本工場，矢島工場）をも念頭においた立地とみるのが正確だろう[4]．以上より本章では，もっぱら岩手県と宮城県の進出企業に注目する．岩手県の完成車生産量は宮城県の倍以上あり，その分進出企業の集積が顕著である．本章の事例研究では，進出企業のなかでも別格の PEVE（宮城工場）から始め，以下は岩手県のアイシン東北，デンソー岩手の順に見ていき，最後に東北 KAT を検討する．アイシン東北はアイシン精機が子会社を設立した純粋な進出事例として，デンソー岩手はデンソーが 2012 年に富士通セミコンダクター岩手工場を買収し進出した M&A 利用・時短型の進出事例として取り上げる．最後の東北 KAT は，資本関係上はトヨタ系ではないものの取引関係ではトヨタとの関係が密接な小島プレス工業が旧・日産系の進出企業を買収して進出した事例である．

　これら4社の並びは，トヨタからの関係性の強い順でもある．つまり，関係的近接性と地理的近接性の視点でみると，PEVE はトヨタ直系子会社，アイシン東北とデンソー岩手はともにトヨタ・グループ主要部品企業の東北地方子会社であり，資本関係及び役員派遣等人的交流の面で（トヨタの実質的な東北地方分工場である）TMEJ との関係的近接性を見出すことができる．その一方，東北 KAT を含む4社全ては，日常的な取引の利便性のため TMEJ 近隣に立地しているという点で地理的近接性を指摘することができる．それでは各社の状況を見ていこう．

表 5-1 岩手県，宮城県，福島県に立地するトヨタ系進出企業

岩手県

	企業名及び事業所名	株主構成
1	アイシン・ソフトウェア（旧アイシン・コムクルーズ）	アイシン精機58.9%，アイシン・エイ・ダブリュ41.1%
2	愛知陸運　金ヶ崎営業所	トヨタ，日野自動車，愛知日野自動車
3	ケー・アイ・ケー本社・北上工場	TMEJ100%
4	トヨタ紡織東北	トヨタ紡織
5	TB ソーテック東北	トヨタ紡織東北100%
6	アイシン東北	アイシン精機100%
7	EJ サービス　岩手事業所	TMEJ
8	関東商事　岩手事業所	TMEJ
9	デンソー岩手	デンソー100%
10	豊田合成東日本　岩手工場	豊田合成
11	トヨタ輸送　岩手営業所	トヨタ90.6%
12	東北シロキ	シロキ工業

宮城県

	企業名及び事業所名	株主構成
1	トヨテツ東北	豊田鉄工100%
2	豊田合成東日本　本社宮城工場	豊田合成
3	プライムアース EV エナジー　宮城工場	トヨタ80.5%，パナソニック19.5%
4	アイシン高丘東北	アイシン高丘100%
5	トヨタ紡織東北　宮城工場	トヨタ紡織

福島県

	企業名及び事業所名	株主構成
1	デンソー福島	デンソー100%
2	TB ソーテック東北　福島工場	トヨタ紡織東北100%

注）株主構成欄に企業名のみの項目は，直轄事業所もしくは出資比率不明.
出所）経済産業省東北経済産業局［2019］ほかをもとに筆者作成.

1．PEVE（プライムアース EV エナジー）の事例

(1)　企業概要

1 社目の事例は，静岡県湖西市に本社があり，東北地方には宮城県黒川郡大和町に宮城工場が立地する PEVE である．同社は，トヨタと旧・松下グループ（松下電器産業，松下電池工業）の合弁企業として 1996 年に設立された．設立時の社名はパナソニック EV エナジーであった．そのルーツは，旧・松下電池工業の工場である（現・PEVE 境宿工場）．もとの出資比率はトヨタ 40％，旧・松下グループ 60％であったが，2005 年にトヨタが増資し比率が逆転した．さらに，2010 年の第三者割当増資によってトヨタ 80.5％，パナソニック・グループ 19.5％という現在の出資比率となり，社名もプライムアース EV エナジーへと変更された．2021 年 4 月時点では，資本金 200 億円，従業員数 4715 名である．このうち，宮城工場の従業員数が 1501 名（うち正社員 1037 名）であり，全社の約 3 分の 1 を占める．当初はトヨタの HEV 向けにニッケル水素二次電池を生産していたが，2012 年からリチウムイオン二次電池の生産にも取り組むようになった．顧客であるトヨタでの採用が進んだことから 2019 年頃から後者の比率が高まってきている．それに合わせて売上高も伸びており，2020 年度のそれは 2080 億円であった．

(2)　事業活動

TMEJ が生産する全ての HEV に二次電池を供給する PEVE 宮城工場の生産能力は，ニッケル水素二次電池が 64 万台分／年，リチウムイオン二次電池が 60 万台分／年である．2023 年までには後者が 80 万台分／年まで増強される予定である．また同社全体としては，2023 年までに中国の子会社を含め 300 万台分／年の規模まで生産能力の増強を進める．

トヨタ・グループには他にも二次電池を生産している企業が複数ある．それらは，豊田自動織機，プライムプラネットエナジー＆ソリューションズ（以下，PPES），（高耐熱リチウムイオンキャパシタを生産する）ジェイテクトである．このうち 2020 年設立の PPES は，パナソニックの車載用角型リチウムイオン二次電池事業を事実上トヨタが継承する形での発足となった．出資比率はトヨタ 51％，パナソニック 49％であるが，生産拠点はいずれもパナソニックの二次

電池工場を継承している．親会社を共通とする PEVE と PPES の間には技術交流があり，いわば二頭立て馬車として二次電池供給面でトヨタの電動化戦略を支える構図である[7]．

　生産活動には安定した部材の調達を欠かすことができない．PEVE の生産品目は二次電池であり，その原材料費の大部分を占める部材（正極材，負極材，セパレータ，電解液等）は化学領域の大手企業から調達しているため，東北地方に立地する地場企業からの調達は限定的である．ケミカル部材はもっぱら九州地方，四国地方からの調達であり，その他の機構部品は愛知県の三河地区，そしてごく一部を東北地方から調達している[8]．したがって調達先の地理的な拡がりは全国区となる．生産設備も専門的なものが多いため東北地方からは調達していない．ただし，設備の保守・保全については地場企業に委ねることがある．PEVE には独自の協力会組織である「EV 会」があるが，加盟企業 61 社のなかで東北地方に立地する企業は 15 社（地場企業に限定するとより少ない）だけである．二次電池の生産という特殊性ゆえに，総じて宮城工場近隣の地場企業の存在感は小さい．なお，PEVE 宮城工場は設計・開発機能を有していない．

(3)　準・中核企業としての東北地方への貢献

　PEVE と TMEJ とはどちらも（議決権ベースで）トヨタの完全子会社であり，東北地方が震災から経済復興していく上で要となる存在である．TMEJ の生産車種のうち約 8 割が電動車（HEV 中心）であり，世界的な自動車の電動化という潮流に添った事業でもある．PEVE はその基幹部品である二次電池の生産を担っており，TMEJ とは車の両輪のような関係である．

　PEVE と TMEJ とがその事業活動によって東北地方に貢献しようとしている内容は，一過性のものではなく，人材教育をつうじた継続的なものづくり能力の構築を目指す復興である．PEVE は「TMEJ 協力会」にも属しており，ものづくりの相互研鑽に努めているのみならず，TMEJ が設立・運営する「トヨタ東日本学園」に従業員を派遣し技能向上に努めている．こうした組織単位，個人単位での交流をつうじて，両社は東北地方に国際水準のものづくり能力を根付かせようとしているのである．

　また，人口減少が急速に進む東北地方にあって，PEVE は次のような姿勢で人的資源の確保に臨んでいる．1 つは，少ない人員でも可能なものづくりの追求である．自動化や ICT の活用はそのための手段であり目的ではない．も

う 1 つは，魅力ある職場づくりである．従業員がやり甲斐を持って働ける環境を用意することができれば離職者を少なくすることができる．そのためには適正な利益を上げ続けられる健全な事業基盤が必要であり，それは自動車産業においては国際競争力の獲得とも言い換えることができるだろう．生産年齢人口の急減が避けられない東北地方にあっては，性別，年齢，国籍，学歴に関係なく優れた人材を一人でも多く採用し，働き続けてもらうことが望ましい．宮城工場では，これまでも工場内の現場作業者を年に 15 名から 50 名規模で新卒採用してきた．これに加えて，工場の急速な拡張にともない中途採用にも注力してきた．PEVE は雇用創出の面でも地域に貢献してきたのである．

2．アイシン東北の事例

(1) 企業概要

　2 社目の事例は，岩手県胆沢郡金ケ崎町に立地するアイシン東北である[9]．金ケ崎町には同社の顧客である TMEJ の岩手工場があり，ほかにもデンソー岩手やトヨタ紡織東北の金ケ崎工場がある．アイシン東北の設立は 1982 年と早く，TMEJ の前身である関東自動車工業岩手工場が竣工する 10 年以上前ということになる．岩手県からの誘致に応じて用地取得をしたのが設立前年の 1981 年であるが，メカトロニクス製品の生産が目的であり，岩手工場の進出を待ち伏せしていたわけではなかった．ところが当初の生産計画が変更になったことで，用地取得から 10 年以上放置されたままだったようである．1992 年になってエンジン部品の生産を開始し，1993 年には車体部品，その後に電子部品や駆動部品にまで生産品目を拡大してきた．

　2019 年 4 月 1 日時点のアイシン東北の資本金は 4.9 億円（アイシン精機 100%出資），従業員数は 480 名である．設計・開発機能はなく生産子会社である．東北地方に立地する部品企業のなかでは歴史があるものの，従業員の平均年齢は 36 歳と若い．また同社は，東日本に立地するアイシン精機のグループ会社 8 社で構成される「アイシン東日本連絡会（AEJC）[10]」の幹事会社である．

(2) 事業活動

　アイシン東北の 2018 年度の売上高は 134 億 5900 万円であった．事業内容としては，経営管理，自動車部品事業，エンジニアリング事業，農業の 4 部門に

分かれているが，最大のものは当然ながら自動車部品事業である．同事業では，商流上は親会社のアイシン精機向けが96.6％と大半を占めているが，直接納入する物流上の割合ではアイシン精機53.3％，TMEJ 30.1％，トヨタ自動車北海道16.6％となっている．アイシン精機にはエンジン関連部品及びエレクトロニクス関連部品，TMEJにはボディ関連部品，トヨタ自動車北海道にはトランスファシフト・アクチュエータをそれぞれ納入している[11]．TMEJ向けの直納比率は2007年頃に較べて倍増しており，同社では今後もこれを高めていきたいと考えている．

同社は「組立，造形，巻線，接合のプロ集団」を標榜しており，**図5-1**の事業ポートフォリオからも明らかなように得意とする要素技術は多岐にわたる．しかしながらそれには別の側面もある．技術領域が幅広いため品質管理上の苦労が絶えず，また社内での技術投資がどうしても分散されることになってしまうのである．

またエンジニアリング事業では，生産活動に必要になる設備を内製するばかりでなく，アイシン精機グループやトヨタ・グループの各社に販売することもある．例えばアクチュエータASSYの生産ラインは，アイシン精機グループ企業のタイ拠点から発注があった．ほかにも金ケ崎町内に立地するデンソー岩手への納入実績がある．デンソー岩手は半導体の前工程を担う工場であるため，アイシン東北では使用したことのない生産設備であった．

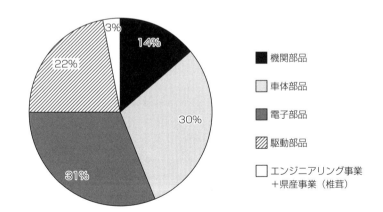

図5-1 アイシン東北の生産品目別売上比率
出所）同社インタビューをもとに筆者作成.

　一部の品目に偏らずバランスのとれた事業構成に見えるアイシン東北であるが，その道のりは決して平坦ではなかったようである．同社成長の歴史は，親会社によるグループ企業管理の論理に左右されながらも新しい生産品目に挑戦することの連続であった．アイシン精機は本社（愛知県刈谷市）で開発された技術のうち，成熟した領域のものを顧客である完成車企業の工場の近隣で生産するという大方針を採っている．グループ内での分業構造を決める大きな要素の1つが物流費である．アイシン東北が生産した部品を TMEJ に直納するのを親会社に認めてもらうためには，その生産コストが愛知県にある親会社の生産コストに岩手県までの物流費を載せた額を下回らなければならなかった．一見すると物流費の分だけアイシン東北が有利なようだが，親会社のものづくり能力は高く，コスト競争力も極めて高い．したがってそこに物流費が加わったとしても，ものづくりの経験が浅い東北の子会社にとっては強力な相手になる．アイシン東北は原価低減の努力を続け，親会社から東北地方での現地生産品目を1つずつ勝ち取ってきたのである．

　例えば，2000 年代前半に関東自動車工業岩手工場である車種の生産が打ち切られた時などは，アイシン東北の売上高が大きく落ち込んだ．その際，同社では納入リードタイムや物流費の分だけハンディキャップを負いながらも，親会社が生産していた電子部品の代替生産に挑戦した．当初は，アイシン東北で生産，愛知県（親会社）へ出荷，親会社から改めて関東自動車工業岩手工場へ納品という納入経路だったため，物流費を載せてもなお競争力のある価格にするための厳しい原価低減が求められた．こうした企業努力が実って電子部品の生産が親会社に認められたことで，2005 年以降はこれがアイシン東北の主要生産品目として定着した．その後 2012 年の TMEJ 発足頃を境に，ボディ関連部品を手始めにアイシン東北から TMEJ への直納が徐々に認められるようになっていった．直納率の上昇もアイシン東北の企業努力の賜物だったのである．

　こうして培われてきた高いものづくり能力は，生産現場の工夫にも現れている．アイシン東北では，"工場はショールーム"というコンセプトのもとコンパクトな生産ラインの構築を追求し続けている．例えば工場内に設置された生産設備の全高は 1500mm を上限とし，床面からの高さも 150mm に統一している．こうすることで，現場で働く従業員の圧迫感が解消され，同時に清掃しやすい環境が整えられた．今や工場内の景観は整然としており，5S（整理・整頓・清掃・清潔・躾）が徹底されている．

(3) 「ない物ねだり」ではなく長所を伸ばす調達政策

　愛知県からの進出企業であるアイシン東北が東北地方に最も貢献している点は，その事業活動をつうじての地場企業のものづくり能力向上に対する取り組みである．具体的には，同社の事業活動に必要な部品や設備の調達先である地場企業の育成である．

　2019 年時点，アイシン東北の仕入先は 4 次取引先まで含めると 44 社あり，[12] 購入部品は売上高の約 3 割，金額にして 40 億円ほどになる．わが国の自動車産業では，顧客からの高い QCD の要求水準を満たすためにサプライ・チェーンの代替性が相対的に低く，(国内外問わず) 進出先での現地調達率 (以下，現調率) は簡単に引き上げられないのが一般的である．アイシン東北もまた，愛知県からの支給部品に大きく依存した調達政策が長らく採られてきた．同社が現調率の引き上げを意識し始めたのは 2005 年頃とされる．ちょうど同社の生産品目の転換が図られ，電子部品生産が始まった時期である．当時のアイシン東北は，生産品目を拡げて付加価値を生み出し，企業としての存立基盤を何とかして獲得しようと躍起になっていたものの，調達先の開拓やその支援・育成の経験がなく手探りの状態から始めざるをえなかった．それでも地場企業との結びつきを強めることで，東北地方に立地する企業として地域経済に貢献したいという思いの方が勝っていたのである．2000 年頃に発足したばかりの同社の調達部門は，岩手県等からの企業紹介を受けたり，自ら調達先を開拓したりすることで仕入先を少しずつ増やしていった．

　この過程で分かってきたのは，東北地方には先に進出していたエレクトロニクス産業の技術蓄積があったため，そこで下請をしていた地場企業には小物精密プレス品や小物成形を得意とするところが多いということであった．電子部品の生産に着手したアイシン東北にとって，これらの部品調達が可能なのはうってつけであった．そこで，現調化は車体部品向けの小物部品から進めることにした．また設備調達面では内製を 1〜2 割程度に留め，5 割を地場企業から調達している．発注形態の多くは，アイシン東北が企画・設計し製造を地場企業に任せるというものである．このように同社では，過度な内製化や支給部品への依存から脱却し，事業活動の現地化を成し遂げ，東北地方に根付く姿勢を見せてきたのである．その手法は，地場企業に手の内を見せて信頼を得るとともに課題ごとのタスクフォースを組織し一緒に解決していくという地道なものであった．その上で同社が特に気を遣ってきたのは，地場企業の得意領域を

伸ばしていくことであった.

　こうしてアイシン東北は地場企業との取引を拡げていったが，全てが順調
だったわけではない．自動車産業での経験がない地場企業に対し，粘り強い指
導が続けられたのである．支援・育成の過程では，エレクトロニクス産業と自
動車産業を較べると，前者には発注量の変動が大きいこと，スピード感覚に差
があること，そして何より品質に対する考え方に決定的な違いがあること[13]が明
らかになった．こうしたものづくり特性の根本的な違いを理解させられず，育
成に失敗したこともあった．また東北地方では，大物プレス品や大物樹脂成形
品，さらにはその塗装といった領域を外注できる候補先がないという問題も
残っている．いずれもエレクトロニクス産業では不要だったため，それができ
る地場企業が育っていないのである．したがって現調率をこれまで以上に高め
るためには，地場企業のさらなる支援・育成が必要になってくることだろう.

(4)　特徴的な人材育成制度

　アイシン東北の現地化は，調達政策のみならず人事政策でも見られる．例え
ば，同社の新卒採用は高卒者が中心であるが，現場作業の経験を積ませながら
生産技術者としての育成も進めている．大卒者を設計技術者として中途採用す
ることはあるが，生産技術者は内部で育成するので十分だとのことである．新
卒採用された高卒者のうち，毎年2名が選抜されて愛知県にある「アイシン高
等学園」で1年間生産技術を学び，さらに親会社のアイシン精機で実務を経験
する．したがってこの2名は都合2～3年間は教育を兼ねた出向で岩手県を離
れることになるが，その間の給与は支給され続ける．こうした制度は出向者の
専門知識と技能の習得になるばかりでなく，親会社やグループ会社での人脈づ
くりにも寄与するのである.

　このような手厚い人材育成制度は，従業員のアイシン東北へのロイヤルティ
を高め，専門知識を持った人材の離職を避けることに繋がっている．同社では
生産現場の自動化により省人化にも努めているが，人口減少が深刻になってい
く東北地方での持続的な人的資源獲得のためには，働く人の満足度を高めるこ
とがいっそう重要性を増していくことだろう.

3．デンソー岩手の事例

(1)　企業概要

　3社目の事例は，アイシン東北と同じ岩手県胆沢郡金ケ崎町に立地するデンソー岩手である[14]．2021年1月末時点では，資本金23.5億円，従業員数1095名である．売上高は438億6800万円（2020年3月期）である[15]．同社の設立は1980年と古く，富士通の岩手工場としての発足であった．その後，2008年に富士通の半導体事業部門の分社にともない富士通マイクロエレクトロニクス（2010年には富士通セミコンダクターに社名変更）の岩手工場となる．同工場では，マイコン及びシステムLSI用の前工程（シリコンウエーハに回路を形成するところまでの処理工程）を担ってきた．その後2012年に従業員を引き継ぐ形でデンソーが同工場を買収し，完全子会社であるデンソー岩手の設立となった．先に紹介したアイシン東北とは対照的に，デンソー岩手の設立はM&A利用・時短型の進出である．デンソー岩手は，東北地方で先に展開していたエレクトロニクス企業の既存資産を巧く活用したため，短期間で事業を立ち上げることが可能であった．

(2)　事業活動

　2012年の設立後しばらくは，デンソー岩手の生産品目はカスタムIC用ウエーハのみだったが，2017年から車載用の各種半導体センサ，2019年からパワーカード生産へと領域を拡大してきた．さらに，TMEJ岩手工場でのヤリス立ち上げに連動するよう2019年6月からはコンビメータの生産を開始しており，半導体前工程，電子デバイスを経て車載用電装部品にまで事業領域を高度化してきている．

(3)　東北地方からグローバル市場へ

　本章でデンソー岩手を事例に取り上げた大きな理由は，東北地方の部品企業が目指すべき姿の潜在可能性を秘めているからである．それが自動車部品の輸出拠点化である．デンソー岩手で生産されたウエーハは，デンソーの後工程を担う工場に出荷されている．半導体前工程は典型的な資本集約型の事業であるため，生産活動はできるだけ集約することが望ましい．したがってデンソー岩

手のコスト競争力が十分であれば，デンソーの海外にある後工程の工場までもが出荷先の候補になる．輸出により海外市場が視野に入ってくるとなると事業成長の可能性は大いに高まる．拠点数が少ない前工程を担うデンソー岩手は，この条件に最も当てはまるのである．

　一般的に，完成車事業に較べると自動車部品事業の方が損益分岐点は高いことが多いため，（トヨタの「第 3 の拠点」とはいえ）完成車生産が 50〜60 万台規模の東北地方だけでは十分な収益が期待できず，それゆえ成長の余地は自ずと限られる．今まで以上に地場企業が自動車産業に参入し成長を信じて積極的な投資に踏み切るには，相応の見返りが必要である．TMEJ や本章で取り上げたような愛知県からの進出企業（Tier 1）との取引が，もっぱら国内ユーザーに照準を合わせたコンパクトカーの 50 万台規模に留まる（しかも人口減少により中長期的に市場は縮小するのが宿命づけられている）のではなく，そこで鍛えられ競争力を持った暁には海外市場の見とおしが開けるというのであれば，地場企業のモチベーションは俄然上がってくることだろう．こうして動機づけられた地場企業が増えることは，それらと取引する TMEJ や Tier 1 の競争力向上にも繋がるのである．

4．東北 KAT の事例

(1)　企業概要
　4 社目の事例は，岩手県北上市に立地する東北 KAT である[16]．同社は，2005 年に日産系部品企業の河西工業が 100％出資子会社として設立した岩手河西を起源とする．岩手河西は 2014 年にトヨタとの関係が深い小島プレス工業からの出資を受け入れ，社名を現在の東北 KAT へと変更した．社名変更時の出資比率は，小島プレス工業 76％，河西工業 24％である．2019 年時点の資本金は 1 億円，従業員数は 118 名（派遣社員を含めると約 150 名）である．

(2)　事業活動
　東北 KAT は 2016 年に内外装塗装部品工場を増築し，延べ床面積がそれまでの 1.5 倍超となった．主な生産品目は，コンソールボックス等の大物樹脂成形部品である．小島プレス工業全体の受注比率は樹脂成形部品 5 割，電子部品 4 割，鉄製部品 1 割である（2019 年 7 月時点）ため，東北 KAT は樹脂成形品の

比率が高いのが特徴である．同社の最大の強みは，東北地方ではまだ少ない
1000トン超の射出成形機を6台も備えている点にある．東北地方の製造業は
1970年代以降にエレクトロニクス産業を中心に発展したため，そこで下請の
仕事をしてきた地場企業の多くは，プロパーの自動車部品企業よりも一回り小
さい設備しか持たないところが多い．1000トン級の樹脂成形品を供給できる
ということは，当地ではそれだけで差別化の源泉になるのである．

　また同社では，EDI（電子受発注）システムをつうじて構成部品の受発注を行
うことで生産現場での仕掛品在庫，完成部品在庫，治具類を削減したことに加
えて，受発注や検収に要する事務工数の削減にも成功した．そしてその結果，
TMEJ岩手工場の取引先としては，SWS東日本（住友電装系），東北イノアック
（イノアックコーポレーション系）に次いで3番目に「順序生産・順序納入」を実
現することができた．ここでの「順序生産・順序納入」とは，TMEJでの生
産予定の2日前に確定発注された部品の納入順，そして塗装工程での手直し発
生にともない総組立への投入が変更された順序に合わせて部品を生産し納入す
ることを指す．最終的に総組立の順序が決まるのは，ボディーが生産ラインに
投入される約6時間前である．これはいわば，TMEJの完成車工場と東北地
方に立地する部品企業の工場との完全なる生産同期化とも評価できるが，それ
は東北地方にTMEJ以外の完成車工場が存在しないからこそ成立しうる強み
とも言えるだろう．

(3) 地場企業を巻き込んだ「チーム東北小島」の枠組み

　東北地方の自動車産業集積にとって東北KATが模範となりうるのが，地場
企業の強みを最大限引き出す形での生産連関のあり方である．東北KATの親
会社である小島プレス工業では，TMEJから納入リードタイム短縮の要望を
受けたことで，小島プレス工業の理念に賛同できる地場企業6社（登米精巧，東
北電子工業，三陸化成，緒方製作所，サンケミカル，北上エレメック）と協力関係を構
築し2012年に「チーム東北小島」を結成した．これら6社と知り合ったきっ
かけは，岩手県と宮城県からの紹介であった．その後2015年には，これらの
地場企業とともに「マル改自主研究会」を立ち上げている．この活動をつうじ
て，小島プレス工業が資本参加した東北KATは，地場企業とともに成長して
いく覚悟を決めたのである．このような関係性は，かつてわが国のトヨタをは
じめとする完成車企業が協力会組織をつうじて取引先の育成に努めた構図と酷

似している．21 世紀の東北地方では，その実施主体が完成車企業ではなく有力 Tier 1 なのである．

　東北 KAT が主導するチーム東北小島の編成原理はユニークである．**図 5-2** にその構成を示すが，チーム東北小島とは，親会社である小島プレス工業が中部地方においてトヨタとの取引のために展開している部品別アライアンスの枠組みを東北地方の企業群で再構成したものである．中部地方に立地する小島プレス工業グループ各社がマザー工場となり，部品別にチーム東北小島の構成企業を支援・育成するのである．したがって東北 KAT がリーダー格の企業として東北地方の地場企業を束ねるというよりも，同社もまた 1 メンバーであるという意味では，チーム東北小島の各社とは対等の関係ということになる．こうすることで支援する側・される側双方の技術移転効率が上がり，小島プレス工業グループの東北地方における事業活動の現地化が円滑に進んだのである．

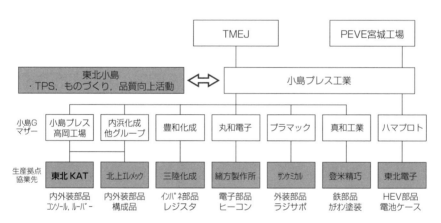

図 5-2　小島プレス工業グループの東北地方マザー工場制
出所）東北 KAT 掲示資料をもとに一部筆者改編．

小　　　括

　本章では，岩手県，宮城県に立地する進出企業の行動様式について検討することで，これら TMEJ の Tier 1 が東北地方でどのような生産活動を展開し，また地場企業との取引をつうじていかに事業活動の現地化を進めてきたのかという実態を明らかにしてきた．PEVE，アイシン東北，デンソー岩手，東北

KAT は，それぞれ TMEJ との関係性や進出形態に違いがあったものの，いずれも事業活動の拡大によって現地での雇用の受け皿として機能するばかりでなく，地場企業との取引を深める過程でものづくり能力の育成にも注力してきた．これはつまり，トヨタ生産方式がまさにそうであるように，わが国が世界に誇る効率的な生産システムの大規模な技術移転が両県で同時並行的に進められているということである．そしてその大前提として，人を育てるということが等しく重視されていた．

　PEVE 宮城工場は，生産能力の増強をつうじた事業規模拡大による雇用創出面での貢献が著しく大きかった．また準・中核企業として，TMEJ が運営する「トヨタ東日本学園」へ講師を派遣し人材育成にも貢献していた．

　アイシン東北と東北 KAT とは，積極的に地場企業を開拓し，粘り強い支援・育成を経て東北地方での自動車産業の裾野を拡げてきた．両社の特長は，地場企業を単なる下請として利用するのではなく，タスクフォースやチームとして対等な関係を築こうとしていることである．両社の取り組みは，東北地方での現調率を高めようとする発注側企業が，どうすれば地場企業を自社の生産連関に組み込むことができるかという問いに有益な示唆を与えてくれる．

　デンソー岩手は，富士通からの工場買収時に従業員を引き継いだことで雇用を守ってきた．同社が持つポテンシャルは，ウエーハの輸出拠点化であった．東北地方での TMEJ の生産台数は 50 万台から 60 万台規模に過ぎず，生産される車種がコンパクトカー中心という点を考慮すると，完成車輸出の大幅増があるとは考えにくい．他方で国内の少子高齢化の進展が不可避である以上，国内需要の増加を期待することもできそうにない．したがって東北地方の TMEJ だけを見ていると，部品企業にとっては市場の成長がさほど見込めないのだが，輸出という出口戦略を描くことができれば東北地方に立地したままでも成長の機会は訪れる．輸出に関与する部品企業が増えれば，事業拡大の見とおしを持って新規参入しようとする地場企業も出てくるだろう．厳しい取引条件を課される以上，相応の見返りは必要になる．デンソー岩手の事例は，東北地方で自動車部品事業に携わる企業にとっての 1 つの方向性を示しているのである．

　このように，進出企業はいずれも東北地方に根を下ろし，現地化しようとしている．地場企業もまた，進出企業からの支援・育成を受けて自動車産業への関与を深めていくことだろう．次の課題は，未だ Tier 2，Tier 3 に留まるこれ

らの地場企業から，競争力を高め Tier 1 化するところが 1 社でも多く出てくることである．Tier 1 化は TMEJ 以外の完成車企業との新規取引の可能性を高めるし，その拡がりは国内ばかりとも限らない．世界的な自動車の電動化の潮流は，エレクトロニクス産業での経験が長い地場企業にとって追い風にもなる．そこにコミットすることで，いっそうの成長が期待できるのである．

　しかしながら，進出企業には別の大きな課題が依然として残されている．それは序章でもくり返し指摘したように，東北地方での事業活動の大半が（生産技術を含む）生産活動だけであり，より高い付加価値を生み出す設計・開発機能や現地調達の権限が付与されていないことである．東北地方の中核企業たる TMEJ がそうであるのと同様に，進出企業もまた愛知県の親会社によるグループ企業の管理政策の支配下にあり，アサインされた事業領域は生産機能に概ね限定されている．誤解を怖れずに言うならば，今のままではこれら進出企業のことを自律的な組織であるとは形容しがたい．東北地方の自動車産業集積とは，未だ巨大な分工場型経済圏の性格を脱してはいないのである．

　注
1）2021 年 4 月にアイシン精機とアイシン・エイ・ダブリュは合併しアイシンとなったが，本書では調査・分析当時の社名であるアイシン精機の表記のままとする．
2）2019 年 6 月 3 日に実施した，岩手県商工労働観光部ものづくり自動車産業振興室へのインタビューによる．岩手県の支援方針は TMEJ の調達戦略とも符号する．『日本経済新聞』2021 年 3 月 11 日，地方経済面（中部）には，「TMEJ はまず，中部や関東の一次取引先の東北進出を促し，地元企業は二次，三次取引先として参入してもらうよう後押ししてきた」との記述がある．
3）この表は法人数基準であるため，実際の事業所数はもう少し多いことになる．
4）デンソー福島の企業名が 2008 年設立時にはデンソー東日本だった（2014 年に現在の社名へ変更）ことからも，必ずしも東北地方だけが納入先ではなく，北関東のこれら完成車企業との取引を見込んでいたことは明白である．何よりも生産品目の中心がカーエアコンであり，こういったバルキーな大物部品は，一般的には完成車工場にできるだけ近いところで生産するのが好まれる．
5）以下の PEVE に関する記述は，2021 年 5 月 31 日に実施した同社へのオンライン・インタビューに基づく．
6）電動車需要の高まりを受け，同社では近年生産能力の増強が急ピッチで進められている．既に湖西市にある大森工場と境宿工場では，敷地いっぱいまで工場が建てられて

　いる. そのため湖西市内に新用地の取得を検討している. また宮城工場は 2019 年第
　4 工場, 2020 年第 5 工場と拡張し, 2021 年以降, 第 6, 第 7 工場を稼働させる計画
　である.

7）両社及び豊田自動織機のどこから二次電池を調達するかはトヨタが決める. いわゆる
　"電費" を高効率化するには, 新車開発段階から車種ごとに適した二次電池の制御が
　必要になるためである.

8）東北地方での調達先は, 宮城県, 福島県に立地する数社程度に留まる. そのうちの一
　部は PEVE が支援・育成してきたところである. なお宮城工場はもっぱら受発注の
　みを担っており, 調達権は本社にある.

9）以下のアイシン東北に関する記述は, 2019 年 7 月 30 日に実施した同社工場見学並び
　にインタビューに基づく.

10）構成企業は, アイシン精機, アイシン北海道, アイシン・コムクルーズ, 山形クラッ
　チ, 埼玉工業, 東北シロキ, アイシン高丘東北, 及びアイシン東北である. 親会社を
　除く AEJC の従業員総数は約 1400 名, 売上高は約 4600 億円である（インタビュー
　当時）.

11）トランスミッションを生産するトヨタ自動車北海道から TMEJ に直納される部品が
　あるが, これらとアイシン東北の部品とは重複しておらず, 両社は補完関係にある.

12）納入リードタイムを考慮すると, アイシン東北から直線距離で 100km 圏内の調達が
　理想とされる. ただし実際の仕入先の分布を見てみると, 部品・設備ともに東北自動
　車道に沿って岩手県, 宮城県が多いが, 福島県にも一定数ある. また山形県の仕入先
　も決して少なくない. 部品に関しては秋田県にも複数社の仕入先がある.

13）端的に言えば, 自動車産業が原則としてゼロ・ディフェクト（不良品ゼロ）を目指す
　のに対し, エレクトロニクス産業では一定比率の不具合は発生するものとみなす思想
　の差である. 品質に対する要求水準は, 人の命に直接関わる自動車産業の方が桁違い
　に高い.

14）以下のデンソー岩手に関する記述は, 同社ウェブサイトでの公開情報に基づく.

15）官報決算データベースによると, 前年の 2019 年 3 月期の売上高は 242 億 8400 万円で
　あったことから, 後述するように同年の生産品目拡大によって大幅な増収になったと
　考えられる.

16）以下の東北 KAT に関する記述は, 2019 年 7 月 29 日に実施した同社工場見学並びに
　インタビューに基づく.

17）ただし全ての納入部品が対応済みというわけではなく, TMEJ が生産するコンパク
　ト SUV・C-HR 向けのコンソール ASSY においてまずは導入が進んだ.「順序生産・

順序納入」への対応は，小島プレス工業グループとしても初の試みであった．

18)『日本経済新聞』2017 年 6 月 29 日電子版,「第 3 のトヨタ王国，東北に芽吹く」参照．

第6章

地場企業の参入
——岩手県生産設備関連企業の事例——

はじめに

　本章では岩手県内の地場中小企業，なかでも生産設備や治具，装置関連（以下，生産設備関連）に係る資本財企業の取り組みを概観する．ここで岩手県内の生産設備関連企業に注目するのは，下記2点の理由による．

　1点目は，東北地方の自動車産業集積の形成は，関東自動車工業が岩手県金ケ崎町に岩手工場を竣工（1993年）したのを皮切りにしていることである．同社よりも前に東北地方への進出を果たした例として，ケーヒン（1969年，宮城県角田市）や同時期進出例として日産のエンジン工場（1994年，福島県いわき市）等が挙げられるが，完成車組立工場として稼働したのは関東自動車工業が初である．近隣にはトヨタ系部品企業が相次いで進出しており，各社が生産設備を調達している．先行研究や筆者らの調査でも確認したように，進出企業の多くは生産機能に特化した子会社であり，その開発，調達に係る権限は中部地方など本社近隣に集約されている場合がほとんどである[1]．一方で，工場に設置される生産設備や工程に配置される治具，装置類，もしくは消耗品や副資材などの購入は進出企業に権限があるケースが多い．調達項目によって拠点の権限が異なるのは東北地方に限ったことではなく[2]，同じく完成車企業や部品企業などの生産委託子会社が集積する九州も同様である[3]．

　そして2点目は，県内に立地するTMEJやアイシン東北等の完成車企業，Tier 1の生産設備や工程づくりに関する地場企業の取り組みが高く評価されていることである．第1章でも触れているようにTMEJはからくりを用いたモノづくりを進めており，岩手県の自動車産業を研究する田中[2016]も，TMEJ岩手工場を，「旧・関東自動車工業の時代より小さな設備と動力で大きな機械や部品を動かす『からくり』の原理を応用した，『手づくり』にこだ

わった独自の設備や工程づくりが盛ん[4]」と評している．さらに田中はアイシン東北に関しても「設備についてはほぼ完全な現調化が実現しており，独自の設備・機械や金型の開発においても，……（中略）……近隣の地場企業が参画している[5]」と指摘する．これら進出企業と取引する地場企業の生産設備関連事業に関して注目することは，県内企業，ひいては東北地方の自動車産業が進むべき方向性を考えるきっかけになるだろう[6]．

　東北地方の自動車産業を見ていく際には，当地において製品開発や部品調達機能が脆弱であるといったネガティブな側面ばかりに固執するのではなく，新興の自動車産業集積地が域内だけで自動車製品を作り上げることがいかに難しいか，そして 2012 年上市の「アクア」のように，新車種の生産立ち上げにどれだけの努力が積み重ねられてきたのかというポジティブな側面にこそ注目すべきだろう．新車種の生産立ち上げを概ね東北地方の域内で完結できるのか，あるいは中部地方に技術者の応援派遣を要請しなければならないのか，その違いによっても地域自動車産業を捉える視点は変わってくる．今後，東北地方の生産規模がいっそう拡大するならば，生産設備関連の技術はこれまで以上に重要になると想定されるのである．

　以上のように，進出企業が決裁権限を持ち，東北地方の域内で調達される可能性が高い品目と，権限が他地域に集約されている品目とを区別してその調達実態を確認することも，地域自動車産業の現状を確認する 1 つの手段足りうる．前述の TMEJ やアイシン東北の例に見るように，東北地方の自動車産業はQCD 向上のために様々な創意工夫を施し，他地域に負けないモノづくりを志向している．本書では東北地方を域外依存型の集積地として括るが，本章で確認するように，これら進出企業の生産現場を支える地場企業は県内に一定数存在する．域外依存型のなかでも生産設備関連に関する技術を有している地場企業群がどのような役割を担うのか，それを確認することで同様に域外依存型に括られる北部九州圏との違いもみえてくることだろう[7]．

　そこで本章では，まず岩手県内における自動車産業拡大の様相を部品企業の参入状況から確認し，次いで生産設備や治具関連に携わる地場企業 3 社の事例を紹介したうえで，これらの業種に係る企業と自動車産業との関わりについて考察を加える．

1.「東北の自動車産業関連企業マップ」(2019年)から見た，岩手県生産設備関連企業

　表6-1は，岩手県に立地する自動車産業に必要な技術を保有する企業数を集計したものである[8]．保有技術として最も多い項目は「機械加工」(69事業所)である．掲載企業には，地場企業のほかトヨタ紡織東北や日立オートモティブシステムズハイキャスト（現・日立Astemoハイキャスト），ミクニ，アイシン東北といった進出企業も多い．各事業所名をウェブサイトから確認すると，69事業所のうち38事業所が県内の地場中小企業であり，残りは全て進出企業だった．地場企業38社のウェブサイトを閲覧した限りでは，必ずしも取引先は自動車産業ばかりでなく，エレクトロニクス産業に係る加工分野を担っている企業が多い．本章で確認する「金型・治工具」，「自動機・装置等」を保有技術として挙げる企業は，前者が52事業所，後者が32事業所となっており，比較的数が多い技術分野である．こちらも同様に各社・事業所のウェブサイトを確認すると，地場企業はそれぞれ34事業所，22事業所であり，「機械加工」分野に比べると地場企業の比率が高いことが分かる．

表6-1　岩手県の技術分野別企業数（H31［2019］年）

(単位：社)

本社・親会社所在地	企業数	材料（各種鋼材を含む）	樹脂成形	ゴム製品	鋳造	鍛造	プレス加工	製缶・板金	機械加工	特殊加工（溶接、研磨等）	表面処理（メッキ・印刷・熱処理等含む）	塗装	縫製等	車載電装	電子部品、デバイスの実装・組立	部品組立等	金型・治工具	自動機・装置等	ばね	ソフトウェア	その他
岩手県	79	0	16	4	4	2	19	2	38	16	17	14	0	7	10	8	34	22	1	3	21
域外	73	2	25	6	5	5	22	0	31	15	12	6	2	5	11	1	18	10	1	1	20
合計	152	2	41	10	9	7	41	2	69	31	29	20	2	12	21	9	52	32	2	4	41

出所）経済産業省東北経済産業局［2019］，公益財団法人いわて産業振興センター［2018］，各社ウェブサイトより筆者作成．

2．岩手県内企業による自動車産業への参入例

　本節では，生産設備関連事業に係る岩手県の地場中小企業3社の事例を検討する．まず確認しておくべきは，これら3社いずれもが，もとは自動車産業ではなくエレクトロニクス産業に従事していたことである．自明のことであるが，東北地方の自動車産業が成長するまでは，岩手県では半導体，家電，プリンターに代表されるエレクトロニクス産業が重要な地位を占めていた．特に，北上市は1961年という早い段階から企業誘致を進めてきた．その結果，大手エレクトロニクス企業の進出が進み，関連する企業の集積が進んだ.[9]　工業統計調査によると，1960年の製造品出荷額等に占める電気機械器具製造業の割合はわずか0.1％に過ぎなかったが，ITバブル崩壊前の2000年にはそれが40.8％にまで上昇している．

　県内の他地域でも企業誘致は進められた．盛岡市の南部に隣接する矢巾町には，1967年にアイワ岩手が設立された．また，玉山村（現・盛岡市）には，1975年にアルプス電気盛岡工場が設立され，1960年代からエレクトロニクス企業の立地が進み，岩手県内における基幹的な産業として成長を続けてきたのである．

　しかしながら2001年のITバブル崩壊にともない，岩手県のエレクトロニクス産業は大きな転機を迎えた．まず，2002年にアイワ岩手とアルプス電気盛岡工場が閉鎖されたのである．両社の閉鎖は，岩手県の経済に2つの点で大きな影響を与えた．1点目は，同時期に多くの失業者が発生してしまったことである．両社の閉鎖にともない，それぞれ500人強の失職が予想されたため,[10]雇用対策が喫緊の課題になったのである．2点目は，これらの大手エレクトロニクス企業と取引をしていた地場企業の仕事量が大きく減少してしまったことである．本章で事例に取り上げる地場中小企業も，ITバブル崩壊まではエレクトロニクス企業が主要取引先であった．

　このような状況の中で，2003年に岩手県は「いわて自動車産業集積プロジェクト」を立ち上げて地場企業の自動車産業への参入を促すようになっていったのである.[11]　以降，3社の事例を分析することで，岩手県の地場中小企業がエレクトロニクス産業から自動車産業への参入を果たし成長を続けることができた要因を明らかにする．

(1)　A 社の事例

(ⅰ) 企業概要

A 社は岩手県花巻市に本社を置く治具企業である.[12] 同社の設立は 1986 年,2020 年 2 月時点の資本金は 1100 万円,従業員数は約 40 名である. 主要事業領域は,自動車,半導体,プリンター関連,光学関連,医療機器向けである.

従来は半導体関連が主力事業であったが,現在はそれが自動車関連になっている. 自動車関連事業の主要取引先は,東北地方に生産拠点がある完成車企業と Tier 1 各社である. 同社売上高に占める自動車関連事業の割合は大きく,時期により変動はあるものの,概ね 30％から 70％の範囲内にある. とりわけ新車種の生産立ち上げ時には,受注量が増えて 70％程度まで上がる. 一方で,モデルチェンジの端境期には受注量が大きく落ち込むため,比率は 30％ほどに下がる. この理由は,治具は量産部品とは異なり,生産立ち上げ時にだけ顧客からの発注が集中するという性質によるものである. いったん立ち上がった生産ラインでは,増産や破損等による更新を除けば,治具の追加需要はそう多くない. そのため,毎月発注がある取引先もあれば,たまにしか発注が来ない取引先もある. 取引の変動量が極めて大きいのが特徴である.

(ⅱ) 自動車産業への参入の経緯

A 社が自動車産業に参入するきっかけとなったのが 2001 年の IT バブル崩壊である. その当時の主力であった半導体事業の売上高が大きく減少したため,同社では新たな事業への進出を検討していたのである. 実際に参入を決めたのは,(当時の) 社長が商工会で自動車事業に取り組もうとしていたことが大きい. また,完成車企業も地場企業との取引がないことを気にかけていた. こうして A 社の状況と完成車企業の事情が一致したことで,自動車産業への参入が決まったのである.

(ⅲ) 競争優位

同社では,品質面とコスト面が強みだと自認している. これまで社外に出た不具合はないとされる. 納期だけではなく,決算処理のスピードが早いことも強みである. 中小企業では手続きに約 2 カ月かかるのが一般的だが,同社では帳簿の締めから数えて 1 週間〜10 日程度で処理が完了する. これによって受注残がすぐにわかるため,工場の余力を正確に把握して営業することができる

のである．

　自動車産業の取引先はどこも要求水準が高いため，参入したことによって QCD は向上したという．ただし，自動車関連の顧客からは「過剰品質」とも言われている．品質を落としてコストを下げるように言われるが，取引してきた半導体企業向けの要求水準に合わせると必然的にその品質にまで上がってしまう．また，自動車産業向けにわざわざ品質を落としてしまうことは，かえって自社の手間になってしまうようである．また自動車産業への参入に際しては，エレクトロニクス産業での仕事で培った加工技術を応用している．新規参入のために一から全く新しい技術を開発したわけではない．

(2)　石神製作所の事例

（ⅰ）企業概要

　石神製作所は，花巻市に本社を置く治具，生産設備企業である．同社の設立は 1957 年，2020 年 2 月時点の資本金は 1000 万円，従業員数は 38 名である．主要事業領域は，アルプス電気，村田製作所，JUKI 産機テクノロジー等を顧客とするエレクトロニクス産業と TMEJ，アイシン東北，デンソー岩手等を顧客とする自動車産業である．同社の売上高に占める両事業の割合は，およそ半分ずつである．

　以前はアルプス電気向けだけで売上高の 50％から 60％を占めていたが，2002 年にアルプス電気盛岡工場が閉鎖してからはエレクトロニクス企業からの受注は減った．そこで 2015 年頃から自動車産業に参入し，2017 年に本格的に注力するようになった．自動車産業向けの仕事は増えた一方で，米中貿易摩擦の影響でエレクトロニクス産業向けの仕事はさらに減ってしまった．そのため，事業の構成比は変わったが合計の売上高は従来とあまり変わっていない．

（ⅱ）自動車産業への参入の経緯

　自動車産業への参入を考えたのは，近隣に完成車工場が立地していたからである．首都圏には多数の企業があるため，同社が進出するのは難しかった．一方で，岩手県には競合企業が少ないため，地元ならば自動車産業に参入しても競争していけるだろうと考えたのである．また，同社は生産設備を手掛けているため，プレス機の購入のような高額投資が不要だったことも参入の決断を後押しした．その他の理由としては，中部地方の愛知県からは生産設備関連企業

が東北地方にまで進出して来なかったことも挙げられる.

　自動車産業に参入してから最初の仕事は,塗装工程と溶接工程向けの治具納入であった.同社は,社内で設計・試作・テストを経て顧客の生産ラインの要望に合わせた治具,生産設備を納入することができる.近年は,タイヤの締め付け工程を自動化するラインで使用する生産設備も手がけている.デンソー岩手,アイシン東北とは,営業活動が実を結んで受注に成功し取引を始めた.前述のように,愛知県の生産設備関連企業は進出して来なかったため,これら進出 Tier 1 は東北地方の域内で保守・保全のできる企業を探していた.すなわち,石神製作所の状況とデンソー岩手等の事情が一致したため,取引につながったということである.

（iii）競争優位

　石神製作所の強みは,QCD の対応力である.引き合いがあればすぐに見積もりを出すことができる.ただし,納期を守るために残業が必要なことが課題になっている.

　事業分野としては,溶接工程,タイヤ検査工程等のラインの改善につながる設備を得意としている.エレクトロニクス産業向けに培ってきた技術が強みになっている.ただし,自社の工場の規模の制約もあり,あまり大きな設備を生産することはできない.また QCD については,自動車産業に参入したから能力が上がったのではなく,むしろ自動車産業向けの方がエレクトロニクス産業向けよりも大型で要求される精度が低いものもあったため,要求に応えるのは楽だったようである.

　石神製作所においても,自動車産業への参入に際しては,それまでのエレクトロニクス産業での取引で蓄積してきた技術を応用している.これは前項で提示した A 社と同様である.

（3）　B 社の事例

（i）企業概要

　B 社は,東北地方に立地する大手エレクトロニクス企業で通信用リレーや車載用リレーの設備を設計開発していた現在の代表が,2000 年代初頭に同僚らとともに設立した中小企業である.2020 年時点の資本金は約 2000 万円,従業員数は 50 名弱である.得意とするのは,半導体や電子デバイス産業向け,そ

して自動車産業向けの生産設備である．とりわけ自動化製造装置の開発・生産に強みを持つ．Ｂ社は中小企業だが，後継者不足で廃業を余儀なくされていた県内の同業者を買収し規模拡大を続けている．近年ではＢ社が扱うよりも大型の装置を手掛けていた同業者を買収し，自社開発製品の幅を広げている．

　一方で，同社の協力工場は県内だけでなく秋田県にもあり，その数は 10 社ほどになる．Ｂ社には工作機械がひと通り揃っているものの，人手が足りないために外注加工の利用も多い．製造原価の 8 割近くを外注品が占めるとされるが，県内の協力工場は近年需要が堅調な半導体企業の下請業務を主としているため，協力を得ることが難しくなっている．秋田県にまで協力先を広げているのは，こうした理由のためである．

（ⅱ）自動車産業への参入の経緯

　同社が自動車産業へ参入を果たしたのは，TMEJ の設立時期である 2010 年代に遡る．Ｂ社の創業時は自動車産業をターゲットにはしておらず，もっぱら半導体，電子デバイス企業と取引していた．しかしながら，TMEJ が設立された頃を境に，代表の知人を介して自動車関連企業からの引き合いが急増したという．当時は半導体企業の業績が振るわず，自動車産業の方が活気があるように見えたことから，徐々に自動車産業向けに経営資源を傾注するようになっていった．半導体産業の回転の早さと自動車産業の受注量の多さとを比較考量した結果，同社は後者の方を選択したのである．こうした経緯により，同社の売上高のほとんどを自動車産業向けが占めるようになったのである．

　生産設備は，それを用いて製造される品目によって外形寸法が決まるものである．同社が手掛ける生産設備は，「比較的小さなワーク」を扱うサイズである．これ以上の大きさを手掛けるのは，工場のスペース面の制約があり難しい．他方で仕事量は増していることから，近隣工場の空きスペースを借りることで受注増になんとか対応している．

　加えて興味深いのが，同社の納品先は，国内に留まらず海外にまで拡大している点である．Ｂ社は，東北地方での取引実績から進出企業の本拠地がある中部地方（もっぱら愛知県）にも生産設備を納入することがあるが，そのうち売上高基準で約 8 割から 9 割が国内顧客を経由して海外にも出荷されている．Ｂ社は納入時の据え付けやセットアップのために海外の出荷先に赴くことはあっても，日常的な保守・保全までは行なっていない．現状，それらは納入先の顧客

が自ら手掛けるか，現地の企業に任せられている．

（iii）競争優位

　B社は，生産設備の設計・開発から（部品加工，組立といった）製造，そして納入時の据え付けや調整までを一貫して手掛けられるため，顧客からの相談が絶えることはないという．海外への納品時には同社が製品評価や貿易業務まで行うため，顧客にとっては便利な存在でもある．また，同社が手掛ける生産設備はフレキシブルであり，特定工程にしか使えないのではなく，ある程度汎用性を持った使い方ができるのが特長である．こうした強みがあることで，顧客は生産設備の調達時に同社を選ぶことが多くなるようである．

　この技術力の高さときめ細かい顧客対応力に加えて，同社には大手の進出企業に近接立地しているという地の利がある．近隣に自動車産業に携わっている競合企業は少ない．以上に示したように，技術力に現れる組織能力の高さ，そして地の利こそが，同社の最大の強みなのである．

3.　3つの事例の考察

　前節では，岩手県の地場企業3社が自動車産業に参入してきた経緯を見てきた．3社へのインタビューから明らかになった共通点として，①エレクトロニクス産業での取引で培った技術を活用して自動車産業に参入したこと，②東北地方に進出してきた完成車企業やTier 1がそもそも地場企業との取引を望んでいたことを挙げることができる．

　既存技術の活用に関しては，A社が半導体産業向けの加工技術を活用して自動車産業に参入していたのが典型であった．同様に，石神製作所やB社は，エレクトロニクス企業向け設備の技術を活用して自動車産業に参入していた．すなわち，3社とも既存の経営資源であるコア技術を媒介とする関連多角化によって事業を拡大してきたのである．本章の事例で取り上げた地場企業以外へのインタビューでは，東北地方の地場企業にとっては，自動車産業向けよりも半導体企業向けの方がより精密な生産設備が求められるとのコメントが得られた．エレクトロニクス産業での経験は，自動車産業への参入時に有利に働くこともあったということである．事例に取り上げた3社もまた，その技術力の高さを活かしてエレクトロニクス産業から自動車産業への事業転換を図ってきた

のである.

　他方で，地場企業へのインタビューでは次のようなコメントも得られた. それらは例えば，「自動車産業の仕事はQCDの要求が厳しい」，「半導体企業向けの仕事からの移行は難しい」，「トヨタの本拠地がある愛知県に比べると東北地方の完成車の生産台数は限られるため，下請の仕事量が限定的」といった声である. しかしながら事例に取り上げた3社の自動車産業に参入する姿勢は，こうしたコメントをした地場企業とは逆行するものであった. 加えて，B社のように顧客を経由して海外にまで販路を拡大している例があるということを考えると，現時点では量的規模が限られる東北地方の事業だったとしても，輸出という選択肢が付与されることで，地場企業には必ずしも東北地方の立地に制約されない成長の可能性が残されているということなのである.[13]

　他方で，生産設備等に係る事業だったからこそ，B社のような地場中小企業の海外展開が可能だったという面も否めない. いわゆる量産部品取引の場合は，海外現地企業もしくは進出した日系企業によってサプライ・チェーンが形成されることが多い. しかしこれが受注量の変動の大きい生産設備になると，量産部品のように既存の取引先だったり現地企業だったりが必ずしも有利になるわけではないということなのである.

　本章で取り上げた3社の事例からは，東北地方の地場企業が自動車産業に参入することが，大きな成長の可能性につながっていることが明らかになった. 東北地方に進出してきた完成車企業や大手Tier 1は，生産コストの低減という現実的な目的ばかりでなく，彼ら自身が東北地方に根を下ろし事業の現地化を図るという意図からも地場企業との取引を望んでいる. 他方の地場企業にとっても，自動車産業への参入は企業成長の可能性を拓くものである. 現時点で自動車産業以外の事業に従事している地場企業も，その技術を活用して自動車産業への参入を検討してみる価値があるだろう.

小　　　括

　先行研究では，岩手県内には同業種がチームとして自動車部品製造に取り組んだ「プラ21」の事例をはじめとする地場中小企業の事例が挙げられているが，本章では3社の事例を通じて先行研究が注目してこなかった生産設備や治具等の取引実態を明らかにしてきた. この3社に共通するのは，中小企業だか[14]

ら自動車産業への参入は無理だと決めつけるのではなく，新規参入にあたって自社の経営資源をどのように配分すべきかを熟考し，自動車産業と向き合う姿勢を鮮明に示した点である．企業が新たな事業に参入する際には，その設備投資に係る減価償却分が新事業分野の製品に上乗せされることが多い．そのため製品単価が高くなってしまい，後から参入する企業ほど先行企業とのコスト競争面で不利になることが多い．A社が指摘していたように，生産設備等に係る事業では既存事業で用いた設備をそのまま転用できることが多いため，量産部品の生産よりも初期投資は小さくて済む[15)]．それでも受注から入金までに要する時間を考えると，自社の他の事業でその負荷を吸収する必要が生じる．こうした事業ポートフォリオのマネジメントは，高度な意思決定をともなうものである．したがって新規参入時には，経営者の決断こそが最も重要になってくる．

　本章にみた生産設備，治具，装置に関する事業は，前述のとおり地場企業にも（Tier 1 化を含め）取引可能性が広がる分野である．トヨタは 2011 年の東日本大震災や 2010 年代半ばまで続いた円高基調への対応（並びに部品企業への要求）として，企業体質の強化を要求した．例えば，輸出競争力を強化しつつ生産ラインの効率化を実現することを１つの手段として挙げている[16)]．これは生産ラインをコンパクト化し，少量生産にも対応できるモノづくりを志向するものであり，東北地方の生産拠点はそれに応えてきた実績がある．その強みは今後も活かされるだろうし，能力構築のために地場企業のモノづくりの力を大いに活用していくことだろう[17)]．

　最後に，地場部品企業の分析について今後の課題を整理する．東北地方自動車産業における生産設備関連企業の取り組みをより深堀し，１つのモデルとして確認するために必要なこととして，東北地方（本章ではとりわけ岩手県）の地場企業で培われてきた技術移転の経路の解明がある．本章で挙げた３社の場合は，いずれもエレクトロニクス産業での事業活動が原点であるが，ここでの取引において精密な生産設備や治具等を作り続けてきたからこそ，自動車産業に参入できたと言える．東北経済産業局は，2000 年代半ばの東北地方における自動車産業集積の企業間関係を**図 6-1** のように捉えている．ここでは，自動車産業の集積とエレクトロニクス産業のそれとを区分しているが，本章でみた３社の事例はともにエレクトロニクス産業での取引を経て自動車産業への参入を果たしている．前述のように，東北地方の中核企業である TMEJ は，2010 年代以降は生産ラインをより現場視点で捉えるようになったため，地場中小企業が生

産設備関連で参入する途が拓けたのである.

　また東北地方には，ECU 等に使用するコネクタ類を生産している地場企業が存在する. これら電子デバイスを生産する部品企業が，例えばデンソー岩手が生産するコンビメーターのような電子制御部品の調達にどのように関わるのかを知ることで，図6-1 が変容する様子を捉えることができるかもしれない.

　さらに図6-1 では，完成車企業と Tier 1 の関係性から集積を認識しているが，ここに Tier 2 以下を加えると，より錯綜した取引関係を描写することができよう. 例えば，トヨタ・グループとの取引で機械加工を担う Tier 2 の地場企業が，他方でホンダや日産とも同様の取引を展開している場合である（図6-1 に挿入した太線イメージ）. これらの点の解明は，今後の課題としたい.

　ところで，東北地方にとっても人口減少は深刻な課題である. 生産年齢人口の減少は，地場企業にとってのみならず TMEJ や進出 Tier 1 にとっても，当地での持続的発展に向けた事業活動の制約になる. 人口の自然減は避けられないものの，自動車産業における雇用者数の減少を防ぐためには，限りある人材

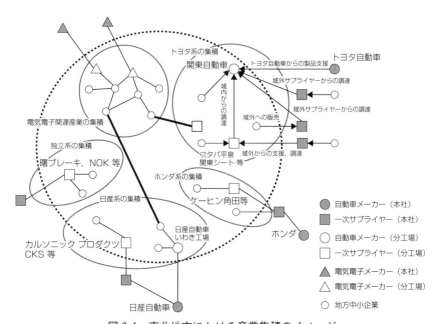

図 6-1　東北地方における産業集積のイメージ

出所）経済産業省東北経済産業局 [2006] p.29に一部加筆.

の能力を高めるための育成が必要不可欠となる．本章で注目した生産設備関連企業のような地場企業の成長は，中核企業にとっても有用な点が多い．序章で指摘したように，東北地方での地場企業の量産部品取引は（これまでのところ）限定的であるため，今後すぐにその状況が変わるとは考えにくい．しかし，これら生産設備関連に携わる地場企業の参入が進めば，域外依存型の集積である東北地方の自動車産業においても，地場企業が一定の存在感を示すことにつながることだろう．

注

1）筆者らが調査した進出 Tier 1 や自動車関連事業に参入している地場企業の中からも，顧客の調達権限は中部地方の本社に集約されており，実際の物流と商流（カネの流れ）は異なるといった声が多く聞かれた．

2）なお，調査では東北地方に進出済みの Tier 1 であっても，生産設備に係る調達権限が中部地方の本社に残る事例が確認されている．

3）経済産業省九州経済産業局［2015］参照．

4）田中［2016］，p. 34 参照．

5）田中［2017］，p. 111 参照．

6）なお，東北地方自動車産業や岩手県，宮城県など完成車工場が立地する集積の調査研究に関してはある程度の先行研究の蓄積がある．例えば折橋・目代・村山編［2013］では，宮城県，岩手県，山形県における自動車産業振興に係る取り組みや地場企業の参入過程等を紹介している．前述の田中［2016］もまた，TEMJ 岩手工場のほか，進出 Tier 1 や地場中小企業など計 9 社の事例を詳細に観察している．これらの先行研究からの示唆は少なくないが，生産設備や治具等の事業に限った動向を確認するのは本調査が初の試みだろう．

7）北部九州や九州全体の自動車産業に目を向けた調査実績は多いが，やはり自動車産業の生産設備関連に注目した調査は皆無である．

8）「東北の自動車産業関連企業マップ」には，部品企業だけでなく完成車企業の TMEJ 岩手工場も記載されている．そのため集計にあたっては TMEJ 岩手工場を除外し，部品企業のみ計上した．また，保有する技術分野を複数回答している企業もあることから，全企業数と主たる技術分野数とは一致しない．

9）折橋・目代・村山編［2013］，p. 64 参照．

10）「日本経済新聞地方経済面」2002 年 2 月 27 日，p. 24 参照．

11）岩手県商工労働観光部［2008］，p. 8 参照．

12）A 社を含む 3 社事例は，2020 年 1 月に実施したインタビューに基づく（ご対応者は 3 社ともに代表取締役社長）.

13）B 社へのインタビューによれば，自動車産業への参入時から海外への展開を計算に入れていたわけではなく，あくまで期待外のことだったようである.

14）プラ 21 はプラスチック部品製造を主とする地場企業 3 社による共同受注体であり，各社の自動車産業への高い参入意欲，そして公的機関のコーディネート能力の高さが際だった組織である．実際に関東自動車工業とも直接もしくは間接取引を成し遂げたが，参加する 1 社の倒産により解散を余儀なくされた（残り 2 社は現在も自動車部品製造に取り組む）．したがって，自動車部品生産にも係る地場企業が皆無ではないことは強調しておきたい.

15）生産設備関連に係る事業でも新たな投資が必要とされる場面もある．例えばある企業は自動車関連企業に生産設備を提供する場合，そのサイズによっては自社の建屋では賄えないこともあるため，近隣の空き倉庫などを借りて生産対応しており，その分の費用が余分に発生している.

16）トヨタ自動車「アニュアルレポート」2011 年 3 月期及び 2012 年 3 月期参照.

17）ただし筆者らによるインタビューでは，生産設備関連の同業者の中には，（これまで取引してきた産業と品質やコストへの対応が全く異なるため）自動車産業というだけで尻込みする企業も多いとの声も挙がった．こうしたコメントが聞こえてくるということは，（参入するか否かは，むろん地場企業が自ら決めることだが）自動車産業の要求水準の高さだけで腰が引けてしまい，自社の成長の可能性を潰してしまっている企業が一定数存在するのだろう.

第3部　支援機関の視点

第7章

東北地方の自動車産業集積と公的機関との関係性

は じ め に

　近年，人口減少にともなう様々な社会的課題の解決が地域に求められており，地域社会のあり方を再度問う時期に来ている．このような中で，公的機関は，次世代型の地域社会をデザインしていかなければならない．中部地方，関東地方，中国地方，九州地方そして東北地方といった各地域において，自動車産業は地域社会での様々な面で重要な存在となっており，自動車産業の振興は地域経済の活性化という視点から大きな意味を持っている．しかしながら従来システムのままでは限界を迎えることは明白であり，地域における自動車産業集積のあり方，今後の発展形態を議論することが求められる．つまり公的機関は，単純に地場企業の仕事量を増やすという地域貢献的な側面ではなく，社会的価値と経済的価値の両立という視点から，真の競争力を持った地場企業の育成を軸に持続可能な地域社会をデザインしていく必要がある．

　東北地方（以下，域内）において，2011年3月の東日本大震災からの復興，とりわけ地域経済振興の牽引役として期待されているのが，産業集積が進む自動車産業である．東北地方6県と新潟県，北海道における輸送用機械器具製造業の製造品出荷額等の推移をみると（図7-1参照），2008年のリーマンショック，その後の東日本大震災による落ち込みはあるものの，域内において順調に自動車産業が根付いてきていることがわかる．この成長を支えてきたのが域内それぞれの公的機関であり，これらによる企業支援が域外依存型の産業集積の弱点を補強してきた．しかしながら今後，これまでの取り組みの延長線上では域内自動車産業集積のブレイクスルーは期待できず，質的変化を実現し，真の競争力を有した産業集積へと発展していくことは極めて難しい状況にある．域内の自動車産業集積が域外依存型から脱却を図り，今後の持続可能な地域社会を実

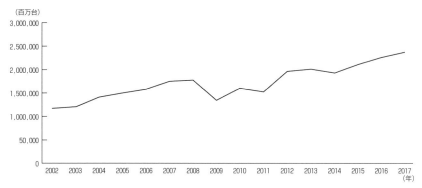

図 7-1　8 道県における製造品出荷額等（輸送用機械器具製造業）の推移
出所）経済産業省「工業統計調査（品目編）」をもとに筆者作成.

現していくために，公的機関，地場企業，（愛知県等からの）進出企業及び完成車企業（TMEJ）が果たすべき役割は何なのか，そしてまたこれらの主体間がどのような関係性を構築していくべきなのかを明らかにしていく必要がある．そこで公的機関の視点から域内自動車産業集積に関連する支援体制，そして関係性について紐解いていくのが本章の目的である．

1.　公的機関を軸とした東北地方の支援体制

（1）　公的機関主導による自動車産業集積の構築

　域内での自動車産業の本格的発展は，1993 年の旧・関東自動車工業岩手工場の操業が始まりとなる．その後，日産いわき工場，旧・トヨタ自動車東北，前述の岩手工場第 2 工場の操業等によって生産規模が拡大していくことになる．それまで域内経済の中心的存在はエレクトロニクス産業であった．現在も域内の製造品出荷額等の上位として名を連ねる電子部品・デバイス・電子回路分野であるが，国内のエレクトロニクス産業の凋落は著し[1]，今後大きな成長，発展は難しくなっている．このような状況の中で，トヨタは東北地方を「国内第 3 の生産拠点」と位置づけ，2012 年に TMEJ が設立された．これと同時に，域内での調達活動が活発化し，産業集積の成長が加速化していくことになる．そのため，これを転機に域内の自動車産業集積のパラダイム転換を促進していくことが，公的機関の急務になったのである．

　域内の自動車産業集積には，地場企業をはじめ TMEJ，進出 Tier 1 といった様々なプレーヤーが存在する．これらの関係性の構築如何によって，域内の自動車産業集積のパフォーマンスが決定するといっても過言ではない．この関係性構築において，地域経済の活性化を目的とし，利害関係が発生しにくい公的機関が管理的調整機能を発揮する必要がある．これまで自動車産業の成長を支えてきた公的機関の歩みは以下のとおりである．

　各公的機関が域内自動車産業の振興に向けて大きく動き出したのは，2005年前後からである．まず岩手県と宮城県が自動車産業の基盤づくりに向けた連携に動き出し，その後，山形県がこれに加わった．この狙いは，① 3 県による産学官連携組織の設立，② 展示商談会の開催，③ 地場企業に対する参入支援，④ 相互的な人材育成，⑤ 公設試験研究機関の連携であった[2]．そして岩手県，宮城県，山形県それぞれが，地場企業の支援を中心に県内の自動車産業の振興を促進していくための産学官連携組織である協議会を設立していくのである（表 7-1 参照）[3]．2006 年 7 月には 3 県による「とうほく自動車産業集積連携会議」（以下，とうほく連携会議）が発足した．とうほく連携会議は，「東北を自動車産業の一大集積拠点とすること」[4]を目的に，産学官が連携して，地場企業の支援及び育成，部品企業の立地促進等による産業集積の強化に向けた取り組みを推進していく組織である．その後，青森県，秋田県，福島県，新潟県のそれぞれが県レベルでの協議会を設立し，とうほく連携会議に参加していくことになる．さらに 2015 年から北海道産業集積促進協議会との連携を図り，域内の自動車産業の振興に向けた 8 道県のネットワークが構築されていく．このネットワークの中心的役割を担っているのが，8 道県における輸送用機械器具

表 7-1　東北地方における産学官連携組織の設立

2006年 5 月	みやぎ自動車産業振興協議会 山形県自動車産業振興会議
2006年 6 月	いわて自動車関連産業集積促進協議会
2006年 7 月	とうほく自動車産業集積連携会議
2006年 9 月	青森県自動車関連産業振興協議会
2006年11月	あきた自動車産業振興協議会
2007年 4 月	福島県輸送用機械関連産業協議会
2013年12月	新潟県次世代自動車産業振興協議会

出所）とうほく自動車産業集積連携会議［2018］をもとに筆者作成．

製造業の製造品出荷額等の25％前後をそれぞれ占め，本ネットワーク構築の機会を創出した岩手県と宮城県である．

　上記のように，域内での連携体制が構築され，取り組みが展開されていく中で，TMEJを軸に高品質のコンパクトカーを安定的に生産するためのサプライ・チェーンが構築されていった．今や域内の自動車産業の集積形成局面は概ね終了し，今後は集積の「質的変化」と「面的展開」を重点方針とした発展局面へ移行し始めている[5]．

(2) 「オール東北」と「県レベル」という2軸体制

　域内における自動車産業集積の目標は，「MADE BY TOHOKUを日本へ，世界へ」をキャッチフレーズに，世界に発信できるコンパクトカー，次世代自動車の開発・生産拠点の形成である．そしてこの目標を実現するために，公的機関は①幅広い分野の企業集積，②競争力のある生産拠点，③次世代技術の開発拠点，④人材の確保・育成に重点を置いた支援を試みている[6]．公的機関による域内自動車産業への支援は，基本的には下記の2形態となる．

　第1は，とうほく連携会議を中心に「オール東北」として①，③に重点を置いた取り組みを展開していくことである．まず①に対して域外から自動車関連企業を誘致するために，各県の知事が連携しトップセールスを実施している．例年，愛知県で開催するトヨタ・グループ向けの展示商談会「とうほく・北海道自動車関連技術展示商談会」に併せて，8道県の知事等がトヨタ本社を訪問し，営業を目的に同社の幹部と懇談している[7]．また本展示商談会も，オール東北として特記すべき取り組みである．本展示商談会は，地場企業が新技術・新工法，QCDに関する技術をトヨタ・グループ各社及び中部地方の自動車関連企業に向けて提案する機会となる．この提案をきっかけに地場企業の自動車産業への参入，取引拡大を図っていくという狙いがある．さらに企業間の交流・連携を促進するために総会，講演会，交流会を実施しており，TMEJが誕生した2012年から2014年までは同社に，2015年以降はトヨタ等に本講演会の講師を依頼してきた（**表7-2**参照）．講演内容は，域内における自動車産業集積に関連したテーマから始まり，トヨタの事業動向，次世代技術・製品に関するテーマへと移行してきている．

　次に③に関しては，岩手県，宮城県，山形県の公設試験研究機関を中心に加工技術の高度化，部材の軽量化に関連する研究・技術開発を行い，この成果を

表 7-2　とうほく自動車産業集積連携会議の講演会一覧

年	講師所属	テーマ
2012年	TMEJ	東北現調化と地域の連携
2013年	TMEJ	東北を基盤にした「ものづくり」と「人づくり」
2014年	TMEJ	トヨタ自動車東日本の取組みについて
2015年	トヨタ	燃料電池車等の次世代環境車戦略
2016年	トヨタ	トヨタが変わる！プリウスも変わる！
2017年	トヨタ	新型車 C-HR の開発
2018年	トヨタ	すべての人に移動の自由を 〜トヨタの先進安全・自動運転技術の開発の取組み
2019年	トヨタ	スマートモビリティ社会の創造に向けて
	アルプスアルパイン	当社の歴史から見た，電子部品業界の今後の方向性 〜変化する市場，製品への対応〜

出所）みやぎ自動車産業振興協議会各年の資料をもとに筆者作成.

地場企業に普及させていく「中東北 3 県公設試技術連携推進会議」が設置されている．また東北経済産業局主催の「東北イノベーション創出会議」と連携し，自動車産業全般に係る振興策，産業集積，技術開発及び人材育成のあり方に関する意見交換を実施している．さらに 2017 年からは，地場企業が有する技術の見える化を行い，域内の部品生産のポテンシャルを訴求するための「とうほく・北海道ショーケース化プロジェクト」を実施している．

　公的機関による支援の第 2 は，県，関係団体及び協議会を中心とした「県レベル」で②，④に重点を置いた取り組みを展開していくことである．併せて，各県において完成車企業や部品企業の出身者をアドバイザー，コーディーネーターとして配置し，人的ネットワークの構築，完成車企業や部品企業との関係性構築に動いている．各県における支援は，情報提供，マッチング支援，人材育成，技術開発の促進が基本となっている（**表 7-3** 参照）．またセミナー，研修会等は，改善活動，マネジメント・管理に関する内容を中心に展開されている（**表 7-4** 参照）．例えば改善活動は，工程改善トレーニング，「改善」入門，トヨタ生産方式の基礎に関するセミナー，研修会，そして生産現場カイゼン報告会で構成されている．マネジメント・管理は，トップマネジメント，現場リーダー資質向上，生産管理，品質管理及び在庫管理が中心テーマとなっている．つまり各県が実施するセミナー，研修会等は，現場力の強化に力点が置かれて

表7-3　各県における支援状況（2019年度）

	青森県	岩手県	宮城県	秋田県	山形県	福島県	新潟県
情報提供	○	○	○	○	○	○	○
マッチング支援	○	◎	◎	○	◎	○	△
人材育成	◎	◎	◎	○	◎	○	○
技術開発	×	○	◎	×	◎	×	△

出所）とうほく自動車産業集積連携会議の資料をもとに筆者作成.

表7-4　各県におけるセミナー，研修会の実施件数（2019年度）

	青森県	岩手県	宮城県	秋田県	山形県	福島県	新潟県	合計（件）
製造技術	0	0	0	1	1	0	1	3
改善	1	1	7	1	2	1	0	13
開発	0	0	2	0	2	0	1	5
マネジメント・管理	2	0	0	2	3	0	1	8
その他	0	0	3	0	0	0	0	3

出所）表7-3に同じ.

表7-5　域内におけるセミナーの講師所属先

年	主催県	講師所属先
2012年	宮城県	TMEJ
2013年	宮城県	アルプスアルパイン
2014年	岩手県 山形県 秋田県	トヨタ TMEJ TMEJ
2015年	青森県 岩手県 宮城県 福島県	TMEJ アイシン精機，アイシン東北 ケーヒン 日産
2016年	岩手県 宮城県 秋田県 山形県	トヨタ デンソー オーエスジー，オークマ トヨタ
2017年	宮城県 福島県	トヨタ デンソー福島
2018年	宮城県 山形県 福島県	アイシン精機，ミツバ ホンダ 日産

出所）とうほく自動車産業集積連携会議各年及びみやぎ自動車産
業振興協議会各年の資料をもとに筆者作成.

いるのである．次にセミナーの講師所属先を確認すると（**表7-5**参照），TMEJ設立当初は同社の関係者に依頼することが多かった．その後は，トヨタ，アイシン精機（現・アイシン），ケーヒン（現・日立 Astemo），デンソー，日産，ホンダといったように域外の企業へと依頼先を広げている．

　マッチング支援の1つである展示商談会は，域外の完成車企業や部品企業へのアプローチが大半である．宮城県単独の展示商談会としては，アイシン辰栄（2012 年），アドヴィックス（2013 年），スズキ（2014 年），カルソニックカンセイ（2015 年），ミツバ（2016 年），日産及びデンソー（2017 年），京三電機及びデンソー（2018 年），ケーヒン（2019 年）向けに実施してきた．岩手県単独では，オティックス向け，青森県，岩手県，秋田県連携ではマツダ向け，さらには2019 年にはとうほく連携会議主催で SUBARU 向けの展示商談会を開催してきた．[9]

　上記より公的機関を軸とした各県レベルでの取り組みは，基本は地場企業の現場力の強化に力点を置きながら，セミナー，展示商談会等を通じて地場企業と域外の完成車企業，部品企業との関係性を構築していくという特徴を有していることがわかる．

2．県レベルでの取り組み状況

(1)　岩手県における支援状況

　岩手県では 1992 年 10 月にアイシン東北が，1993 年 9 月に関東自動車工業岩手工場が操業を開始している．しかしながら岩手県の取り組みを整理していくと，2003 年からの「いわて自動車産業集積プロジェクト」の展開がスタートとなっており，2003 年以前は自動車産業の振興に積極的には乗り出してこなかったのが事実である．岩手県の地場企業への支援は，本プロジェクトにおいて生産工程の改善指導，展示商談会の提供，人材育成支援を通じた新規参入や取引拡大の機会を提供することから始まった．[10] そして 2005 年の岩手工場第 2 ラインの操業を契機に，自動車産業の振興を加速化させていくことになる．まず宮城県とともに県を越えた自動車産業の振興に向けて動き出し，設立当初からとうほく連携会議の代表幹事及び事務局を担当している．2008 年には将来の域内自動車生産 100 万台の実現に向けて，岩手県が新たな国内生産拠点の中核を担っていくための「岩手県自動車関連産業成長戦略」を，2012 年には

「岩手県自動車関連産業振興アクションプラン」を策定している．2019年には「いわて県民計画」において，個別分野として自動車産業に焦点を絞った「岩手県自動車関連産業新ビジョン」を示している．岩手県は，これらを基本的な枠組みとして，企業誘致，地場企業の支援・育成に重点を置き下記の取り組みを進めてきた．[11] その成果が，岩手県における自動車産業の出荷額の順調な推移につながっている（図7-2参照）．

　第1は，「育てる」を軸とした地場企業の技術力向上及び取引拡大に対する支援である．取引拡大が期待できる地場企業への重点支援として，展示商談会の開催，設備投資・技術開発・人材育成への補助，自動車関連企業OB人材による個別型改善指導及び研修会等を展開してきている．第2は，「創る」を軸とした次世代技術の開発促進支援である．本支援は産学官連携による自動車関連技術の開発・実用化を進めるとともに，開発提案能力の強化を目的としたものである．具体的な取り組みは，2012年から2016年の「いわて環境と人にやさしい次世代モビリティ開発拠点」事業である．本事業は，「次世代モビリティの開発拠点」の形成を目的に，オール岩手体制による次世代向けの技術開発・実用化，高度技術者の育成，設備の共用化等の取り組みを推進していくものであった．[12] 第3は，「人づくり」を軸とした高度技術・研究開発人材，技能系・技術系人材の育成に関する支援である．本支援は，小学生から企業人までの各ステージに適したプログラムが準備されている（表7-6参照）．つまり小学生の段階からものづくりに触れる環境が整備されており，次世代を見据えた人材育成という点に大きな特徴がある．具体的には次世代を担う小学生から高校生に向けて，産業界と教育界が連携し「地域ものづくりネットワーク」の中で出前授業，工場見学を実施している．また高校生，大学生等そして企業人に向けて地場企業それぞれの経営戦略に適した人材育成プログラムを提供するオーダーメイド研修をはじめ，3次元設計開発技術者，組み込みソフトウェア開発技術者，電動車関連人材に向けたプログラムが準備されている．[13] さらに企業人に対して，次世代リーダーの育成を目的としたマネジメント力向上に関する支援が含まれている．第4は，域外部品企業を「誘致する」ための活動である．進出を検討する企業のニーズに適した誘致活動の展開，立地環境の整備が主であり，ものづくり人材，産学官連携体制及び物流システムの優位性をアピールし，自動車産業集積力の強化に向けて基幹となる部品企業や研究開発部門の誘致に動いている．

　これらの取り組みを通じて，岩手県の視点から域内自動車産業の評価を行う
と次のとおりとなる[14]．第 1 は，県内企業が牽引する形で域内において自動車産
業が定着し，量的な側面で一定の集積が形成されてきた．第 2 は，国内外問わ
ず域外への部品・新技術等の供給拠点を担えているかという点については不十
分であり，今後の課題となっている．第 3 は，自動車産業からものづくり全般
へと波及効果が期待できるような産業集積への発展であり，まだこれについて
は緒についたばかりの状況である．つまり産業集積の「量的拡大」から「質的
変化」，そして面的展開に関する支援への転換が求められる時期に来ていると
いうことなのである．

(2)　岩手県における質的変化及び面的展開に向けた支援への転換

　岩手県はこれまでの取り組みを踏襲しつつも，自動車産業の振興に関する方
針を集積に関する「量」から「質」的追求と支援の面的展開へと重点を移行し
てきている[15]．
　第 1 は，生産性及び付加価値の向上を意識した支援である．これまでは域内
でのサプライ・チェーンの構築に重点を置いた支援を展開してきた．これに対
して，この支援で重視している点は，①域内のサプライ・チェーンの強化と次
世代自動車への対応，②地場企業における域外への取引拡大，電子部品・設備
治具等でのグローバル展開である．
　第 2 は，企業誘致及び県内企業への支援に対する方向性の転換である．これ
まで岩手県は，域内のサプライ・チェーンの構築と同時に県内企業が本サプラ
イ・チェーンにおいて中心的な役割を担うようになることを目的に，企業誘致
及び県内企業への支援という 2 軸に重点を置き，取り組みを推進してきた．そ
の結果，大手部品企業による県内への進出は概ね一段落し，また地場企業との
マッチングもある程度進展してきている．今後，域内では自動車生産に関して
量的な側面では大きな変化を期待できないことは明白である．まず企業誘致に
関しては，これまでの量的拡大ではなく，域内の自動車産業集積に必要となる
企業にターゲットを絞っていく．また県内企業に関しては，進出企業，地場企
業それぞれの役割に応じた強みを発揮できるための支援を取り組みの中心にし
ていくことである．
　第 3 は，県内企業の生産技術開発の機能強化を目指すことである．これまで
県内及び域内の自動車産業は，高度な生産機能の強化を軸に生産拠点に特化す

る形で成長してきた．しかしながら今後サプライ・チェーンでのより一層の付加価値の創造を追求しようとすると，生産機能の強化だけで実現することは難しい．そこで生産現場に直結する生産技術開発の強化が重要となり，今後，これに重点を置いた支援を展開していくことになる．また生産機能と生産技術開発の融合により，企画立案，研究・技術開発，設計といった川上へとつながる流れを作り出すことが求められている．

　以上より，岩手県の公的機関による支援は，地場企業及び進出企業のそれぞれの性質に適した質的変化を軸に，より一層の付加価値創出が期待できるサプライ・チェーンへの発展を目指しているものとなる．また域内にとどまらず，

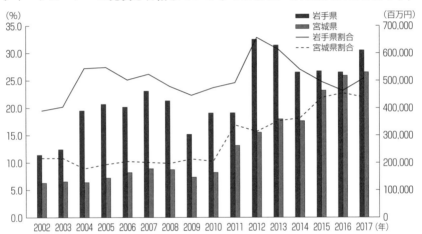

図7-2　岩手県，宮城県における製造品出荷額等（輸送用機械器具製造業）**の推移**
出所）経済産業省「工業統計調査（品目編）」をもとに筆者作成．

表7-6　段階的な支援プログラムの構築

取り組み	小学生	中学生	高校生	大学生等	企業人
ものづくりへの理解促進	○	○	○		
技術・技能の習得支援			○		○
高度技術の習得支援			○	○	○
マネジメント力向上支援					○

出所）岩手県［2019］，p. 9をもとに筆者作成．

域外そして海外市場への事業の拡がりを視野に入れている.

(3)　宮城県における自動車産業の拡大に向けた支援

　宮城県と自動車産業の関係性は,「第1期 (1960 年代～2000 年代初め)」,「第2 期 (2005 年から 2011 年)」,「第3期 (2012 年～)」で整理することができる.[16) 宮城県における自動車産業の出荷額の推移をみると, 第2期の後半から堅調に伸びてきていることがわかる (**図 7-2 参照**).

　第1期は, 大手の自動車部品企業が県内に進出してきた 1960 年代以降の時期であり, 宮城県における自動車産業集積の始まりとなる. 1964 年に東北アルプス (現・アルプスアルパイン), 1969 年に京浜精機製作所 (のちのケーヒン, 現・日立 Astemo) が工場を建設したことにともない, 県北部, 南部に一定規模のサプライ・チェーンが形成されることになった. その後, 1993 年に関東自動車工業岩手工場が操業を開始したが, この影響は岩手県を中心に拡がったものの, 宮城県をはじめ域内としては限定的なものであった.

　第2期は, 自動車産業の動きと連動した形で公的機関による支援が展開される時期となる. 宮城県において自動車産業が拡大する契機となったのは, 2005 年 11 月の関東自動車工業岩手工場第2ラインの稼働である. この稼働によって多くの部品供給が必要となり, 宮城県及び岩手県が連携しながら域内の自動車産業の振興に取り組んでいこうとする機運が高まっていった. また 2011 年にはセントラル自動車宮城工場が大衡村で稼働し, 宮城県で初めての完成車生産が始まった. この流れの中で, 宮城県は自動車産業の育成に向けた支援強化に乗り出していくことになる.

　そこで宮城県は, 県内及び域内の自動車産業の活性化に向けた支援の第一歩として, 2006 年 5 月に「みやぎ自動車産業振興協議会」(以下, みやぎ協議会) を立ち上げた. みやぎ協議会は, 宮城県を自動車産業中心の「ものづくり」産業の集積地にするため, 地場企業の自動車産業への新規参入と取引拡大, 高度な技術力の集積を促進していくために, 地場企業とのネットワーク構築, 関連情報の共有化を図ることを目的としたものである. 実際の支援体制は, 宮城県経済商工観光部自動車産業振興室 (以下, 自産室), 公益財団法人みやぎ産業振興機構 (以下, 産振機構), 宮城県産業技術総合センター (以下, 産技センター) がそれぞれの強みを活かしながら連携していく三位一体型となっている. 基本的な役割は, 次のとおりである. 自産室が全体のコーディネイト, 企画調整, 方

針策定，みやぎ協議会の運営，生産改善，人材育成研修を担っている．産技セ
ンターは，主に技術的側面からの産業振興を，産振機構は，宮城県の計画に基
づいた予算の枠内で主にマッチング支援を担当することになっている．また
2008年には，中部地方の自動車関連企業を誘致するために宮城県名古屋産業
立地センターが設置されている．さらに人的ネットワークの構築という観点か
ら，それぞれの機関にアドバイザー，コーディネーターという形（自産室5名，
産技センター2名，産振機構1名，名古屋産業立地センター1名）で完成車企業や部品
企業のOBが配置されている．

　具体的な支援活動は次のとおりである．第1は，展示商談会，完成車企業及
び大手部品企業のニーズに合わせた地場企業を紹介する「マッチング支援」で
ある．2006年から2011年にかけて，完成車企業や部品企業に対して他県と連
携しながら計14件の展示商談会を開催した．またマッチングは，みやぎ協議
会で把握しているものだけでも120件の成約を実現している．第2は，セミ
ナー等の開催を中心とした「情報提供」である．生産改善事例，TPS，安全，
品質，生産，原価等を中心テーマとしたセミナーが計14回，開催されている．
またウェブサイト，メールマガジンを活用して，協議会の事業や産学官連携に
関する各種情報の提供を行っている．第3は，現場改善，人材育成等を中心と
した「レベルアップ」である．本事業では，自動車産業への参入に必要となる
QCDを修得するための「生産現場改善」，自動車の基礎知識を身につける「自
動車部品研修」が実施されている．また経済産業省等の公的機関が募集する競
争的資金の獲得に向けた申請支援が行われてきている．さらに2007年から大
学・高等専門学校等の学生を支援するための「みやぎカーインテリジェント人
材育成センター」を設立している．当センターの役割は，学生の自動車産業へ
の理解，関心を高め，設計・開発分野の人材を育成し，自動車産業へ人的資源
を供給していくことである．

　上記の取り組みを展開していく中で，2011年3月の東日本大震災によって
多くの県内企業が被災し，県の経済も大きな打撃を受けた．翌年，トヨタが東
北地方の復興の要とすべくTMEJを発足し，同社を中心としたサプライ・
チェーン形成が加速するなか，宮城県は自動車産業を県内製造業の復興を牽引
する「再生の原動力」と位置づけた．そして公的機関を軸とした体系的な支援
活動をさらに強力に推進していく第3期へとつなげていったのである．

(4)　支援活動のさらなる体系化に向けて

　近年，宮城県において立地または進出を決めた自動車関連企業は，30 社近くにのぼっており，また地場企業において他分野から自動車産業に参入する企業が増加している．これは，2012 年に「みやぎ自動車産業振興プラン」（以下，振興プラン）を策定し，これまでの支援活動を体系化し展開してきたことが大きく影響している．みやぎ協議会は，2016 年には振興プランに対する中間評価を実施している．中間評価は，県内の自動車産業の現状の整理，各事業の実施状況，成果指標に対する確認を行い，次の 2016 年から 2020 年に向けて課題及び支援活動の方針に関する再確認を行ったものである．現状分析として完成車企業，大手部品企業を中心としたサプライ・チェーンは構築されつつあるが，新規参入や取引拡大を果たした地場企業は限定的であることから，参入に向けた課題も振興プラン策定当時と同様の傾向であると結論づけられた．そこで宮城県は，引き続きこれまでの受注獲得，人材育成，技術開発を柱とした各事業を継続的に展開していくと同時に，必要に応じた改善，強化，そして新規事業の実施を組み込んでいったのである．

　振興プランの策定にあたって，県内自動車産業が抱える「トヨタ系との取引があまり多くない」，「量産部品での取引は一部である」といった課題に対して目標を設定した．目標は，量産部品等での自動車関連産業への新規参入及び取引拡大を 10 年間で 300 件以上獲得することとした[17]．次に，地場企業に必要となる具体的な取り組みにつなげるため，課題に対する要因解析を行い，① 受注獲得，② 人材育成，③ 技術開発の 3 本柱を基本方針とした．

　第 1 は，取引拡大に向けた受注獲得である．本支援は，生産現場改善と展示商談会が大きな柱である．生産現場改善は安全対策，品質管理，生産管理等を軸に，県内の地場企業を対象に座学，実習を行う集合研修と各地場企業が抱える現場の課題解決を図る個別支援から構成されている．個別支援は，県の自動車産業振興アドバイザー等が中心となって実施しており，基本的には Tier 2，Tier 3 が支援の対象である[18]．さらに自動車産業への活用の可能性が高い技術・ノウハウ（「きらりと光る技術」）を持つ企業の発掘を行い，展示商談会への出展や個別支援へとつなげていく．展示商談会は，2005 年から愛知県内において他県と連携しながらトヨタ・グループ向けに毎年実施している．また産振機構が中心となり，マッチング形式である個別取引あっせんや商談会を開催している．さらに中間評価を受けて，県が展示商談会への出展費用を一部助成すると

いう事業が追加された．受注獲得支援は，地場企業が生産現場改善の支援を受けて企業レベルの向上を図り，展示商談会において新規受注を獲得していくという流れを確立しているのである[19]．

第2は，人材育成である．本取り組みは，企業や学生向けの研修及びセミナーを中心としている．企業向けは，設計・開発力の強化を図るため，花壇自動車大学校（学）[20]，産技センター（官）が講師役を担い，座学と実習を中心とした「自動車基礎研修（初級）」と「自動車部品機能・構造研修（中級）」が実施されている[21]．これらの研修によって，地場企業が自動車の基礎的な構造や構成部品を理解し，自社製品・技術への応用・展開につなげていくことが期待されている．また学生の人材育成には，「みやぎカーインテリジェント人材育成センター研修」が設けられている．本研修は，大学生，高等専門学校生等を対象としたもので，自動車産業の基礎を習得する座学と設計・開発，電子制御等の実習から構成されている[22]．本研修は，まず設計・開発，生産，機能・構造を学び，工場見学等を通じて，自動車産業への理解を深め，受講者の関心を高めていく．そして自動車部品の設計・開発，CAE，組み込みシステム，モデルベース開発（MBD）の実践を通じ，連続的な形で若手人材の育成に取り組んでいる．

第3は，技術開発の促進支援である．まず，企画立案及び自動車部品の分析・解析の能力を高めるための製品開発力強化支援である．部品の貸し出し，分析・解析の協力，企画立案のサポート，セミナーの実施等を行っている．次に「新技術・新工法研究開発促進事業」は，競争的資金の獲得や完成車企業への新技術・新工法の提案に向けて，産技センターと地場企業が共同で研究及び試作開発を展開していくものである．2016年には中間評価を受けて，新規参入に必要不可欠となる開発提案能力の向上に向けた「ベンチマーク活動支援事業」も始まった．本事業は，産技センターが車両の分解，部品の分析を行い，地場企業への展示，貸出，個別技術検討会等を通じて，地場企業が次モデルの自動車部品に必要な機能や技術を考える場を提供していくものである．ベンチマークによって地場企業が部品等（特にエレクトロニクス系）の性能を把握し，自社技術の適用を検討し，大手部品企業への提案へとつなげていくことが期待されている．

上記の支援をベースに，開発提案能力のある地場企業の育成とマッチング支援を一体化したモデルが，「"新"みやぎ自動車産業取引あっせんモデル」であ

る．本モデルでは自動車関連の情報やニーズを把握するために，産振機構が完成車企業や部品企業を訪問することから始められた．ここで判明したのが，従来エレクトロニクス産業において一定の成功を収めてきた御用聞き型のあっせん手法が通用しないことであった．自動車産業では，実益に繋がる技術提案こそが求められたため，従来型ではうまくマッチングしなかったのである．そこで自産室，産振機構，産技センターが連携し，後2者の役割分担のもと完成車企業やTier 1が真に求めるニーズに合致したモデルを構築していくという方針転換を進めた．こうして本モデルは，地場企業の自動車産業への新規参入と取引拡大の加速化に寄与していったのである．

　宮城県モデルの特長は，地場企業それぞれの段階に応じた形で上記の支援プログラムが用意されていることである（**図7-3**参照）．まず本支援とは，地場企業の開発提案能力の強化が基本の目的になっている．これまで宮城県をはじめ域内経済の基盤であったエレクトロニクス産業では，取引先から具体的な図面が提示され，地場企業がこれらに技術力やコスト競争力で対応するという形態が主流であった．これに対して自動車産業では，基本的に地場企業にも完成車企業，Tier 1のニーズに対して有用な提案が求められるため，自動車産業へ新規参入するためには開発提案能力の強化が必要不可欠である．自社の強みを見出すことや工程設計そして提案能力の向上を狙いとするのが，取引拡大に向けた支援である．また企画立案，製品設計に対応するものが技術開発の促進支援，そして企画立案から提案までを網羅するものが人材育成となっている．

　宮城県における今後の展開は，人口減少社会，震災復興，自動車の電動化等

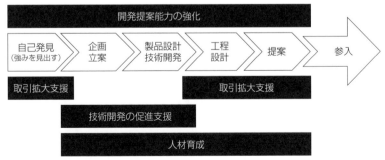

図7-3　各企業のステージに適した支援プログラムの構築
出所）みやぎ自動車産業振興協議会［2012］及び宮城県産業技術総合センターの資料をもとに筆者作成．

への対応が求められる中で，域内自動車産業集積の底上げ，高付加価値の創出を図っていくことが大きなテーマになっている．このテーマに対して 3 つの公的機関が共有していることは，① 受注獲得・取引創出，② 人材創出・育成，③ 技術開発・技術力強化を軸として，県内企業のレベル向上をつうじた新規参入，取引拡大，生産性向上，競争力強化を解決方法にしていくことである．

3．公的機関，地場企業と域内主要プレーヤーとの関係性

　域内の自動車産業集積における関係性は，公的機関による地場企業の支援・育成体制を基準とし，TMEJ，域内の進出 Tier 1 及び域外の完成車企業や部品企業から構築されている（**図 7-4** 参照）．本節では，公的機関，地場企業と域内の主要プレーヤーがどのような関係を構築してきているのかを整理する．域内における部品生産は，TMEJ 向けと域外の完成車企業向けに大別することができる[23]．

　第 1 は，TMEJ との関係性である．TMEJ は調達先の最終的な決定権限を有していない．さらには第 3 章で述べたように，開発部門はトヨタの東富士研究所に隣接する東富士総合センターに配置されており，域内では実質的な開発

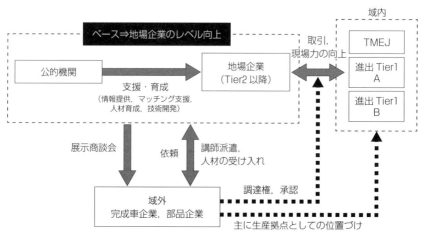

図 7-4　域内自動車産業集積における主要プレーヤーの関係性

注）進出 Tier 1 A とは地場企業と積極的に関係性を構築しようとする Tier 1 のことであり，
　　進出 Tier 1 B とはそうではない Tier 1 のことである．
出所）筆者作成．

機能を有していない．つまり東北地方における TMEJ は，トヨタ・グループのコンパクトカーの集中生産拠点に位置づけられている．地場企業は量産部品の取引では TMEJ と直接の取引関係を構築できておらず，もっぱら進出 Tier 1 との取引を経由することで自動車産業に参入している．しかしながら地場企業の現場力を向上させるため，TMEJ が直接関与することもある．例えば，進出 Tier 1 である東北 KAT に部品を納入する東北電子工業において，生産に使う金型の設計開発に関して TMEJ 担当者とカイゼンの議論を行うといったことである[24]．つまり地場企業の現場力の強化という視点では，地場企業と TMEJ との直接的な関係性も構築されつつあるといえる．

　第 2 は，進出 Tier 1 との関係性である．東北地方における進出 Tier 1 は，グループ内の生産拠点としての位置づけが明確であり[25]，開発機能や調達権を有していないことが多い．地場企業が進出 Tier 1 との関係性を密接なものにするためには，開発機能や調達権を有した域外の親会社との関係性が重要となる．そのため公的機関は，セミナーの講師，展示商談会の相手に域外の部品企業（特に進出 Tier 1 の親会社）を選択し，関係性の構築に積極的に取り組んでいる．

　これに対して，地場企業における現場レベルでの技術開発力の向上，人材育成は，進出 Tier 1 が担うこともある．折橋［2018］によると，進出 Tier 1 の中には，「地場メーカーに一部作業を外注し，その育成を進めながら現地調達率の拡大を図り，一定の成果を上げてきているところもある」[26]．その一方で，地場企業と積極的に関係性を構築しようとする進出 Tier 1 ばかりでなく，そうではない進出 Tier 1 も存在する．折橋・目代・村山編［2013］は，「進出してきた企業側も現地調達を望んでいるとはいえ，それら進出企業に地場企業の育成の役割を過度に期待するのは問題であろう」[27]と指摘する．この点を重視すると，前者の立場をとる進出 Tier 1 の動きは[28]，社会貢献的な意味合いではなく，今後の事業展開での位置づけ，競争優位の構築を意識したものであると理解できる．

小　　　括

　本章で議論してきた域内の自動車産業集積に対する東北モデルの特徴は，以下の 3 点である．第 1 は，「オール東北」＋「県レベル」という形での相乗効果を生み出すネットワークを構築していることである．例えば佐伯編［2019］

によると，東北地方より成熟した中国地方の自動車産業集積では，基本的には各県の公的機関が中心となり，完成車企業の立地する広島県と岡山県ではそれぞれ独自のモデルを構築し，マツダと三菱自をそれぞれ中核とする自動車産業集積の強化に向けて取り組んでいる．これに対して東北地方は，もちろん各県がそれぞれの事情や地場企業のニーズに合致する形で支援体制を構築しているが，それぞれを単独のモデルとして語ることは難しい．つまり各県が連携し，それぞれの取り組みをつなげる広域ネットワークによって，地場企業を巻き込みながら域内の自動車産業集積を形成してきたのである．

　第2は，公的機関による連携体が，完成車企業，進出 Tier 1，地場企業等からなるネットワークを支え，域外の完成車企業及び部品企業にまで関係性を広げていることである．域内の自動車産業において，現場レベルでの人材育成，技術開発力の向上は域内の TMEJ や進出 Tier 1 が担い，取引に関することは域外企業と取引するという二重構造になっている．この状況で，公的機関はそれぞれの主要プレーヤーとの関係性の構築に動き出している．まず公的機関が，セミナー，研修会を通じて地場企業の人材育成，現場力の向上を図り，セミナーの講師依頼，展示商談会を通じて域外の完成車企業，部品企業との関係性の構築に努めている．そして公的機関による地場企業の支援・育成体制に対して，TMEJ，進出 Tier 1 が現場レベルでの向上に関与していくという構図が成立しているといえる．この構図によって，域外依存型の産業集積が維持されているのである．

　第3は，域外に対して「オール東北」という単位で積極的に参入していこうとする動きがあることである．前述のとおり質的変化，面的展開が求められる域内の自動車産業において，現在の関係を維持していくだけではさらなる発展の可能性は低い．今後，震災復興，人口減少社会に対して域内の自動車産業集積の体質を変えていくことは一朝一夕にはいかない．長い年月をかけて，ものづくりに関する教育を行い，次世代を担うものづくり人材を育成していくことが今後重要となってくる．この役割を担えるのは，産業界，教育界に同時に関与することができ，連携という仕掛け作りが可能な公的機関だけである．また公的機関には，進出 Tier 1 の動向に合わせた受動的な取り組みばかりではなく，今後は自らが域外及び海外進出に向けた戦略を立案し，能動的に域内の自動車産業集積を牽引していくことが期待されるのである．

　その第一歩として，公的機関，地場企業及び域内を拠点に海外市場を含めた

域外へ展開できる潜在性を持った進出 Tier 1 との関係性を積極的に強化し，現場力の向上を図ることが重要になる．今後，人口減少社会に適した域内の自動車産業に関するパラダイム転換を実現し，海外を含めた域外へ「東北地方」の存在感を訴求するためには，公的機関の果たすべき役割はますます大きくなっていくことだろう．

注

1）経済産業省東北経済産業局［2020b］，p. 40 参照．

2）『日本経済新聞』2005 年 11 月 17 日，東北経済面，p. 24 参照．

3）前掲紙，2005 年 7 月 12 日，東北経済面，p. 24 及び同年 11 月 17 日，p. 24 参照．

4）岩手県［2019］，p. 5 参照．

5）前掲，p. 22 参照．

6）とうほく自動車産業集積連携会議［2018］，p. 9 参照．

7）「とうほく自動車産業集積連携会議事業報告」各年度版参照．

8）アドバイザー，コーディネーターの具体的な内容に関しては，第 2 章で論じている．

9）みやぎ自動車産業振興協議会及びいわて自動車関連産業集積促進協議会の事業報告を参照．

10）岩手県商工労働観光部［2008］，p. 8 参照．

11）岩手県［2019］，p. 9 及び pp. 13-14 を参照．折橋・目代・村山編［2013］では，岩手県の自動車産業集積に向けた産学官連携の取り組みを取り上げている．ここでは，岩手県における自動車産業振興の独自の強みは，「産学官連携を活用し，能力が必ずしも十分ではない異業種の地場企業を自動車部品へと新規参入させることではないだろうか」（p. 62）と指摘している．

12）岩手県［2019］，p. 19 参照．

13）同上．

14）前掲，pp. 16-17 参照．

15）前掲，pp. 22-26 参照．

16）以降の記述は，2019 年 10 月 29 日に実施した宮城県経済商工観光部自動車産業振興室，2021 年 5 月 21 日宮城県経済商工観光部自動車産業振興室，宮城県産業技術総合センター自動車産業支援部及び公益財団法人みやぎ産業振興機構取引支援課へのインタビューに基づく．

17）みやぎ自動車産業振興協議会［2012］，p. 7 参照．またこの目標は，3 年前倒しの 2017 年に達成している．

18）2021年4月時点，アドバイザー等の出身企業の内訳は，トヨタ関係3名，デンソー1名，ケーヒン（現・日立 Astemo）2名，アルプス電気（現・アルプスアルパイン）1名となっている．支援対象に明確な線引きはなく，Tier 1からも要請があれば実施することになっている．また宮城県のみではなく，各県が自動車産業振興アドバイザーによる地場企業の支援活動を展開している．2019年9月時点，青森県3名，岩手県6名，秋田県4名，山形県4名，福島県1名，新潟県2名の自動車産業振興アドバイザーが所属している

19）公益財団法人みやぎ産業振興機構，宮城県産業技術総合センター「第6回地域産業支援プログラム表彰事業（イノベーションネットアワード2017）産業支援機関と公設試の連携による『"新"みやぎ自動車産業取引あっせんモデル』（提案型あっせん手法）の構築」を参照．

20）花壇自動車大学校とは主に自産室が人材育成の観点から連携を行っている．主な形は，学生，社会人の育成の際に，花壇自動車大学校から講師派遣，設備等が整った会場の提供となる．

21）宮城県が実施主体としたものであるが，8道県の企業が対象である．

22）2019年度から工業高等学校へも対象を拡大している．

23）折橋［2018］，p. 42参照．

24）『中日新聞』2020年6月10日，地域経済面，p. 11参照．

25）竹下・川端［2013］，p. 684参照．

26）折橋［2018］，p. 43参照．

27）折橋・目代・村山編［2013］，pp. 31-32参照．

28）第5章で取り上げた，アイシン東北や東北KATがその典型である．

第8章

鳥取県における企業支援体制と地場企業の発展方向性

はじめに

本章の目的は，2つである．1つは，鳥取県における地場企業の自動車産業参入の現況と公的機関の支援体制を明らかにすることである．もう1つは，鳥取県の地場企業の中で完成品を手掛ける企業の事例を考察することである．2つの考察を通じて，本書の分析対象である東北地方の企業支援及び地域経済の活性化にとっての方向性を示唆する．

本章の構成は以下の通りである．第1節では，鳥取県の製造業及び自動車産業の現況，そして自動車関連事業への参入を企図している企業の特徴を確認する．第2節においては，公益財団法人鳥取県産業振興機構（以下，鳥取産振構）による県内企業支援体制のこれまでの試行と現在の方向性を検討する．以上の考察を踏まえて第3節では，鳥取県と東北地方の自動車関連企業及び支援体制の比較を行う．最後の第4節では，地場企業としては稀少な完成品事業を持つ2社の事例を検討する．

1．鳥取県の製造業及び自動車産業の現況

鳥取県の製造業全体の製造品出荷額等や出荷額上位の産業を確認していこう．2019年版「工業統計（地域別）」（2018年実績）によると，鳥取県の製造業の規模は小さい．上位の産業は，食品，電子部品・デバイス・電子回路，紙パルプとなる．中国地方の他県では，上位3位の産業の中に，輸送用機械器具製造業が含まれているが，鳥取県は出荷額，全製造業に占める輸送用機械器具製造業のシェアが中国地方の他県よりも相対的に小さいことが分かる．中国地方5県において，完成車工場が立地していないのは鳥取県と島根県であるが，島根県の

場合は，マツダ系部品企業の分工場や関西資本の大手部品企業が県内に存在していているために，輸送用機械器具製造業がランクインしていると考えられる．このように，製造品出荷額等で確認する限り，鳥取県における自動車関連事業のプレゼンスは決して高いとはいえない．

　しかし，輸送用機械器具製造業の製造品出荷額等の長期的な推移を確認すると，異なった側面が浮き彫りになる．**表8-1**は2005年，2010年，2018年の輸送用機械器具製造業及び電子部品・デバイス・電子回路の製造品出荷額等を示している[1]．鳥取県にはかつて鳥取三洋電機に代表される大企業の立地があり，電子部品・デバイス・電子回路産業の出荷額が大きい地域であった．しかし，2015年に鳥取三洋電機は外資系ファンドに買収され，最終的に鳥取県から撤退することになった．

　表8-1の通り，電子部品・デバイス・電子回路産業は，2005年当時は鳥取県の製造品出荷額等のうち約25％を占めており，鳥取県にとって非常に重要な産業分野であったことがみてとれる．自動車を含む輸送用機械器具製造業に関しては，同時期には1％にも満たない程度の出荷額にとどまっていた．2010年には，電子部品・デバイス・電子回路の出荷額が急速に縮小し，製造業全体の出荷額も減少していく一方で，輸送用機械器具製造業は25％の伸びを記録する．直近の輸送用機械器具製造業の2018年の出荷額は，2005年比で234％，2010年比で187％という高い成長率を実現している．以上のことから，鳥取県内における輸送用機械器具製造業は大いに成長が期待できる分野だといえる．

　こうしたことは，鳥取産振構が県内の自動車部品関連企業を対象に実施したアンケート調査からも裏付けられる．鳥取産振構によると，2015年時点で鳥取県内には69社の自動車部品関連企業が存在していた．このうち，自動車部品事業が売上高の3分の2以上を占める企業は，13社であった．13社のうち

表8-1　鳥取県における輸送用機械器具製造業，電子部品・デバイス・電子回路部品の製造品出荷額の推移

（単位：万円）

	2005年	2010年	対2005年比	2018年	対2005年比	対2010年比
輸送用機械器具製造業	995,354	1,244,088	125%	2,331,764	234%	187%
電子部品・デバイス・電子回路部品	25,065,484	12,375,918	49%	14,132,898	56%	114%
製造業全体	106,823,192	84,277,056	79%	80,553,647	75%	96%

出所）経済産業省「工業統計（地域別）」各年版より筆者作成．

過去 1 年間における売上高が増えたと回答した企業が 5 社，変わらずと回答した企業が 8 社，減少したと回答した企業はゼロであった．自動車部品事業の売上高比率が 3 分の 2 未満の企業群で過去 1 年間に売上高が減少したと回答した企業は 12 社あることと比較すると，1 年間の比較ではあるが，鳥取県の地場企業にとって，自動車部品関連事業は成長性のある事業だといえよう．

　では，より具体的に鳥取県の自動車関連企業の特徴を確認していこう．**表 8-2** は鳥取産振構が平成 28 年（2016 年）に発行した『鳥取県受注企業ガイドブック』より，自動車部品受注実績のある企業を抽出したものである．特徴として浮かび上がるのは，①受注実績のある企業のほとんどが中小企業である点，② 44 事業所中 14 の事業所が県外に本社を置く企業である点，③そうした 14 事業所のうち 13 事業所が関西圏（大阪府，京都府）に本社がある点である．筆者は佐伯編［2019］において，鳥取県企業は関西方面との生産連関が強いことを指摘したが，鳥取県内の事業所には関西の自動車部品企業の子会社あるいは分工場が複数存在することからも，改めて同様のことがいえるであろう[2]．

2．鳥取県産業振興機構による自動車部品企業への支援体制

　鳥取県において自動車部品企業への公的支援の中心的役割を果たしているのが，鳥取産振構である．鳥取産振構の自動車部品関連企業への支援が本格化したのは 2010 年頃である[3]．鳥取産振構が組織する自動車部品研究会では，会員に向けた自動車業界動向及び技術情報の発行や外部講師を招いたセミナーの開催，商談会・展示会の開催などを実施してきた．佐伯編［2019］で言及した通り，鳥取産振興は 2017 年度から 2018 年度にかけては多品種少量生産品にターゲットを絞って鳥取県内企業の自動車部品事業への参入支援を試みた[4]．具体的には，福祉車両及び特装車分野での受注獲得に向けた各種取り組みである．しかし，結果として受注には至らなかったという[5]．

　2019 年度の鳥取産振興による支援活動の最終目標は，「上位企業からの受注獲得」に定められた．ここでいう上位企業とは，完成車企業や大手自動車部品企業を指す．顧客候補企業との企業見学会や VE（Value Engineering）検討会などの実施や展示商談会への積極参加という点は，従来から継続している．**表 8-3** は 2019 年度の自動車部品研究会セミナーの開催実績である．同表にある通り，2019 年度には自動車部品研究会セミナーを 3 回実施した．このセミ

表8-2 鳥取県自動車部受注企業一覧表

番号	資本金(万円)	従業員数(人)	技術分野	備考
1	3,000	65	熱間鍛造, 切削・旋削	マグネシウム合金など新素材の鍛造
2	13,000	315	熱間鍛造	長尺中空鍛造
3	3,500	131	冷間鍛造, プレス加工	精密板鍛造
4	1,200	65	圧造・転造	冷間圧造と切削の複合加工
5	5,000	35	プレス加工, ばね成形, 切削・旋削, 完成品・組立品	加工から組立・梱包まで一貫生産
6	6,000	25	プレス加工, プレス金型	プレス機40〜300t
7	3,000	200	プレス加工, プレス金型	プレス機25〜300t
8	4,400	120	プレス加工	20〜300t 薄板精密プレス, コネクタ
9	1,100	21	切削・旋削, 研削・研磨	小径品ミクロン単位の切削
10	1,000	16	切削・旋削, 研削・研磨	難削材の精密切削
11	1,000	20	切削・旋削, 研削・研磨	単品〜量産品まで対応
12	3,000	75	切削・旋削, 研削・研磨	各種精密シャフト
13	800	40	切削・旋削, 研削・研磨	スプロケット, スプライン加工
14	4,000	45	切削・旋削, 研削・研磨	各種軸物専門
15	1,000	11	切削・旋削, 研削・研磨	少量短納期（試作, 補修部品）
16	1,200	31	切削・旋削, 研削・研磨	CNC 自動旋削が中心
17	300	7	切削・旋削	自動旋削専業
18	1,000	43	切削・旋削	アルミなど非鉄金属の切削
19	3,000	57	切削・旋削	ミクロン制度の量産精密旋削
20	1,000	18	樹脂成形, 樹脂成形金型	成形機50〜220t
21	990	47	樹脂成形, 樹脂成形金型	成形機40〜170t
22	3,000	30	樹脂成形	成形機60〜180t
23	8,600	150	ゴム成形, 製品開発	精密高機能ゴム成形品
24	1,000	79	ゴム成形	水素耐性ゴムパッキン
25	1,000	17	電気・電子部品, 完成品・組立品, 製品開発	小型モーター／ポンプ
26	2,900	19	電気・電子部品	厚膜印刷基盤
27	2,000	46	電気・電子部品	精密スポット溶接
28	14,800	240	基板実装, ユニット組立, 完成品・組立品, 製品開発	モジュール組立までの一貫生産
29	4,000	120	基板実装, ユニット組立	ISO／TS16949認証保有
30	3,000	215	基板実装	回路設計から対応可能
31	500	44	ワイヤーハーネス, 製品開発	提案・設計力あり
32	1,000	580	ワイヤーハーネス	中国（青島）工場あり
33	1,000	215	ユニット組立	スイッチ, コネクター自動組立
34	10,000	10	プレス金型, 樹脂成形金型	超精密金型
35	3,000	56	プレス金型, 樹脂成形金型	金型専業半世紀
36	9,920	80	プレス金型	1,600t トライプレス, ウルトラハイテン対応
37	200	7	プレス金型	精密金型
38	1,000	18	プレス金型	精密金型
39	2,600	50	メッキ	低コスト亜鉛・ニッケル合金メッキ
40	3,000	83	メッキ	ニッケル, 金, スズ, 3価亜鉛など
41	1,000	29	塗装	樹脂から金属あらゆる塗装処理
42	2,000	32	熱処理	独自の熱処理技術
43	4,680	265	完成品・組立品, 製品開発	開発設計から完成品まで一貫生産
44	1,000	100	完成品・組立品, 製品開発	ドライブレコーダーなど

出所）公益財団法人 鳥取県産業振興機構〔2015b〕, 鳥取県産業振興機構提供資料, 各社ウェブサイトより筆者作成.

注）データ及び実績は2015年9月発行時点. 網掛けは鳥取県外に本社を置くことを各社ウェブサイトなどで確認できた事業所.

表8-3　2019年度自動車部品研究会によるセミナー開催実績一覧

セミナータイトル	趣旨・目的	招聘講師所属先
電動自動車普及による自動車産業の方向性について	先端技術	（株）デンソー
魅力的な自動車〔EV，スポーツカー〕の開発について	先端技術商品性	トヨタ自動車（株）
激動の時代を生き抜くための自動車部品メーカーの戦略を考える	業界の動向と企業戦略	一般社団法人 自動車部品工業会

出所）公益財団法人　鳥取県産業振興機構［2020］をもとに筆者作成.

ナーでは，完成車企業，大手 Tier 1 が考える今後の自動車技術を知るための機会を提供してきた.

　セミナーの他にも企業見学会や上位企業のニーズ発信会を開催し，これらは完成車企業や大手部品企業のニーズ把握や研究会参加企業と上位企業との意見交換の場として機能している．2019 年度は兵庫県宝塚市に本社を置くハイレックスコーポレーション，ダイハツ工業への企業見学会の実施，そして上位企業ニーズ発信会として日産横浜工場視察及び意見交換会や日産ニーズ発信会を開催している．セミナーや企業見学会，上位企業ニーズ発信会は，大手自動車関連企業が近隣にほとんど存在しない鳥取県地場企業にとって，自社の製品や技術が受注につながる可能性を探るための場になっていると考えられるのである.

　鳥取産振構は試行錯誤をくり返すことで経験を蓄積し，新たな支援の形を試みている．商談会や個別の商談では，「何ができるのか」のプレゼンテーションだけではなく，実際の試作品提示による提案があれば，顧客候補企業との話が進みやすいという経験があった．そこで商談の機会に試作品を提示できるように，2018 年 7 月よりミニワークショップを立ち上げている．これには，鳥取県内の複数の企業が協業し，単品部品ではなくモジュール単位での受注を目指すという狙いがあった.

　2019 年 12 月現在のテーマは① 加飾，② 電子機器，③ 室内ドームランプ，④ カーテン，⑤ 後付け用品である．**表8-4** は上記①と⑤の製品，そして参加企業とターゲットをまとめたものである．ステンレスメッキによる加飾ではアサヒメッキ（鳥取市）が，クリスタルアルミプレートでは片木アルミニューム製作所[6]（西伯郡）が，因州和紙による加飾では中原商店（鳥取市）が中心となり，

表8-4　ミニワークショップ取り組み状況 (2019年12月現在)

製品	参加企業	ターゲット
因州和紙加飾　バックライト付き	中原商店，ティエスピー，ケイケイ，大村塗料，光電気 LED システム	トヨタ自動車，TCD，豊田紡織，マツダ，ダイハツ，日産　他
①ステンレスメッキ加飾 ②マフラーカッターメッキ加飾	アサヒメッキ	トヨタ自動車，TCD，豊田紡織，マツダ，ダイハツ，日産　他
クリスタルアルミ板加飾	片木アルミニューム	トヨタ自動車，TCD，豊田紡織，マツダ，ダイハツ，日産　他
ライセンス意匠ボルト	新興螺子	TCD，マツダ，ダイハツ　他
意匠ビス・ボルト	新興螺子	TCD，マツダ，ダイハツ，トヨタ紡織　他
高機能ドライブレコーダー	鳥取スター電機	TCD，マツダ，ダイハツ　他

注) TCD は「トヨタカスタマイジング＆ディベロップメント」の略称. 参加企業は鳥取県外に本社を置く企業を含む.
出所) 鳥取県産業振興機構提供の資料をもとに筆者作成.

それぞれ数社との協業を探りながら，受注に成功した場合の開発費や量産コストの見通しを立てている段階だという．また，⑤の後付け用品については既存技術の応用を想定しており，開発の依頼を受けてからの試作を予定している．具体的な製品分野としては，ライセンスプレート取付ボルト，意匠ボルト・ビス（以上は，新興螺子による），多機能ドライブレコーダー（鳥取スター電機による）となっている．

　このように，鳥取県自動車関連企業への支援体制には，2018 年以前と比べて 2 つの変化があった．1 つは，特定の車両分野に特化しないという点，もう 1 つはセミナーなどを通じて「何ができるのか」を考えるだけでなく，「自社の保有技術でオンリーワンの試作品をつくりあげる」という点である．

　以上のような支援体制の下，完成車・部品企業との商談が行われた．表8-5 は 2019 年度の自動車関連製品の商談実績である．ここからは，トヨタ，デンソーといった上位企業との交渉が行われてきたことがわかる．自動車関連製品の 8 件の商談のうち，受注獲得に至ったのは 3 件となっており，見積，検討中が（当時）5 件あった．「エンジンモデル」を受注し，生産開始にまで至ったのは日下エンジニアリング（米子市）である．同社はこれまでに他社からのミニチュアモデルの受注実績がある．「エンジンモデル」受注のきっかけとなったのは，トヨタの部長級 2 名が 2019 年に自動車部品研究会セミナーで講演した際に県内企業を訪れたことだったという．こうして，継続して実施してきたセ

表 8-5　2019年度自動車関連製品の商談実績一覧

商談相手	展示商談アイテム	状況	備考
デンソー	組立設備各種	成約	検討中案件もあり
トヨタ自動車	エンジンモデル	成約	2020年より生産開始
トヨタ自動車	LED 証明具	検討中	
TCD	加飾，後付け用品	検討中	
TCD	刃具	成約	
ハイレックスコーポレーション	電子 ECU	見積	
日産自動車	加飾，生産，電子等	検討中	
マツダ	加飾，後付け用品	検討中	

出所）公益財団法人　鳥取県産業振興機構［2020］をもとに筆者作成.

ミナー，商談会，企業見学会などに加え，ミニワークショップでの地場企業からの新製品の提案などは，鳥取県企業と上位企業との接点を着実に増やし，一部は受注にまでこぎつけるという成果を生んできたのである.

　とはいえ課題もまた多く残されている.すでに述べたように受注獲得に成功した企業や試作品の製作にまでこぎつけた企業は存在しているが，それらは自動車部品研究会の会員企業約70社のうちのごく一部に過ぎない.セミナーへの参加が即商談につながるという期待が先行する企業がいたり，また企業見学会については積極参加する会員企業が多いとはいい難かったりするようである.特にミニワークショップについては，鳥取県内で完成品やモジュールの生産を行っている企業は少なく，協業を図るにもリーダーシップをとることができる企業は限られる.今後，鳥取産振構の支援によって受注を獲得する企業が増えれば，こうした状況は改善される可能性がある.自動車関連事業の経験が豊富とはいえない鳥取県企業が短期間で結果を出すのは容易ではないため，鳥取産振構は受注獲得に向けた支援を粘り強く行う必要がある.

3．鳥取県と東北地方の自動車部品の事業環境と支援体制の違い

　ここでは鳥取県と東北地方の自動車産業の共通点と相違点をみていく.両者に共通しているのは，かつてエレクトロニクス産業が地域経済の支柱であったという点である.[7] さらに，エレクトロニクス大手企業の撤退後，自動車関連事

業に新たな受注先を求めたという点も共通している.

　いっぽうで, 地場企業が自動車関連事業に参入するための環境は大きく異な
る. 鳥取県においては, 関西からの誘致企業, 進出企業が複数あるとはいえ,
多くが中小企業である. 完成車企業や Tier 1 の進出があったわけではない.
さらには, 誘致・進出企業の歴史は古く, 鳥取県に拠点を設立した時点では,
自動車関連事業の生産拠点として鳥取県を選んだとは考えにくい. そのため,
誘致・進出企業及び地場企業は手探りの状態で自動車関連事業への参入を企図
しなければならなかった. 鳥取産振構による支援も, 過去には EV や特装車向
け部品の受注に活路を見出そうとしたが, 成果が得られず試行錯誤が続いた.

　東北地方 6 県, とりわけ完成車工場が立地する岩手県, 宮城県では, Tier 1
が完成車工場の近隣に進出したという経緯がある. 東北地方の地場企業は完成
車企業や Tier 1 をターゲットにして受注獲得を目指すという明確な目標を持
てるという点では, 鳥取県とは大きく異なる. 完成車工場進出の影響は大きく,
岩手県, 宮城県, そして日産のエンジン工場が立地する福島県の 3 県には,
(第5章で示したように)愛知県からの企業の進出が 19 事業所もあり, 東北地方
6 県では自動車部品事業に参入済か参入意欲がある進出企業, 及び地場企業の
数が 1022 事業所にも上る[8].

　こうした相違点が, 鳥取県は自社の既存技術を自動車関連事業に応用し上位
企業に提案していくこと, 他方の東北地方は進出 Tier 1 との緊密なやり取り
の中で生産現場の強化に軸足を置いて受注獲得を目指すことといったそれぞれ
の参入戦略に表れている. もちろん, 受注獲得を目指す方法に優劣をつけるこ
とはできない. しかしながら, 東北地方の地場企業は鳥取県と同様の取り組み
ができないかといえばそうではない. 鳥取県の地場企業と比べて相対的に有利
な外部環境を活かしつつ, 完成車企業や Tier 1 との協業にさらなる活路を見
出すことも可能であろう.

4. 鳥取県企業の事例

　本節では, 鳥取県地場企業としては稀少な, 製品開発機能を有して完成品事
業を展開している 2 社の事例をみていく. 2 社の事例から, 完成品事業が主力
であることによって達成された成果についてみていく.

（1）　鳥取スター電機

　1983 年に鳥取市に設立された鳥取スター電機は，GPS レーダー探知機やド
ライブレコーダーを主な生産品目とする OEM/ODM 企業である[9)]．同社の前身
は，1966 年設立の杉谷電機鳥取工場である．杉谷電機は，もとは奈良県で三
洋電機の下請をしていたが，当時の杉谷電機の社長が鳥取県出身だったことか
ら，鳥取県に工場を建設し鳥取三洋電機と取引するようになったのである．
1971 年に杉谷電機と鳥取三洋電機が折半出資で鳥取杉谷電機を設立し，1983
年には鳥取スター電機に社名変更された．その後 1994 年には，鳥取コスモサ
イエンスが，翌 1995 年には新興電子がそれぞれ鳥取スター電機グループに組
み入れられていった．

　鳥取スター電機，鳥取コスモサイエンス，新興電子の 3 社は「鳥取スター電
機グループ」を構成し，各社には固有の役割が与えられている．具体的には，
鳥取スター電機は，資材・購買管理，チップ実装，完成品組立，量産品品質管
理を担っている．鳥取コスモサイエンスは，電子回路設計，組み込みソフト
ウェア設計，外観・機構設計，設計品質保証，印刷物出版を担っている．そし
て新興電子は，車載用機器及び医療機器の組立を担っている．このため，鳥取
スター電機グループでは設計開発から製造までを一貫して行うことができるの
である．鳥取スター電機グループとしての売上高は，2018 年度実績で約 65 億
円，従業員数はグループ全体で約 200 名である．

　すでに述べた通り，同社は鳥取三洋電機を主な納入先とする部品企業であっ
た．鳥取三洋電機へは，ファクシミリや自社設計によるコードレス電話用モ
ジュール部品を納入していた．その他にも，三菱電機向けに広帯域受信機（レ
シーバ）を納入してきた．こうした受注実績が，同社のコア技術である無線技
術の蓄積に大きく貢献した．そして 1987 年には，下請からの脱却をめざして
レーダー探知機の開発・生産に着手した．当時，鳥取三洋電機が米国向けに
レーダー探知機を販売しようとしていたが，同製品は法的な面でいわゆるグ
レーゾーン製品に捉えられたため製品化を断念した．こうした経緯から，鳥取
スター電機が鳥取三洋電機からレーダー探知機事業を受け継ぐことになり，こ
れを鳥取三洋電機以外の企業に販売することになった．インタビュー当時には
レーダー探知機の月産は約 1 万 5000 台規模であった．

　そして 2007 年には，ドライブレコーダーの開発・生産を開始した．近年，
わが国では悪質なドライバーによるあおり運転が深刻な社会問題化しており，

ドライブレコーダーの需要が拡大してきている．鳥取スター電機の売上高のじつに7割超がドライブレコーダーによるものである．インタビューを実施した2019年12月時点には半年先までのバックオーダーを抱えているほどであったため，生産能力の増強が計画されていた．ドライブレコーダーは新車組み付け用の標準装備品ではないため，一般的にはユーザーが自動車販売店か用品店で購入し取り付けねばならない．あおり運転問題が深刻化するまではドライブレコーダーの搭載率は低く，全登録車の10%に満たない程度だったが，今後は需要拡大が見込まれる製品である．鳥取スター電機のドライブレコーダー事業の販路には，OEM/ODM受注先を通じて用品店で販売される場合と，Tier 1の大手部品企業が鳥取スター電機製のドライブレコーダーをOEM/ODM経由で調達したのちに自社ブランド製品として自動車販売店へと卸す場合の2つが存在する．したがって鳥取スター電機は，前者の場合はTier 1相当に，後者の場合はTier 2に該当することになる．

　レーダー探知機にせよドライブレコーダーにせよ，鳥取スター電機のソフトウェア開発担当部署には多くの負荷がかかっている．概略の仕様は顧客が提示し，それをもとに同社のグループ会社である鳥取コスモサイエンスが設計・開発を行っている．レーダー探知機の開発リードタイムは約半年，製品寿命は約1年である．他方のドライブレコーダーの開発リードタイムは約8カ月であり，製品寿命は長くて3年〜5年ほどである．

　ドライブレコーダーのソフトウェア開発に関しては，旧・鳥取三洋電機出身の技術者の存在が大きかったという．もとは鳥取スター電機生え抜きの社員がドライブレコーダーの開発を進めていたが，経験不足から作業は難航し，完成までには8年もの歳月を要した．この開発期間の途上で，前述の旧・鳥取三洋電機出身者達が中途入社してきたのである．最大で15名ほどが在籍していたが，彼らにはハードウェアとソフトウェア双方に豊富な設計・開発経験があった．こうした人材が鳥取スター電機に合流したことで，ドライブレコーダーの製品化は成功したのである．

　人材確保については，地元で働くことを希望する高卒人材の採用が順調であり，毎年10名程度は採用できている．しかしながら技術者の採用には苦労しているようである．開発人員不足のために，設計・開発の外注を考えなければならないこともある．また，技能実習生等の海外人材の活用は，語学面のサポートができないため考えていないという．

（2）　気高電機

　気高電機は，1969 年に鳥取市において鳥取三洋電機と福伸電機の合弁会社として設立された[10]．その後，鳥取三洋電機との合弁は 1995 年に解消している．

　同社は，IH ジャー炊飯器の OEM/ODM を主要事業とする企業である．近年の売上高は約 100 億円を維持しており，2018 年度は約 112 億円であった．売上高の約 7 割が家電製品事業によるものであり，そのうち量産品である IH ジャー炊飯器の OEM/ODM が 5 割を占めている．売上高の残りの 3 割は B to B 製品事業によるものであり，品目としては，紙幣計算機，ATM ユニット，完成車企業向け水性塗料乾燥機等である．これらは IH 炊飯器とは異なり少量生産品が多い．B to B 製品には，「QUICK—D」という自社ブランドを冠したものもある．

　気高電機では，ソフトウェア開発を含む製品開発，金型設計，金属プレス加工，樹脂成形，組立，品質保証までを一貫して行っている．国内には本社工場と鹿野工場（鳥取市）の 2 工場，海外には 1995 年に設立した新建高電業（深圳）有限公司が 2 つの工場を有している．従業員数は，国内 255 名，中国 650 名である．

　主力製品である IH ジャー炊飯器は，2000 年から（当初は鳥取三洋電機向けとして）生産している．それまでは電気ポットを生産していたため，プレス加工，樹脂成形，金型製作といった技術の蓄積があった．2002 年には，上位機種である「おどり炊き」の受注に成功する．しかし，2009 年に三洋電機がパナソニックに買収されたことで三洋電機ブランドでの生産は 2010 年で終了となってしまった．主力の IH ジャー炊飯器事業は岐路に立たされたわけであるが，2010 年以降にはパナソニックとタイガー魔法瓶からの受注に成功する．当時，パナソニックからそれまでの三洋電機からの仕事を継続できる保証はなかったため，受注の決定は純粋に気高電機の技術力が評価された結果であるといえよう．特に IH ジャー炊飯器の操作ボタンの設計・製造に関しては固有のノウハウが必要だったため，気高電機がそれに対応できることは受注に有利に働いたと考えられる．IH ジャー炊飯器事業においては，気高電機の位置付けは Tier 1 となる[11]．

　IH ジャー炊飯器事業以外の取り組みとしては，自社ブランドを冠した B to B 製品の開発・生産・販売，そして部品事業への積極参入が挙げられる．自社ブランド製品とは，水性塗料乾燥機のことである．近年，環境負荷軽減や従業

員の健康配慮の要請のため塗装工程において水性塗料を使用することが増えている．同社の自社ブランド水性塗料乾燥機「AQUA（QUICK—Dシリーズ）」は，発売当初こそ販売が振るわなかったが，こうした流れを受けて近年販売量が増加している．部品事業については，金型の外販，建築関連部品，樹脂成形部品を積極的に展開していこうとしている．同社がもっぱら扱うのは，規格化された標準品ではなく顧客の要望を反映したカスタマイズ品である．したがって部品事業においては，各部門がどのような物を作ることができ，どのような顧客であれば受注可能なのかを判断して，部門ごとに営業活動を行うことになっている．現在は，自社ブランド製品事業及び部品事業双方の拡大を以て，売上高200億円を目指している．

　人材確保については，同社は中国からの技能実習生を積極的に受け入れている．2019年12月時点，約40名の技能実習生が在籍している．彼らの実習期間は最大で5年間である．山東省の出身者が多いが，近年中国の経済発展にともない沿岸部の省から実習生を確保することが難しくなってきているため，今後は内陸部の各省や他の国からの受け入れを同社では検討している．

(3)　2社の事例の整理

　以上の2社に共通する特徴は，単なる下請に甘んじるのではなく，自社で完成品を開発・生産する能力を有している点にある．両社とも鳥取三洋電機の下請企業であった時期に蓄積した技術を梃子にして，完成品事業を育て上げてきた．両社の売上高は2018年度時点で65億円（鳥取スター電機），118億円（気高電機）であり，これは県内で自動車部品事業に特化している地場企業の平均的な売上高を大きく上回っている．本章の前半では，鳥取県の地場企業が生き残るための1つの選択肢として，自動車部品事業への参入に議論を集中してきた．しかし，事例で取り上げた両社は自動車部品に特化しているわけではない．2社の事例をみる限り，いかにして（設計・開発機能に基いた）完成品や比較的大きなモジュール単位での受注を獲得するかが，企業の生き残りばかりではなく，安定した成長を達成できるかの分岐点になっているといえるようである．

　支援機関の立場からみれば，完成品事業を持つ2社は「よきパートナー」に近い存在であるといえよう．両社ともに長年蓄積してきた技術を活かしつつ，Tier 1あるいはTier 2としての地位を確立してきた．支援機関にとっては，積極的支援を必要とする企業と自ら市場を開拓していく企業との間にある

ギャップを認識することができ，より効果的な地場企業支援への糸口をつかむ
きっかけになり得る．また，第 2 節でみた鳥取産振興によるミニワークショッ
プにおいては，参加した地場企業が単品ではなくモジュール単位の開発及び提
案を試みていたが，今後そうした経験が豊富な両社が積極的にこの取り組みへ
の関与を深めることで，より競争力のあるモジュールや最終製品の（潜在顧客
への）提案が可能になることが期待される．実際に，鳥取スター電機は（前掲表
8-4 で示した）高機能ドライブレコーダーのテーマに参加している．この分野で
の受注獲得や事業拡大となれば，支援機関と成長株の地場企業との連携による
地域経済活性化が実現されることになるであろう．

小　　括

　本章では，鳥取産振構による近年の地場企業への支援体制について検討し，
その後，県内では数少ない完成品事業に取り組む 2 社の事例を分析してきた．
鳥取産振構の支援のあり方には，実際に試作品を作ることに重点を置くミニ
ワークショップの新設や地場企業の独自技術を活かしたモジュールの提案に着
手するといった変化が見られた．将来これらの取り組みに結果がともなえば，
地方に立地する地場企業への公的機関による支援・育成のロールモデルになり
得る．

　鳥取県企業と東北地方 6 県の地場企業は，かつてエレクトロニクス産業の下
請として存立してきた点が共通している．さらに，その後の国内エレクトロニ
クス産業の衰退により，事業転換せざるを得なくなったという点も共通してい
る．ただし両者の決定的な違いは，完成車企業や大手 Tier 1 が近隣に立地し
ているかどうかにある．鳥取県の場合，同じ中国地方にはマツダと三菱自の完
成車工場があるが，部品の調達先は広島県，山口県，岡山県，そして島根県の
西部に集中している．つまり鳥取県は，東北地方（とりわけ岩手県，宮城県）とは
異なり，完成車企業を頂点とする自動車産業集積地には組み込まれていないの
である．そのため，鳥取県の地場企業で自動車関連事業への参入に成功した企
業は，公的機関，特に鳥取産振構の手厚い支援を受けながら，もっぱら県外に
受注機会を求めざるを得なかった．

　鳥取県内では稀少な完成品事業を手がける鳥取スター電機と気高電機の売上
高は，自動車部品事業に特化した企業よりも大きかった．この事実は，地方に

立地する企業が自律的に成長するためには，完成品あるいはモジュール部品を
開発・生産できるのが望ましいということを示唆しているのである．さらにこれ
ら2社は，完成品事業によって開発・生産の能力を長期にわたり高め続けて
きたことで，地場企業として独自のポジションを確立してきた．2社の事例は，
東北地方の地場企業が成長するために多くの示唆を与えてくれるのである．

　　本研究は文部科学省の科学研究費基盤（c）課題番号 18k01826

　　課題名：「部品サプライヤーにおける自律的な最適国際分業の編成に関する研究」の成
果を含んでいる．記して謝意を表したい．

注

1）工業統計表における産業中分類は平成 20 年（2008 年）調査より改定されている．
　　表8-1に関係する改定は2点である．1つは「29 電子部品・電子デバイス製造業」
　　（2007 年調査まで）が「28 電子部品・デバイス・電子回路製造業」にコードと名称が
　　変更された点，もう1つは，「28 電子部品・デバイス・電子回路製造業」に旧分類
　　「27 電気機械具製造業」より一部の細分類項目が移設された点である．しかし，
　　表8-1に示した 2010 年以降の「28 電子部品・デバイス・電子回路製造業」数値には，
　　旧分類「27 電気機械具製造業」より移設された細分類に該当する項目の出荷額は含
　　まれていなかったため，「29 電子部品・電子デバイス製造業」の製造品出荷額等の総
　　計については，地域別の工業統計表に記載のある細分類を合計した数値になっている．

2）現在は鳥取県に本社を置くが，関西圏をルーツとする企業は複数存在する．たとえば
　　鳥取県内企業のうち，すでに自動車事業に参入済みの寺方工作所や山本金属工業がこ
　　れに該当する．この点からも，鳥取県の自動車部品企業及び事業所は関西圏との資
　　本・生産連関上の結びつきが強いといえる．寺方工作所や山本金属工業については佐
　　伯編［2019］の第5章を参照されたい．

3）佐伯編［2019］，p.238 参照．

4）同上．

5）以下，特に断りがない限り，2019 年 12 月 2 日に実施した鳥取県産業振興機構へのイン
　　タビューに基づく．

6）本社所在地は大阪府泉南市である．

7）東北地方については，経済産業省東北経済産業局［2020a］参照．

8）経済産業省 東北経済産業局 自動車航空機産業室［2019］参照．

9）以下，2019 年 12 月 2 日に実施した鳥取スター電機へのインタビュー，及び鳥取ス

　　ター電機ウェブサイトの情報に基づく．

10) 以下，2019年12月3日に実施した気高電機へのインタビュー及び同社ウェブサイトの情報に基づく．

11) 気高電機は2つの顧客ブランドのうち相当量の生産を担っているものの，全量を受注している訳ではない．パナソニック，タイガー魔法瓶はともに上位機種を内製している．

終　章

東北地方自動車産業の問題性と展望

　本書の目的は，1990 年代から形成されてきたわが国東北地方における自動車産業集積の現状と課題を地域自動車産業論の分析視角から明らかにすることであった．序章での説明のくり返しになるが，地域自動車産業論とは，特定地域の自動車産業における開発・生産・調達諸局面を複合的に捉える，経営戦略論と地域経済論とを折衷した概念のことである．以降，本書での議論を簡単にふり返り，研究目的に則した東北地方の自動車産業に内在する問題性を提示するとともに，未だ途上にある震災復興の完遂に向けた展望を論じることで結びとしたい．

1．論点の整理

　本書の第 1 部では，中核企業 2 社（TMEJ，日産いわき工場）の東北地方進出の経緯，発展史をふり返ることで，当地での両社の競争力の源泉が何であるのか，そしてまた両社が東北地方の産業振興及び東日本大震災からの復興にどのような貢献をしてきたのかを明らかにしてきた．とりわけトヨタ「第 3 の拠点」として東北地方で完成車生産を手がける TMEJ は，コスト要件に厳しいコンパクトカー生産を集約する拠点として，東北地方の相対的に廉価な賃金利用ばかりでなく様々な企業努力を以て競争力を高めてきた．それらは具体的には，工場内でのからくりの活用，部品企業の協力を得た順序生産・順序納入の導入である．トヨタ東日本学園の開設・運営や異業種相互研鑽活動による地域のものづくり人材育成にも熱心に取り組んできた．TMEJ には静岡県の東富士総合センターに開発部門があり，車両のアッパー・ボディを中心とした製品エンジニアリングを推進する能力があることも明らかにした．TMEJ と日産いわき工場の中核企業 2 社に共通していたのは，東日本大震災で被災しながらも生産拠点として当地に踏みとどまり，雇用維持と事業活動の継続によって単純な経

済合理性を超えた震災復興への関与の姿勢を示してきたことであった．

　第2部では，中核企業と資本連関，生産連関がある部品企業の分布，そして企業単位での事業活動の実態を明らかにしてきた．東北地方の自動車部品事業は，その多くが愛知県等からの進出企業によって担われている．TMEJや日産いわき工場と直接取引するTier1に至っては，ほぼ進出企業のみと言っても過言ではない．もっぱらエレクトロニクス産業の下請から自動車部品事業に新規参入してきた地場企業は，これら進出企業のもとでTier2，Tier3として中核企業の生産連関に組み込まれている場合が圧倒的に多い．中核企業と直接取引するのは，生産設備・金型・治工具等の資本財取引か，あるいはその保守・保全業務にほぼ限られている．そしてこの形態は，TMEJや地元自治体の意向に概ね添ったものであった．しかしながら自動車産業での経験の浅いこれらの地場企業は，進出企業の支援・育成のもとでようやく当該産業で要求されるQCDに対応できるようになったばかりであり，安定した収益の確保や顧客への技術的な面での提案能力の獲得はこれからである．そして，進出企業もまた東北地方での事業活動は概ね生産機能に特化しており，開発機能の保持には至っていなかった．この点は顧客であるTMEJも同様であり，東北地方が巨大な分工場型経済圏であるとする筆者らの主張を裏付けるものであった．

　第3部では，東北地方の自治体等公的機関が，自動車産業を各県に根付かせるためにどのような支援を行ってきたのかを明らかにした．第1部，第2部の分析から明らかになったように，域外依存型集積である東北地方の自動車産業が成立するためには，域内調達可能なものは中核企業と進出企業が自社ないし取引する地場企業の人材育成やものづくり能力の養成をつうじて競争力を高めること，当地では調達できない素材・部品は域外企業との取引に委ねることが必要である．公的機関はこの両局面での主要プレーヤーと接触し支援体系を構築してきた．具体的には，東北地方の域内ではもっぱら地場企業育成のためのセミナーや研修会の開催，域外との関係では外部からの講師招聘や展示商談会をつうじてのマッチング機会の創出等であった．そしてこれら公的機関による支援の枠組みが，東北地方6県に新潟県と北海道を加えた「とうほく自動車産業集積連携会議」という広域の取り組みと各県単位での産学官連携組織である協議会のそれとの二本立てになっていることを明らかにしてきた．また，東北地方以外の地域において地場エレクトロニクス関連企業の事業転換が成功した事例として，鳥取県産業振興機構の支援エピソードを取り上げた．要諦は，地

場企業が単なる下請仕事ではなく集成度の高いモジュールや（自社開発の）完成品の生産に関わるということであった．

　以上が簡単ながら本書で議論してきた内容の要約である．続いて，本書の研究目的であった東北地方の自動車産業が抱える問題性，そしてそれとは逆に同地方の潜在力から見とおすことのできる展望についてである．

2．問題性の指摘と展望

(1)　東北地方の自動車産業集積に内在する問題性

　本書での研究期間に筆者らが東北地方の企業や自治体を実際に訪問し見聞きしてきたことや当地に関する多くの二次資料を渉猟した上で見えてきた，東北地方の自動車産業に内在する問題性とは次の諸点である．順に説明しよう．

　第1に，既に序章でくり返し述べてきたように，東北地方の自動車産業集積にとって最大の課題とは，域外依存型集積，すなわち分工場型経済圏の性質から脱していないことである．より具体的には，事業活動の大半は生産活動にあり，開発機能や進出企業にとっての現地調達権が全く具わっていないか極めて制限されていることである．しかしながらこの点は，トヨタ系の企業を念頭に置くと，親会社のグローバル生産戦略に基づくグループ企業管理政策という大枠に強く制約されるし，また集積が展開されてきた歴史にも左右される．前者の点は，ほぼ同時期に完成車工場が竣工し東北地方同様に巨大な分工場型経済圏を形成している北部九州にも共通する課題である．また後者の点においては，北部九州よりも年間の完成車生産台数が少なく，したがって累積生産台数で劣後するという意味で東北地方の経験の蓄積は浅いと言わざるを得ない．とりわけ東北地方の地場企業は，エレクトロニクス産業から自動車部品事業へと新規参入し，ようやく自動車産業における QCD のいろはを身につけたばかりの段階である．しかしながらこの大きな課題は，時間をかけて経験と実績を積み，少しずつ変革していくしか解決法はない．ものづくりは地道な積み重ねこそが物を言う業種であるため，事態を一足飛びに転換させるような飛び道具は存在しないのである[1]．

　第2に，これも親会社のグローバル生産戦略に強く影響されている側面であるが，TMEJ がコンパクトカー中心の生産車種構成だということである．トヨタのフランス生産子会社である TMMF（Toyota Motor Manufacturing France S.

A.S.) のマザー工場としての役割を与えられてはいるものの，あくまで TMEJ にとっては国内市場の需要に対応することが最大の使命である．高品質なコンパクトカー生産は，わが国自動車産業にとってのお家芸とも言える領域であり続けてきたとはいえ，作るのが難しい割に利幅が小さいという難点を抱える．利幅が大きい車種を扱い，多くを輸出に振り向けている TMK や日産自動車九州，日産車体九州が立地する北部九州とはこの点が大きく異なる．市場が小さく利益も僅かということでは，東北地方の地場企業が腰を据えて取り組むだけの動機づけにはどうしてもなりにくい．高い電動車の生産比率という強みを活かし，市場創出を積極的に検討しなければならないだろう．

　第3に，東北地方における集積の偏在である．集積の地理的拡がりは中核企業たる完成車企業の立地に依拠するため，それがある岩手県，宮城県，福島県に多くの企業が集積している．その一方で，日本海側では山形県に一定数の集積が見られるだけである．東北地方の人口減少は全国水準よりも早く進むことを考えると，集積の持続的発展を企図するならば少ない生産年齢人口を戦略的に糾合することが必要になるだろう．自治体は自動車産業支援の広域連合を組んでいるわけだから，青森県や秋田県（可能ならば新潟県，北海道）にも生産連関を拡げることが求められる．幸いにも東北地方にはエレクトロニクス産業での経験の蓄積がある．そして東北地方で生産される車種には電動車が多い．しかるに，地場企業が完成車工場から遠方に立地していたとしても，小型軽量・高付加価値の電気・電子関連部品であれば物流費を吸収しやすい．今後はそういった事業ごとの特性を選別した上での集積の拡がりも検討していくべきである．

(2)　集積の展望

　長期的な取り組みを要する課題が山積する一方で，東北地方の自動車産業集積にはいくつかの展望を描くことができる．ここでは，中核企業（完成車企業）と部品企業とに分けて考えてみよう．まず完成車企業側である．

方向性①：TMEJ が委託生産企業としてのオペレーション能力を磨き上げて正常進化を目指すことである．より具体的には，同じトヨタ系委託生産企業であるトヨタ車体のように，生産機能のみならず開発機能をさらに充実・高度化し，デザインや商品企画といった上流工程までトヨタから任されるようになることである．生産機能の面では，多くの実績を有するトヨタ車体のよ

うに，トヨタの海外工場立ち上げを支援する立場になっていくこと（マザー工場化）がこれまで以上に求められる．TMEJ 岩手工場は，同社が得意とするからくりを生産立ち上げの支援をした TMMF にも移転している．こうした形での貢献がいっそう期待されているのである．とりわけ上質なコンパクトカーが好まれる欧州では，TMEJ のものづくり能力がいかんなく発揮されることだろう．また開発機能の面では，開発拠点である静岡県の東富士総合センターの位置づけをどうするかという点も考えなければならない．これまで同様に開発拠点だけは東北地方に配置せず，あくまでトヨタの本拠地との連繋を重視するのか，あるいは真の現地化を進めるために東北地方に移管したり，設計・開発機能を部分的に移転したりといった選択肢が考えられるのである．

方向性②：よりドラスティックな改革は，トヨタ生産方式を知悉した高い生産性を訴求する完成車組立工場としてトヨタ・ブランド以外の（例えば）電動車の生産を受託することである．電動車普及の気運が高まるなか，自動車産業でもエレクトロニクス産業のような国際水平分業の仕組みが試されようとしている．例えば台湾の鴻海精密工業は，2021 年夏時点で米国や中国の新興電動車企業と完成車組立の契約を結んでいる．新興企業が生産機能の大部分を外注化する動きは既に米国テスラが先鞭をつけており，今後一般化していく可能性がある．かつてトヨタは，デンソーやアイシン精機といったグループ内の有力部品企業に系列外取引の拡大を推奨してきた経緯があることから，他社からの委託生産を受け入れることで TMEJ の累積生産量が増えてコスト削減に繋がるのなら，トヨタにとっても利点は大きい．必ずしも荒唐無稽な話とは言えないだろう．世界的な自動車の電動化の潮流もこれを後押しする．多くの新興電動車企業にとって，TMEJ が誇るトヨタ生産方式での高品質な完成車生産の能力は垂涎の的だからである．

　また方向性①と②とは，必ずしもトレード・オフの関係ではなく同時に追求することが可能であるし，時間差で進めていっても構わない．大事なのは，TMEJ にとっての完成車市場を人口減少によって長期的に縮小することが宿命づけられている国内市場に限定し固定化してしまうのではなく，成長の機会を余所に見出すことである．それが延いては進出企業，地場企業の事業拡大にも繋がっていくのである．

　次に部品企業側の展望についてであるが，基本的には前述した完成車企業が採りうる2つの方向性に追随していくことである．進出企業は，親会社からの技術移転等を受けながら中核企業の競争力向上に資する存在になるべく企業努力を続けていく必要がある．その過程で取引先である地場企業の支援・育成をさらに進め，基本的なQCD要件の達成から一段高い事業活動の水準に高めていくことが重要である．少なくとも，地場企業が自社で要する生産技術は自己完結できるくらいの到達度が望ましい．

　中核企業のマザー工場化の先にあるのは，進出先国への部品輸出である．わが国自動車産業は優れた生産システムによる高品質なものづくりが得意な反面，サプライ・チェーン上での取引の粘着性が高く，海外工場でも国内と同じサプライ・チェーンをできるだけ再現しようとする．これ自体はコスト競争力の面で弱みになりうるのであるが，現状がこうである以上，部品企業は最大限その恩恵に与るべきである．つまり，中核企業が立ち上げた海外工場の調達先に食い込んでいくということである．TPP 11（環太平洋パートナーシップ協定），日欧EPA（日EU経済連携協定），RCEP（東アジア地域包括的経済連携協定）といったメガFTAの発効もこれを後押しするだろう．そして進出企業よりも経営資源に乏しい地場企業であっても，輸出で海外事業の経験を積むことによって中長期的には現地生産が視野に入ってくる．海外市場での事業拡大の可能性が拓けるのである．ただしより正確には，東北地方の（進出企業，地場企業を問わず）部品企業の輸出拠点化とは，必ずしも当地の中核企業のマザー工場化を前提とはしないのである．仮にTMEJ等の中核企業が国内事業に専念することになったとしても，経験を積みものづくり能力が錬磨されていくならば，部品企業が単独で輸出に携わることも論理的には可能である．完成車企業よりも損益分岐点が高い傾向にある部品企業の場合，輸出分を加算し累積生産量を伸ばすことで製品1単位あたりの固定費を分散することは理に適っているのである．

3．残された課題

　本書では東北地方の自動車産業集積の実態を描き出し，その特徴と課題を抽出してきた．その上で，不十分な検討ではあったものの一定の展望も示してきた．しかしながらその方法論の是非をめぐってはさらなる検証を要する．具体的には，東北地方の自動車産業集積が分工場型経済圏からどのように脱し発展

していくことが可能なのか，つまり本書が示したような展望は本当に実現可能
なのかという点を明らかにしなければならない．しかも東北地方の場合，国難
とも言える三重苦，すなわち人口減少，震災復興，コロナ禍という厳しい外部
環境要因と対峙しながらの取り組みが避けられない．既に述べてきたように，
震災復興とコロナ禍（のようなパンデミック）は人口減少を加速してきた．東北
地方は全国水準よりも早く人口が減っていくことを鑑みると，当地での集積が
再生産可能な状況を作り上げるまでに残された時間は想像以上に短い．

　本書が提言してきたことを検証するための有効な研究の1つが，同じく分工
場型経済圏として量的拡大の面で先行してきた北部九州の動向を調査し，その
到達点と目下の課題を明らかにすることである．北部九州における自動車産業
の実態解明は，やや遅れて集積の成長が進む東北地方にとって有益な示唆を与
えてくれるはずである．北部九州は2012年に域内生産台数が140万台を超え
て以降，量的成長が鈍化してしまっている．既に表面化している課題として，
例えば，想定したほど地場企業が参入できていないことや（親会社からの）開発
機能の移転が遅々として進んでいないこと等が挙げられる[4]．これは数年から十
年程度先の東北地方の姿なのかもしれない．また北部九州の大分県には，同じ
トヨタ・グループであり国内専用規格の軽自動車を大量生産するダイハツ九州
が立地する．TMEJ にとっては直接のベンチマークになる存在である．以上
のような観点から東北地方の近未来像とも言える北部九州を踏査し，比較検討
していくことが本書に残された課題である．

　注
1) 折橋・目代・村山編［2013］でも同じ指摘がされている．積み重ねであるからこそ模
　倣困難性が高く，わが国自動車産業は長期間にわたって国際競争力を維持してこられ
　たという側面もある．
2) かつては日産いわき工場も，米国デカード工場のマザー工場として生産立ち上げ支援
　を担ってきた．
3) テスラは自動車産業への新規参入時に，最大の参入障壁であった大規模固定費負担を
　回避するため，二次電池を含む BEV の基幹部品はもちろんのこと，車体そのものま
　で外注化した．ただしその後のテスラは技術の内製化，事業領域の垂直統合を進め，
　一般的な完成車企業としての体裁を整えていった．テスラの事業戦略については，例
　えば佐伯［2021］を参照されたい．
4) 2017年9月20日に実施した公益財団法人九州経済調査協会へのインタビューによる．

補論2　わが国の人口減少問題の本質的課題

　本補論では，序章で問題提起したわが国の人口減少に関する先行研究をレビューし，この構造的問題性がいかに深刻な事態であるかという点を審らかにしておきたい．わが国の人口減少問題は，古くは出生率が当時過去最低を記録した 1990 年の「1.57 ショック」の時から指摘されてきたことであるが，その後も高齢化をともないながら 2008 年まで総人口そのものは増加し続けてきたため，一部の識者を除けば大きく問題視されることは少なかった．しかしながら 2012 年以降のアベノミクスがもたらした景気拡大期には，労働力需給の逼迫度が徐々に深刻化していった．既に人口減少は顕在化した問題性を有している．また，総人口の減少が地方都市の消滅を惹起するとして話題をさらったのが，日本創成会議の議論を主導してきた増田寛也氏（元岩手県知事，元総務相）らによるレポートであった．その後それは 2014 年に『地方消滅』として出版され，広く知られることになる．

　当該書籍の増田編［2014］では，東京圏を中心とする大都市圏に地方から人口が吸い寄せられ，地方が抜け殻のようになって衰退していく様態を問題視している．また，そういった大都市圏における人口稠密な状況のことを「極点社会」と評した．そのためこういった状況を打開するために，魅力ある地方中核都市づくりの必要性を説いた．同書では，その方法論としてコンパクトシティの推奨，出生率回復のための子育て支援，働き方改革，女性登用の推進といった政策パッケージが並ぶ．これに対して例えば吉川［2016］や飯田他［2016］は，増田レポートの力点が「人口移動」に置かれていることを指摘している．確かに人口の社会増減に多くの説明が割かれているといえるが，その一方で増田らの指摘の重要な点は，「地方は単に人口を減少させたにとどまらず，『人口再生産能力』そのものを大都市圏に大幅に流出させることとなった」という事実にこそあると言える．後に詳述する赤川［2017］の指摘にもあるように，女性の出生率を左右する統計的に有意な説明変数は「都市化」であることから，地方ほど出生率は高く都市部ほどそれが低いという事実がある．この点を増田レポートの内容と照合し見えてくるのは，本来地方に居住していれば結婚し子どもをもうけたかもしれない若年女性が都市部に流出することで，その機会を逸してしまう（あるいはカップルあたりの生まれる子ども数が減る）ということである．わが国の人口減少問題は，人口の社会増減が，都市化という変数を介して自然増減にも作用するという構図になっているのである．

　地方部人口の大都市圏流入という社会動態に先だって，1990 年代には個々人の
ライフスタイルの変化もまた人口減少に影響しているとされていた．例えば「パラ
サイト・シングル」という概念を提唱した社会学者の山田昌弘氏は，その著書にお
いて「学問的には，最近の子どもの数の減少は，女性の，晩婚化・未婚化に原因が
あることがはっきりしてきた[2)]」と述べている．注意したいのは，山田のこの指摘は
1990 年代の女性の高学歴化や社会進出にその要因を求めるものではないというこ
とである．興味深いのは，その要因としてわが国の婚姻制度における女性の意識に
注目していることである．すなわち，「妻が夫の家に入る嫁取り婚を原則とする社
会では，女性にとっての結婚は，まさに『生まれ変わり』である[3)]」という説明であ
る．男性は結婚を機会に自身の社会属性が大きく変わることはないが，女性は「生
まれ変わり」である以上，その社会属性をより高めようとする．そのベンチーマー
クは自身の「父親」だというのである．加えて，「高学歴女性は，自分プラス父親
の学歴以上の男性を見つけなければならないという二重の基準に縛られてしまう[4)]」
とのことである．このようなわが国の女性に典型的に見られる結婚観は，**ハイパガ
ミー（女性上昇婚）**と呼ばれる．

　問題は，このハイパガミー志向が当時のわが国の経済情勢により助長されたこと
にある．山田が同書の中で論じてきた経緯の要旨はこうである．1990 年代とはバ
ブル崩壊後の最初の 10 年であり，また 2000 年前後の金融危機に向かう深刻な経済
退潮期である．そしてその後のデフレと並進したわが国における長期の経済的停滞
は，2008 年のリーマンショック，2011 年の東日本大震災を飲み込みながら徐々に
国民経済の基礎体力を消耗させてきたのである．この間起こったことは，若者の就
職難，非正規雇用の拡大と常態化，そして大企業における終身雇用制の事実上の終
焉であった．その結果，とりわけ 1990 年代後半以降に社会に出た若年層には，自
らのキャリア形成やその帰結としての経済力の獲得機会に恵まれなかった者が多数
出てきたのである．これらは自己責任論で片付けてよい性格のものではなく，あく
までバブル崩壊後の経済政策の失敗に起因する構造的な問題である．こうしてこの
時期に社会に出た若年層の少なくない割合が，直近の職業の確保，そして中長期的
な資産形成の権利まで逸してしまったのである．かつての高度経済成長期やバブル
期のように，社会に出て職を持てば一定程度の収入増と資産形成が概ね約束された
時代とは大きく異なる．若年層，とりわけ男性の経済的没落は，先ほどのハイパガ
ミー志向にとって決して相容れることのない要素であった．

　図補 2-1 に示すように，結婚を機に「生まれ変わり」を志向する若年女性は，相
手にせめて自分や自身の父親相当の社会属性を要望するが，同年代にその条件を満
たす男性は限られるため，結婚の時期を遅らせることで様子を見ようとする．高度
経済成長期やバブル期に正社員の地位を得ていた父親のいる実家は相対的に裕福で
あるため，こういった結婚待ちの娘を同居させる余裕がある．しかしながら状況は

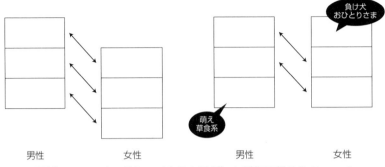

図補 2-1　ハイパガミー（女性上昇婚）と婚姻関係のミスマッチ

出所）赤川［2017］，p.86，図3-2．

好転せず，実家で様子見を決め込んでいた若年女性はその分年齢を重ねることになっていったのである．若年男性の経済的没落によって男女間の賃金格差が相対的に縮まるにしたがい，とりわけハイパガミー志向のある社会属性の高い女性ほど（自分の社会属性相当以上の）相手探しが困難になってしまった[5]．

　わが国にとって不運なことに，この時期に様子見してきた若年女性は団塊ジュニアという人口の多い世代であった．これら母数の大きい世代が非婚や晩婚によって出産機会を逃してきたことは，今日のわが国人口減少問題における自然減の基礎的要因を生み出す元凶になってしまった．ここまでが1990年代の少子化，そして今日の人口減少に至る経緯である．

　以上の山田による議論も引用しながら，定量的評価からのエビデンスを持ち込んで現在のわが国の人口減少問題にまつわる様々な言説に一石を投じたのが，社会学者の赤川学氏である．赤川の一連の著作（赤川［2004，2017，2018］）では，人口減少を惹起すると言われてきた俗説を正面から否定し，また大した根拠も無く都合良く政策パッケージに含まれている子育て支援のような社会福祉のあり方を問題視している．赤川の指摘は次のように端的である．まず，「子ども数を規定しているのは，どういう都市に住んでいるかという生態学的な要因であり，学歴，本人年収，従業形態といった社会経済的要因である．そしてこれらは，すでに人生のキャリアを重ねてきた人たちにとっては，政策的介入によって大きく変えることはできない要因ばかりである[6]」と述べ，現在のわが国の人口減少問題に対する政策的効用の限界を指摘する．その上で，既に厚生労働省等が取り組んでいる数々の政策についても有効性が確認できないとして切り捨てている．それらは，女性の労働力率（社会進出）の上昇，子育て支援，働き方改革等のことである．

　まずOECD調査結果が引用されることの多い，女性の労働力率が上がるほど出生率が上がるという説については，OECDデータの選択範囲に恣意性があること

を指摘し，「女性の労働力率と出生率はみかけの相関（疑似相関）にすぎない[7]」とし，前述の「都市化」の変数の方がより重要であると述べた．また，女性の配偶者（夫）の家事分担や本人・世帯年収についても出生率に関係がないことを立証した[8]．その上で，「子育て支援政策は，①児童福祉政策，②少子化対策，③男女共同参画政策，という 3 つの側面をもっている……（中略）……こうした複合体，というか理念の『闇鍋』とでもいうべき産物……（中略）……実に都合のよい論理だてというしかない[9]」と喝破する．赤川のこれらの説明は明瞭である．わが国における人口の自然減への対応策については，既婚カップルへの支援はさほど重要ではない（支援しても出生率向上に結びつかない）ため，いかにして結婚するカップルを増やすか（生涯未婚者を減らすか）という点に注力すべきということである．この点は，前述の山田［1996］の主張とも整合的である．

　赤川の一連の主張の根底には，「少子化の要因の殆どは，結婚した夫婦が子どもを産まなくなっているのではなく，結婚しない人の割合が増加したこと[10]」という事実がある．したがって人口減少問題の解決は，待機児童問題，男女共同参画，働き方改革等とは峻別して考える必要があるということなのである．また赤川の主張を是とするならば，人口減少問題にとって決定的に重要なのは結婚促進（婚姻数の増加）のための方策ということになる．若者の結婚行動については，赤川もまた山田同様にハイパガミー志向の弊害を指摘する．

　赤川の研究のユニークな点は，戦前の社会学者である高田保馬氏の議論にスポットライトを照らして，少子化の発生原理を解説しているところである．その要旨は，「高田は，『貧困と出生率』という論文の中で，少子化が進むかどうかは，実際の豊かさを示す言葉として現在の私たちが使う生活水準（当時の言葉では『福利』とか『経済的資力』）と，生活水準に対する人々の期待や慾望を意味する生活期待水準（高田の用語では『生活標準』）との関係によって決まるという……（中略）……高田はこのように，力の慾望がもたらす生活期待水準の，実際の生活水準以上の上昇こそが少子化の根幹にあるメカニズムだと捉えていた[11]」ということである．また赤川は，高田の少子化にまつわる指摘が次の諸点を説明する上で適合的だと評価する．それらは，「(1) 1 人あたり GDP の高い豊かな国は，出生率が低い　(2) 日本やアジアの大都市圏は，農山村や村落部に比べて出生率が低い　(3) 世帯収入の低い女性の子ども数は多い．『貧乏人の子沢山[12]』」という 3 つの事実であり，それに加えて「(4) 歴史的には，豊かな階層の子ども数は多い．『金持ちの子沢山[13]』」ということである．

　他方で，政府の進める少子化対策を経済成長に結びつけて論じようとする研究もある．社会学者の柴田遙氏は，子育て支援（保育サービス）が労働力女性比率の向上に繋がり，それが労働生産性成長率のプラスに繋がり，最終的には経済成長率を引き上げると主張する．確かに，柴田の定量的分析によっても労働力女性比率の高

まりは出生率に負の影響を与えることが指摘されているが，保育サービスの拡充が
それを補うことで最終的に出生率は高まるのだとされている．これら統計的に有意
な結果は，政策の有効性を担保するエビデンスになるはずである[14]．

　以上のわが国の人口減少問題にまつわる様々な論者の主張からは，これまで政策
として国家単位で取り組まれてきた内容の多くは，実は明確なエビデンスに基づい
ていないという事実が明らかになった．根拠なき政策立案に邁進することは資源
（税金）の浪費に他ならないため，これらの論者の主張を傾聴しておく必要がある
だろう．

　また，将来の人口減少がもたらす経済的損失については，今なお軽視されている
きらいがある．例えば吉川［2016］では，人口減少による経済の停滞はプロダク
ト・イノベーション[15]による労働生産性向上によって補うことができるという論が展
開されている．確かに，吉川氏の「残念ながら，現状では日本企業は退嬰的だ．
……（中略）……今や企業が，家計をしのぎ日本経済で最大の純貯蓄主体となって
いるのである．これは，資本主義経済本来の姿と言えるだろうか」[16]という問いかけ
には説得力があり，近年非難されるわが国大企業が貯め込んできた巨額の内部留保
を原資にして労働生産性向上を進めること自体は妥当な主張である．それはそれで
絶対に進めなければならない産業部門の課題だからである．しかしながらここまで
の議論にもあったように，吉川氏の主張は以下のような点において楽観的だと言わ
ざるをえない．それは第1に，総人口の減少により進む生産年齢人口の急減が総需
要を毀損しかねないことである．第2に，第二次産業（鉱工業）の職を得られな
かった若者が地方から都市部に流出し第三次産業（商業・サービス業）に就業した
としても，多くは非正規・低賃金での処遇が避けられず，しかもこれら業種の生産
性は一般的に低いため，状況の改善が期待できず貧困層の固定が懸念されることで
ある．そして第3に，都市部でも地方でも所得が下降すると高等教育機関や研究開
発機関が人的資源の供給不足により維持できなくなり，結果的にイノベーションの
主体が育たなくなってしまうことである．

　国民経済の衰退は全国均一に進むのではなく，まず地方から，そしてその影響が
都市部へと伝播する形で進む．出生率が相対的に高かった地方の息の根を止めてし
まえば，都市部は自然と干上がる．わが国における人口減少問題の本質的脅威とは，
若年層の都市部への人口流出ばかりでなく，**人口規模を再生産できない低所得の都
市部人口が順次高齢化していくことで，国家そのものの活力が失われていくことな**
のである．しかるにイノベーションは，それ単体では本質的な解決策にはなりえな
いのである．

注

1）増田編［2014］，p. 21 参照.

2）山田［1996］，p. 20 参照.

3）同書，p. 68 参照.

4）同書，p. 82 参照.

5）同じ理由から，社会属性の低い男性はどの属性の女性からも結婚相手の候補とみなされなくなり，結婚市場からは強制退場させられてしまったのである.

6）赤川［2004］，p. 72 参照.

7）赤川［2017］，p. 42 参照.

8）同書，pp. 47-48，及び赤川［2018］，pp. 128-134 参照.

9）赤川［2004］，p. 164 参照.

10）赤川［2017］，pp. 61-62 参照.

11）赤川［2018］，pp. 33-34 参照.

12）赤川［2017］，p. 136 参照.

13）同書，p. 146 参照.

14）ただし前述の赤川［2018］では，「柴田氏の分析からは，子育て支援（保育サービス）が先進国を救う（＝出生率を高める）ということまでは，いってよい. しかし，子育て支援が日本を救う（＝出生率を高める）とまでは結論できないはずなのである」（p. 42）と反論している.

15）ここでのイノベーションとは，狭義の意としてひとまず技術革新を指すものとしておく.

16）吉川［2016］，p. 184 参照.

参 考 文 献

赤川学 [2004]，『子どもが減って何が悪いか！』筑摩書房．

赤川学 [2017]，『これが答えだ！少子化問題』筑摩書房．

赤川学 [2018]，『少子化問題の社会学』弘文堂．

天野倫文 [2005]，『東アジアの国際分業と日本企業：新たな企業成長への展望』有斐閣．

浅沼萬里 [1984]，「日本における部品取引の構造：自動車産業の事例」『経済論叢』第 131 巻，pp. 137-158．

浅沼萬里（菊谷達弥編）[1997]，『日本の企業組織 革新的適応のメカニズム』東洋経済新報社．

Bartlett, C. and S. Ghoshal [1989], *Managing Across Borders: The Transactional Solution*, Harvard Business School Press, Boston MA.

Chandler, A. D. [1962], *Strategy and Structure: Chapters in the History of American Enterprise*, Boston : MIT Press.

中央大学経済研究所編 [1976]，『中小企業の階層構造：日立製作所下請企業構造の実態分析』中央大学出版部．

Clark, K. B. and Fujimoto, T. [1991], *Product Development Performance: Strategy, Organization, and Management in the World Auto Industry*, Boston, MA : Harvard Business School Press.

Cusumano, M. A. and Nobeoka, K. [1998], *Thinking Beyond Lean: How Multi-Project Management is Transforming Product Development at Toyota and Other Companies*, New York, N.Y.: The Free Press.

田鑫 [2010]，「トヨタグループにおける委託生産：完成車生産のアウトソーシング」京都大学大学院経済学研究科博士論文，未刊行．

Dunning, J. [1988], *Explaining International Production*, Unwin Hyman.

フォーイン [2019]，『トヨタの新 EV 世界戦略』．

藤川昇悟 [2012]，「新興集積地における自動車部品の域内調達とグローバル調達」伊藤維年・柳井雅也編『産業集積の変貌と地域政策：グローカル時代の地域産業研究』ミネルヴァ書房，所収，pp. 41-66．

藤川昇悟 [2015]，「日本の自動車メーカーのグローバルな立地戦略と輸出車両の海外移管：九州・山口の自動車産業クラスターを事例として」『東アジア研究』17 号，pp. 1-21．

藤本隆宏 [1997]，『生産システムの進化論：トヨタ自動車にみる組織能力と創発プロセス』

有斐閣.

藤本隆宏・西口敏宏・伊藤秀史編 [1998]，『リーディングス サプライヤー・システム：新しい企業間関係を創る』有斐閣.

藤波匠 [2021]，「人口移動から見る震災復興の 10 年：一部地域に依然として震災被害の爪痕」『日本総研 Research Focus』NO. 2020-044，pp. 1-7.

藤原貞雄 [2007]，『日本自動車産業の地域集積』東洋経済新報社.

復興庁 [2020]，「東日本大震災からの復興の状況と取組」.

復興庁 [2021]，「復興の現状と今後の取組」.

福島県輸送用機械関連産業協議会 [2019]，『福島県輸送用機械関連企業ガイドブック』.

畠山俊宏 [2021]，「中小自動車部品サプライヤーによる合弁企業を通じたタイ進出」『経営情報研究』第 28 巻第 1・2 号，pp. 121-128.

久繁哲之介 [2010]，『地域再生の罠：なぜ市民と地方は豊かになれないのか？』筑摩書房.

堀江英一 [1970]，「大企業の生産構造 (1)：序説」『経済論叢』第 106 巻第 6 号，pp. 255-280.

堀江英一 [1971]，「結合企業の重層性：大企業の生産構造 (2)」『経済論叢』第 108 巻第 1号，pp. 1-18.

堀江英一 [1972]，「産業コンツェルン：大企業の生産構造 (3)」『経済論叢』第 110 巻第 5号，pp. 205-230.

堀江英一 [1973]，「協力会社：大企業の生産構造 (4)」『経済論叢』第 111 巻第 3 号，pp. 181-203.

飯田泰之編 [2017]，『これからの地域再生』晶文社.

飯田泰之・木下斉・川崎一泰・入山章栄・林直樹・熊谷俊人 [2016]，『地域再生の失敗学』光文社.

池田正孝 [1994]，「委託生産車の製造とその管理方式」『経済学論纂（中央大学）』第 35 巻第 4 号，pp. 161-198.

今井賢一・伊丹敬之・小池和男 [1982]，『内部組織の経済学』東洋経済新報社.

稲水伸行・若林隆久・高橋伸夫 [2007]，「＜日本の産業集積＞論と発注側の商慣行」『MMRC Discussion Paper Series』第 180 号，pp. 1-17.

五十旗頭真・御厨貴・飯尾潤監修・ひょうご震災記念 21 世紀研究機構編 [2021]，『総合検証 東日本大震災からの復興』岩波書店.

一般財団法人機械振興協会経済研究所 [2010]，『大規模工場誘致が地域経済及び産業に与える影響：企業，自治体，住民・学生の視点に基づく多角的分析』（機械工業経済研究報告書 H12-1-1A）.

一般財団法人機械振興協会経済研究所 [2011]，『東日本大震災により顕在化した国内自動車産業の強さと弱さ：自動車産業はどのようにして立ち上がるべきか』H23-3.

一般財団法人機械振興協会経済研究所［2016］,『日本の機械産業 2016：日本版 Industry4.0 に向けて模索する日本のモノづくり』.

一般財団法人機械振興協会経済研究所［2019］,『人口減少社会における自動車産業：中国地方の自動車産業集積に考える課題解決に向けた糸口』H30-3.

一般財団法人機械振興協会経済研究所編［2020］,『地域自動車産業論の展開：東北地方における中核完成車企業と地場企業の結合関係』JSPMI-ERI 19-4-8.

一般財団法人機械振興協会経済研究所編［2021］,『地域自動車産業の形成：東北地方トヨタ分工場経済圏の事例』JSPMI-ERI 20-3.

アイアールシー［2016］,『デンソーグループの実態調査』.

アイアールシー［2017］,『日産自動車グループの実態』2018 年版.

磯村昌彦・田中彰［2008］,「自動車用鋼板取引の比較分析：集中購買を中心に」『オイコノミカ』第 45 巻第 1 号, pp. 21-42.

伊丹敬之・松島茂・橘川武郎編［1998］,『産業集積の本質：柔軟な分業・集積の条件』有斐閣.

伊藤喜栄［2000］,「工業地域形成と産業集積についての二・三の問題：新経済地理学とウェーバー集積理論」『人文学研究所報』33, pp. 1-17.

岩手県［2019］,「岩手県自動車関連産業新ビジョン」.

岩手県商工労働観光部［2008］,「岩手県自動車関連産業成長戦略：とうほくでの自動車生産 100 万台を目指して」.

河合雅司［2017］,『未来の年表：人口減少日本でこれから起きること』講談社.

河合雅司［2018］,『未来の年表 2：人口減少日本であなたに起きること』講談社.

河北新報社［2021］,『報道写真集 東日本大震災 10 年 復興の歩み 宮城・岩手・福島』河北新報出版センター.

経済産業省自動車課編［2015］,『自動車産業戦略 2014』日刊自動車新聞社.

経済産業省九州経済産業局［2015］,「平成 26 年度有効競争レビュー九州地域における次世代自動車関連素材の市場動向及び参入可能性調査」.

経済産業省東北経済産業局［2006］,「東北の自動車関連産業の集積・活性化に向けた調査報告書」.

経済産業省東北経済産業局［2019］,「東北の自動車関連企業マップ」.

経済産業省東北経済産業局［2020a］,「地域経済牽引企業等成長プロセスと地域波及に関する調査報告書」.

経済産業省東北経済産業局［2020b］,「令和 2 年版 東北経済のポイント」.

経済産業省東北経済産業局自動車産業室［2014］,「東北地域の自動車産業の実態及び企業間連携に関する調査報告書」.

菊池航［2021］，「戦後日本自動車メーカーにおけるブランドマネジメントの進化：マツダの事例」，『立教経済学研究』第 75 巻第 1 号，pp. 61-82.

小林英夫［2007］，「東北地区自動車・部品産業の集積と地域振興の課題」小林英夫・丸川知雄編『地域振興における自動車・同部品産業の役割』社会評論社，所収，pp. 33-53.

小林英夫・金英善［2016］，「東北地域の自動車・部品産業」清晌一郎編著『日本自動車産業グローバル化の新段階と自動車部品・関連中小企業：1 次・2 次・3 次サプライヤー調査の結果と地域別品関連産業の実態』社会評論社，所収，pp. 381-394.

小林英夫・丸川知雄編［2007］，『地域振興における自動車・同部品産業の役割』社会評論社.

河野英子［2009］，『ゲストエンジニア：企業間ネットワーク・人材形成・組織能力の連鎖』白桃書房.

公益財団法人いわて産業振興センター［2018］，「いわて自動車関連企業ガイド」.

公益財団法人みやぎ産業振興機構［2020］，「必冊！みやぎの仕事人」.

公益財団法人鳥取県産業振興機構［2015a］，「鳥取県自動車部品研究会だより」第 27-07 号.

公益財団法人鳥取県産業振興機構［2015b］，「鳥取県受注企業ガイドブック」.

公益財団法人鳥取県産業振興機構［2020］，「鳥取県自動車部品研究会だより」第 1-10 号.

公益財団法人山形県企業振興公社［2020］，「やまがた自動車関連企業ガイドブック」.

Krugman, P.［1991］, *Geography and Trade, Cambridge*, Massachusetts: The MIT Press.

Marshall, A.［1890］, *Principles of Economics*, Macmillan Press.

増田寛也編［2014］，『地方消滅：東京一極集中が招く人口急減』中央公論新社.

増田寛也・冨山和彦［2015］，『地方消滅 創生戦略篇』中央公論新社.

松原宏［1999］，「集積論の系譜と『新産業集積』」『東京大学人文地理学研究』13，pp. 83-110.

三嶋恒平［2016］，「専属的な受託生産企業の発生と存続のメカニズム：自動車産業におけるトヨタとトヨタ九州の委託生産関係」『赤門マネジメント・レビュー』第 15 巻第 2 号，pp. 41-98.

三浦英之［2021］，『災害特派員』朝日新聞出版.

みやぎ自動車産業振興協議会［2012］，「みやぎ自動車産業振興プラン」.

みやぎ自動車産業振興協議会［2016］，「みやぎ自動車産業振興プラン：中間評価」.

宮城県経済商工観光部自動車産業振興室［2020］，「とうほく・北海道，自動車関連技術WEB 展示商談会，出展者募集要領」.

Morgan, J.M., and Liker, J.K.［2006］, *The Toyota Product Development System*, New York, N. Y.: Productivity Press.

森尾淳・中塚高士［2014］，『持続可能な地域の条件に関する研究：若者の人口動態分析を通して』平成 25 年度国土政策関係研究支援事業 研究成果報告書.

NHK スペシャル「私たちのこれから」取材班編［2016］,『超少子化：異次元の処方箋』ポプラ社.

NHK スペシャル取材班［2017］,『縮小ニッポンの衝撃』講談社.

日本統計協会編（総務庁統計局監修）［1995］,『現代日本の人口問題：統計データによる分析と解説』日本統計協会.

Nishiguchi, T.［1994］, *Strategic Industrial Soucing: The Japanese Advantage*, New York, N.Y.: Oxford University Press.（西口敏宏訳［2000］,『戦略的アウトソーシングの進化』東京大学出版会）.

延岡健太郎［1996］,『マルチプロジェクト戦略：ポストリーンの製品開発マネジメント』有斐閣.

延岡健太郎［2002］,『製品開発の知識』日本経済新聞社.

岡田知弘［2020］,『地域づくりの経済学入門：地域内再投資力論：増補改訂版』自治体研究社.

大木清弘［2014］,『多国籍企業の量産知識』有斐閣.

折橋伸哉［2016］,「東北地方の自動車産業の現状と課題」清晌一郎編著『日本自動車産業グローバル化の新段階と自動車部品・関連中小企業：1次・2次・3次サプライヤー調査の結果と地域別品関連産業の実態』社会評論社, 所収, pp. 360-380.

折橋伸哉［2018］,「東北地方と自動車産業：現状と今後の可能性」『産業学会研究年報』第33号, pp. 39-53.

折橋伸哉編［2021］,『自動車産業のパラダイムシフトと地域』創成社.

折橋伸哉・目代武史・村山貴俊編［2013］,『東北地方と自動車産業：トヨタ国内第3の拠点をめぐって』創成社.

太田志乃［2007］,「中国地区・九州地区自動車・部品産業の集積と地域振興の課題」小林英夫・丸川知雄『地域振興における自動車・同部品産業の役割』社会評論社, 所収, pp. 113-147.

Piore, M.J. and Sabel, C.F.［1984］, *The Second Industrial Divide,* Basic Books Inc.

Porter, M.E.［1990］, *The Competitiveness Advantage of Nations*, The Free Press.

貞包英之［2015］,『地方都市を考える』花伝社.

佐伯靖雄［2012］,『自動車の電動化・電子化とサプライヤー・システム：製品開発視点からの企業間関係分析』晃洋書房.

佐伯靖雄［2015］,「東日本大震災に学ぶサプライ・チェーンの再組織化」『企業間分業とイノベーション・システムの組織化：日本自動車産業のサステナビリティ考察』晃洋書房, 所収, pp. 135-159.

佐伯靖雄［2016］,「委託生産企業の製品開発：関東自動車工業とトヨタ車体の委託開発事例

にみる完成車メーカーとの異同」塩地洋・中山健一郎編『自動車委託生産・開発のマネジメント』中央経済社，所収，pp. 121-160.

佐伯靖雄［2018］，『自動車電動化時代の企業経営』晃洋書房.

佐伯靖雄［2019］，「日本のカーシェアリング事業：タイムズカーシェアの事例」『機械振興協会経済研究所小論文』第7号，pp. 1-7.

佐伯靖雄［2020a］，「COVID-19禍におけるわが国自動車産業」『工作機械』第248号，pp. 4-8.

佐伯靖雄［2020b］，「自動車部品メガ・サプライヤーのASEAN事業戦略：デンソーのタイ，マレーシア法人の事例研究」『関西大学商學論集』Vol. 65，No. 3，pp. 69-86.

佐伯靖雄［2020c］，「自動車部品：メーカー基準で際立つライバルの存在」塩地洋・田中彰編『東アジア優位産業：多元化する国際生産ネットワーク』中央経済社，所収，pp. 43-52.

佐伯靖雄［2020d］，「人口減少社会における自治体の経済政策の考察：大阪府茨木市の事例」『地域情報研究』（立命館大学OIC総合研究機構地域情報研究所）第9号，pp. 36-70.

佐伯靖雄［2020e］，「東北地方における自動車産業集積の現状分析」『経済論叢』（京都大学）第194巻第2号，pp. 75-89.

Saeki, Y. [2020f], "Various Aspects of Japan's Rural Automotive Industry," *The Business Review of Kansai University*, Vol. 65, No. 1, 29-44.

佐伯靖雄［2021］，「テスラの事業戦略研究・序説」『産業学会研究年報』第36号，pp. 59-76.

佐伯靖雄編［2019］，『中国地方の自動車産業：人口減少社会におけるグローバル企業と地域経済の共生を図る』晃洋書房.

榊原雄一郎［2020］「東北自動車集積における進出分工場の機能についての研究」『關西大學經濟論集』第70巻第1-2号，pp. 269-283.

坂本和一［1988］，『現代工業経済論』有斐閣.

坂本和一編［1985］，『技術革新と企業構造』ミネルヴァ書房.

坂本和一・下谷政弘編［1987］，『現代日本の企業グループ：「親・子関係型」結合の分析』東洋経済新報社.

Scott, A.J. [1988], *Metropolis: From Division of Labor to Urban Form*, Berkeley: Univ. of California Press.

清家彰敏［1993］，「自動車産業のイノベーションにおける競争構造の日米比較について」『経営教育年報』第12号，pp. 61-65.

清家彰敏［1995a］，「自動車産業のイノベーションにおける競争構造の日米比較について」野中郁次郎・永田晃也編『日本型イノベーション・システム：成長の軌跡と変革への挑戦』白桃書房，所収，pp. 133-194.

清家彰敏 ［1995b］，『日本型組織間関係のマネジメント』白桃書房.

関満博 ［1993］，『フルセット型産業構造を超えて：東アジア新時代のなかの日本産業』中央公論社.

柴田遙 ［2017］，『子育て支援と経済成長』朝日新聞出版.

下川浩一 ［2004］，『グローバル自動車産業経営史』有斐閣.

下谷政弘 ［1993］，『日本の系列と企業グループ：その歴史と理論』有斐閣.

新宅純二郎・大木清弘 ［2012］，「日本企業の海外生産を支える産業財輸出と深層の現地化」『一橋ビジネスレビュー』2012 年冬号，pp. 22-38.

塩地洋 ［1986］，「トヨタ自工における委託生産の展開：1960 年代トヨタの多銘柄仕様量産機構(2)」『経済論叢』第 138 巻第 5・6 号，pp. 52-77.

塩地洋 ［1988］，「日野・トヨタ提携の史的考察」『経営史学』第 23 巻第 2 号，pp. 59-91.

塩地洋 ［1993］，「開発部門は九州に移転されるか？：トヨタ自動車九州（株）をケーススタディとして」『九州経済調査月報』1993.10，pp. 15-23.

Shioji, H. ［1996］，""Itaku" Automotive Production: An Aspect of the Development of Full-Line and Wide-Selection Production by Toyota In the 1960s," *The Kyoto University Economic Review*, 65(1)，pp. 19-42.

塩地洋・中山健一郎編 ［2016］，『自動車委託生産・開発のマネジメント』中央経済社.

塩見治人 ［1978］，『現代大量生産体制論』森山書店.

Stoper, M. ［1997］, *The Regional World: Territorial Development in a Global Economy*, New York: The Guilford Press.

高田泰 ［2020］，「3.11 被災地の人口減少は『想定以上』，外国人定住に期待も難局」『ビジネス＋IT』掲載記事（https://www.sbbit.jp/article/cont 1 /37766）.

高岡美佳 ［1999］，「産業集積：取引システムの形成と変動」『土地制度史学』第 162 号，pp. 48-61.

高崎順子 ［2016］，『フランスはどう少子化を克服したか』新潮社.

竹下裕美・川端望 ［2013］，「東北地方における自動車部品調達の構造：現地調達の進展・制約条件・展望」『赤門マネジメント・レビュー』第 12 巻第 10 号，pp. 669-698.

田中幹大 ［2010］，「北海道・東北地域における自動車メーカー・サプライヤーの生産，部品調達と地域企業による自動車産業への参入」山崎修嗣編『中国・日本の自動車産業サプライヤー・システム』法律文化社，所収，pp. 64-86.

田中武憲 ［2012］，「東北のモノづくり復興における関東自動車工業岩手工場の役割：新たな自動車産業集積地への期待と展望」『名城論叢』第 12 巻第 4 号，pp. 37-48.

田中武憲 ［2015］，「トヨタ車体研究所における開発の取り組み：九州での『開発の現地化』に関する一考察」『名城論叢』第 15 巻，特別号，pp. 65-77.

田中武憲 [2016]，「岩手県の自動車関連メーカーのモノづくり競争力：『地域完結型』産業集積への課題と展望」『名城論叢』第 16 巻第 4 号，pp. 23-72.

田中武憲 [2017]，「アイシン東北におけるものづくりの深化と現地化：「東北に根付いた」ものづくりから「東北から世界へ」の挑戦」『名城論叢』第 17 巻第 4 号，pp. 97-111.

田中武憲 [2020]「東北 KAT における新たなものづくりの取り組み：「ムダ・ロス」なしの生産と「チーム東北小島」「順序生産順序納入」の挑戦」『名城論叢』第 20 巻第 4 号，pp. 1-11.

とうほく自動車産業集積連携会議 [2018]，「とうほく自動車関連産業振興ビジョン：とうほく自動車関連産業のさらなる高みへ」.

トヨタグループ史編纂委員会編 [2005]，『絆：トヨタグループの現況と歩み』同委員会.

トヨタ自動車株式会社 [2013]，『トヨタ自動車 75 年史：もっといいクルマをつくろうよ』.

土屋守章 [1966]，「管理機構の問題としての事業部制と子会社形態」中村常次郎編『事業部制：組織と運営』春秋社，所収，pp. 129-152.

綱島不二雄・岡田知弘・塩崎賢明・宮入興一編 [2016]，『東日本大震災◎復興の検証：どのようにして「惨事便乗型復興」を乗り越えるか』合同出版.

植田浩史 [2000]，「産業集積研究と東大阪の産業集積」同編著『産業集積と中小企業：東大阪地域の構造と課題』創風社，所収，pp. 26-44.

植田浩史 [2004]，「産業集積の『縮小』と産業集積研究」同編著『「縮小」時代の産業集積』創風社，所収，pp. 19-43.

植田浩史 [2010]，「高度成長初期の自動車産業と下請分業構造：東洋工業のケースを中心に」原朗編『高度成長始動期の日本経済』日本経済評論社，所収，pp. 97-126.

Ulrich, K.T., and Eppinger, S.D. [2003]（1 st ［1994］), *Product Design and Development*, New York, N.Y.: McGraw-Hill.

和田一夫 [1984]，「『準垂直統合型組織』の形成：トヨタの事例」『アカデミア』第 83 号，pp. 61-98.

渡辺幸男 [1985]，「日本機械工業の下請生産システム：効率性論が示唆するもの」『商工金融』第 35 巻第 2 号，pp. 3-23.

渡辺幸男 [1997]，『日本機械工業の社会的分業構造：階層構造・産業集積からの下請制把握』有斐閣.

渡辺幸男 [2011]，『現代日本の産業集積研究：実態調査研究と論理的含意』慶應義塾大学出版会.

Weber, A. [1922], *Über den Standort der Industrien*, Verlag von J.C.B. Mohr: Tübingen.

Wheelwright, S.C. and Clark, K.B. [1992], *Revolutionizing Product Development: Quantum Leaps in Speed, Efficiency, and Quality*, New York, N.Y.: The Free Press.

Williamson, O.E. [1975], *Markets and Hierarchies: Analysis and Antitrust Implications*, New York, N.Y.: The Free Press.

Williamson, O.E. [1979], "Transaction-Cost Economics: The Governance of Contractual Relations," *Journal of Law and Economics 22*, pp. 233-261.

Womack, J., Jones, D. and Roos, D. [1990], *The Machine that Changed the World*, New York: Rawson Associates.

山田昌弘 [1996]，『結婚の社会学：未婚化・晩婚化はつづくのか』丸善.

山口隆英 [2006]，『多国籍企業の組織能力：日本のマザー工場システム』白桃書房.

吉川洋 [2016]，『人口と日本経済：長寿，イノベーション，経済成長』中央公論新社.

財団法人東北産業活性化センター編 [2008]，『企業立地と地域再生：人材育成と産学官連携による企業誘致戦略』日本地域社会研究所.

全国イノベーション推進機関ネットワーク [2019]，「54 のチャレンジ：イノベーションネットアワード受賞プログラムにみる成功の秘訣」.

執筆者紹介

菊 池　　航 (きくち　わたる)
[担当：1章，2章]
1985 年生まれ．立教大学経済学部准教授，博士（経済学，立教大学）

太 田 志 乃 (おおた　しの)
[担当：補論1（共著），6章（共著）]
1977 年生まれ．名城大学経済学部准教授，修士（国際関係学，早稲田大学）

宇 山　　翠 (うやま　みどり)
[担当：補論1（共著）]
1985 年生まれ．岐阜大学地域科学部准教授，博士（経済学，中央大学）

畠 山 俊 宏 (はたけやま　としひろ)
[担当：4章，6章（共著）]
1981 年生まれ．摂南大学経営学部准教授，博士（経営学，立命館大学）

羽 田　　裕 (はだ　ゆたか)
[担当：7章]
1976 年生まれ．愛知工業大学経営学部教授，博士（経済学，名古屋市立大学）

東　　正 志 (あずま　ただし)
[担当：8章]
1977 年生まれ．名城大学経営学部准教授，修士（商学，同志社大学）